中文版 AutoCAD2018 室内家装设计实战

风格与户型篇

麓山文化 编著

机械工业出版社

不同的家装风格演绎出不同的家园风情，其中蕴含着千姿百态的生活乐趣。在追求时尚与个性的今天，室内设计也在经历着一场不同风格百家争鸣的革命。

本书借助AutoCAD 2018软件，全面剖析了现代、日式、中式、田园、地中海、异域风情、混合和欧式等多种类型家装设计特点和施工图绘制技术。书中案例均具有较强的代表性，应用了当前较流行的设计手法，包含了极具风格的设计元素，将操作技法和设计理念完美结合，使设计人员对于客户的特殊要求也能轻松自如地应对。

本书提供扫码资源下载，资源中配备了全书所有实例的高清语音视频教学，并赠送7小时AutoCAD基础功能视频讲解，详细讲解了AutoCAD各个命令和功能的含义和用法。除此之外，还特别赠送了上千个精美的室内设计常用CAD图块，可极大地提高室内设计工作效率，真正的物超所值。

本书内容丰富、讲解细致，不仅适合于室内装潢专业的AutoCAD的初学者，对于有制作经验的室内设计师来说也有很好的参考价值。

图书在版编目（CIP）数据

中文版 AutoCAD 2018 室内家装设计实战. 风格与户型篇/麓山文化编著.
—5 版.—北京: 机械工业出版社, 2018.5
　ISBN 978-7-111-60351-1

Ⅰ. ①中⋯　Ⅱ. ①麓⋯　Ⅲ. ①室内装饰设计－计算机辅助设计－AutoCAD
软件　Ⅳ. ①TU238-39

中国版本图书馆 CIP 数据核字(2018)第 143248 号

机械工业出版社（北京市百万庄大街 22 号　邮政编码 100037）
责任编辑：曲彩云　　责任校对：刘秀华　　责任印制：孙　炜
北京中兴印刷有限公司印刷
2018 年 7 月第 5 版第 1 次印刷
184mm×260mm · 20.5 印张 · 498 千字
0001－3000 册
标准书号：ISBN 978-7-111-60351-1
定价：69.00 元

前 言

关于 AutoCAD

AutoCAD 是美国 Autodesk 公司开发的专门用于计算机绘图和设计工作的软件。自 20 世纪 80 年代 Autodesk 公司推出 AutoCAD R1.0 以来，由于其具有简便易学、精确高效等优点，一直深受广大工程设计人员的青睐。迄今为止，AutoCAD 历经了十余次的扩充与完善，最新的 AutoCAD 2018 中文版极大地提高了二维制图功能的易用性和三维建模功能。

本书内容

本随着古今中外各种文化潮流的相互交融，人们生活水平及欣赏能力的提高，人们不再满足于千篇一律的设计风格，室内设计正在迎来不同风格百家争鸣、百花齐放的高速发展时期。

本书针对目前室内设计现状，借助 AutoCAD 2018 软件，全面剖析了现代、日式、中式、田园、地中海、异域风情、混合和欧式多种类型家装设计特点和施工图绘制技术。书中案例均有较强的代表性，应用了当前较流行的设计手法，包含了极具风格的设计元素，将操作技法和设计理念完美结合，使设计人员能够轻松应对客户的各种需求。

本书共 13 章，具体内容安排如下：

第 1 章为"家装设计 AutoCAD 基础"，本章主要讲解室内设计的基础入门知识，包括室内设计师的谈单技巧和 AutoCAD 2018 操作基础。

第 2 章为"风格家具和构件绘制"，本章主要通过绘制各种风格的家具图形，在练习 AutoCAD 基本绘图命令的同时，熟悉各种风格家具的造型特点和尺寸，为熟练运用这些家具进行室内设计打下坚实的基础。

第 3 章为"创建室内绘图模板"，本章主要介绍如何在 AutoCAD 2018 中创建出室内设计的专用制图模板，熟练掌握模板操作对于绘图效率提高有极大的帮助。

第 4 章为"现代风格小户型室内设计"，本章以现代风格的小户型为例，讲解现代风格小户型的设计方法和施工图绘制方法，使读者掌握小户型的设计技巧。

第 5 章为"日式风格两居室室内设计"，本章以日式风格的两居室为例，讲解日式风格的设计特点，以及将常规户型改造成日式风格的方法和施工图绘制方法，使读者掌握日式风格两居室的设计技巧。

第 6 章为"田园风格三居室室内设计"，本章以田园风格三居室为例，讲解该风格三居室室内设计和施工图的绘制方法。

第 7 章为"地中海风格三居室室内设计"，本章以地中海风格三居室为例，讲解该风格的三居室室内设计和施工图的绘制方法。

第 8 章为"异域风情错层室内设计"，本章以异域风情错层为例，讲解现代错层的设计方法和绘制施工图的方法，使读者掌握错层的设计技巧。

第 9 章为"中式风格四居室室内设计"，本章以一套中式风格四居室户型为例，讲解中式风格的设计方法和施工图的绘制。

第 10 章为"混合风格复式室内设计"，本章以混合风格复式为例，讲解复式的设计方法和施工图的绘制方法。

第 11 章为"欧式风格别墅室内设计"，本章通过双层豪华别墅的设计实例，详细讲解欧式风格的设计要点及施工图绘制方法。

第 12 章为"绘制电气图与冷热水管走向图"，本章以某中式风格四居室为例，讲解电气系统图和冷热水管走向图的绘制方法。

第 13 章为"施工图打印方法与技巧"，本章分别以四居室平面布置图、混合风格复式立面图为例，介绍了模型空间以及图纸空间内的打印方法。

除了正文之外，本书还提供了 9 个附录，内容包括 AutoCAD 的常用命令快捷键和室内各个组成部分的设计尺寸参考，供读者随时查阅，可以达到一书多用的功能。

- ➢ 附录 1 AutoCAD 2018 常用命令快捷键：介绍 AutoCAD 中各命令的英文缩写，输入命令行即可快速调用；
- ➢ 附录 2 客厅设计要点及常用尺度：介绍客厅的处理要点，以及相应的人体工程学尺寸。
- ➢ 附录 3 餐厅设计要点及常用尺度：介绍餐厅的处理要点与功能分析，以及相应的人体工程学尺寸；
- ➢ 附录 4 厨房设计要点及常用尺度：介绍厨房的处理要点，以及相应的人体工程学尺寸。
- ➢ 附录 5 卫生间设计要点及常用尺度：介绍卫生间的处理要点与功能分析，以及相应的人体工程学尺寸；
- ➢ 附录 6 卧室设计要点及常用尺度：介绍卧室的处理要点，以及相应的人体工程学尺寸；
- ➢ 附录 7 厨房家具的布置要点及常用尺度：介绍厨房家具的布置要点，以及相应的人体工程学尺寸；
- ➢ 附录 8 常用家具尺寸：提供各常见家具的参考尺寸，供读者查阅；
- ➢ 附录 9 休闲娱乐设备尺寸：提供各常见休闲娱乐设备的参考尺寸，供读者借鉴。

本书配套资源

本书物超所值，除了书本之外，还附赠以下资源，扫描"资源下载"二维码即可获得下载方式。

配套教学视频：配套全书 100 多个实例，总计时长达 7 小时。读者可以先像看电影一样轻松愉悦地通过教学视频学习本书内容，然后对照书本加以实践和练习，以提高学习效率。

本书实例的文件和完成素材：书中所有实例均提供了源文件和素材，读者可以使用 AutoCAD 2018 打开或访问。

室内设计常用的图块合集：特别赠送了上千个精美的室内设计常用 CAD 图块，可极大地提高室内设计工作效率，真正的物超所值。

资源下载

本书编者

本书由麓山文化编著，参加编写的有：陈志民、江凡、张洁、马梅桂、戴京京、骆天、胡丹、陈运炳、申玉秀、李红萍、李红艺、李红术、陈云香、陈文香、陈军云、彭斌全、林小群、刘清平、钟睦、刘里锋、朱海涛、廖博、喻文明、易盛、陈晶、张绍华、黄柯、何凯、黄华、陈文轶、杨少波、杨芳、刘有良、刘珊、赵祖欣、毛琼健、宋瑾等。

由于编者水平有限，书中不足、疏漏之处在所难免。在感谢您选择本书的同时，也希望您能够把对本书的意见和建议告诉我们。

读者服务邮箱：lushanbook@qq.com。

读者 QQ 群：327209040。

读者交流

麓山文化

目 录

前言

第 1 章　家装设计 AutoCAD 基础

第 2 章　风格家具和构件绘制

第 3 章　创建室内绘图模板

第 4 章　现代风格小户型室内设计

第 5 章 日式风格两居室室内设计

第 6 章　田园风格三居室室内设计

第 7 章　地中海风格三居室室内设计

第 8 章　异域风情错层室内设计

第 9 章　中式风格四居室室内设计

第 10 章　混合风格复式室内设计

第 11 章　欧式风格别墅室内设计

第 12 章　绘制电气图与冷热水管走向图

第 13 章　施工图打印方法与技巧

第 1 章

家装设计 AutoCAD 基础

本章导读

所谓"家装",即家庭装修或装潢。随着生活水平的不断提高,人们对室内空间环境的要求也越来越高,个性及文化将是今后一段时期设计的主题。作为一名室内设计师,能否对各种装饰风格精通运用,是衡量其设计水平高低的重要因素。

本章分别介绍了客厅、卧室和书房等常见空间的室内设计原则和方法。然后介绍了室内设计施工图的组成、AutoCAD 2018 的工作界面及操作基础,为后续章节的学习打下坚实的基础。

本章重点

- ✧ 家装设计的原则
- ✧ 室内设计施工图的组成
- ✧ AutoCAD 2018 操作基础

1.1 认识室内设计要素

台湾学者杜文正先生曾经说过："室内设计是建筑设计的延长，都是为了提供给人类更舒适之居住环境的创作，既要有合理的功能关系，也要有优美的艺术形式，方能使建筑室内设计的内容与形式达到高度统一的境界。"

室内设计中各功能房间作为设计的基本要素，如图1-1所示，应满足起居、做饭、就餐、如厕、就寝、工作、学习以及储藏等功能需求。下面将主要从房间的家具、设备布置形式和房间尺寸及细部设计对各个功能房间的设计要点展开叙述。

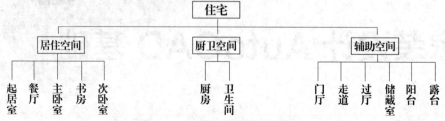

图1-1 室内设计之间的联系

1.1.1 入户花园（门厅）的设计和尺寸

➤ 当鞋柜、衣柜需要布置在户门一侧时，要确保门侧墙垛有一定的宽度：摆放鞋柜时，墙垛净宽度不宜小于400mm；摆放衣柜时，则不宜小于650mm，如图1-2所示。

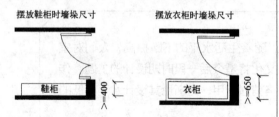

图1-2 门旁墙垛尺寸

➤ 综合考虑相关家具布置及完成换鞋更衣动作，入户花园的开间不宜小于1500mm，面积不宜小于2m²，如图1-3所示。

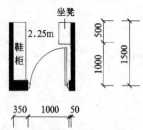

图1-3 入户花园参考尺寸

1.1.2 客厅空间的设计要点

➤ 客厅的采光口宽度应≥1.5m。

➤ 客厅的家具一般沿两条相对的内墙布置，设计时要尽量避免开向客厅的门过多，应尽可能提供足够长度的连续墙面供家具依靠（GB50096—2011《住宅设计规范》规定客厅内布置家具的墙面直线长度应大于3000mm）；如不得不开门，则尽量相对集中布置，如图1-4所示。

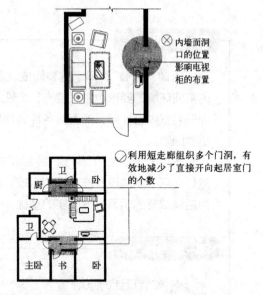

⊗内墙面洞口的位置影响电视柜的布置

◯利用短走廊组织多个门洞，有效地减少了直接开向起居室门的个数

图1-4 内墙面长度与门的位置对客厅家具摆放的影响

1.1.3 客厅空间的尺寸

❑ 面积

在不同平面布局的套型中，客厅面积的变化幅度较大。客厅设置方式大致有两种：相对独立的客厅和与餐厅合二为一的客厅。在一般的两室户、三室户的套型中，其面积指标如下：

➢ 客厅相对独立时，客厅的使用面积一般在 15m² 以上；

➢ 当客厅与餐厅合为一体时，使用面积控制在 20～25m²；或占套内使用面积的 25%～30% 为宜，如图 1-5 所示。

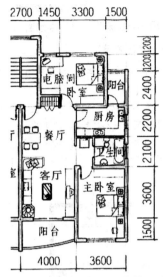

图 1-5　客厅与餐厅一体的设计

❑ 开间（面宽）

客厅开间尺寸呈现一定的弹性，有在小户型中满足基本功能面宽的 3600mm "迷你型" 客厅，也有大户型中追求气派的面宽 6000mm 的 "舒适型" 客厅。

➢ 常用尺寸：一般来讲，110～150m² 的三室两厅套型设计中，较为常见和普遍使用的起居面宽为 3900～4500mm。

➢ 经济尺寸：当用地面宽条件或单套总面积受到某些原因限制时，可以适当压缩起居面宽至 3600mm。

➢ 舒适尺寸：在追求舒适的豪华套型中，其面宽可以达到 6000mm 以上，如图 1-6 所示。

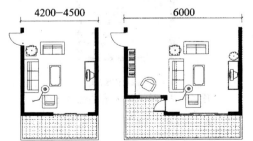

起居室的面宽尺寸与家具布置

图 1-6　客厅的面宽尺寸与家具布置

【提示】

客厅的面积标准我国现行《住宅设计规范》中最低面积是 12m²，我国城市示范小区设计导则建议为 18-25m²。

1.1.4　餐厅的设计

➢ 如有 3～4 人就餐，开间尺寸不宜小于 2700mm，面积不要小于 10m²，如图 1-7 所示。

➢ 如有 6～8 人就餐，开间净尺寸不宜小于 3000mm，使用面积不要小于 12m²，如图 1-8 所示。

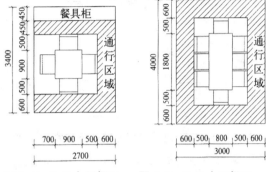

图 1-7　3~4 人用餐厅　　图 1-8　6~8 人用餐厅

【提示】

《住宅设计规范》中规定餐厅的最小面积为 5m²，且短边净尺寸为 2100mm。

1.1.5　卧室的设计

卧室在套型中扮演着十分重要的角色。一般人的一生中近 1/3 的时间处于睡眠状态中，拥有一个温馨、舒适主卧室是不少人追求的目标。

➢ 卧室应有直接采光、自然通风。因此，住宅设计应千方百计将外墙让给卧室，保证卧室与室外自然环境有必要的直接联系，如采光、通风和景观等。

➢ 卧室空间尺度比例要恰当。一般开间与进深之比不要大于 1:2。

1. 主卧室的家具布置

❑ 床的布置

➢ 床作为卧室中最主要的家具，双人床应居中布置，满足两人不同方向上下床的方便及铺设、整理床褥的需要，如图 1-9 所示。

➢ 床周边的活动尺寸：床的边缘与墙或其他障碍物之间的通行距离不宜小于 500mm；考虑到方便两边上下床、整理被褥、开拉门取物等动作，该距离最好不要小于600mm；当照顾到穿衣动作的完成时，如弯腰、伸臂等，其距离应保持在900mm以上，如图1-10所示。

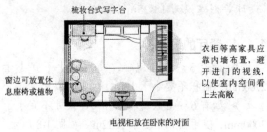

图1-9　主卧家具的布置要点

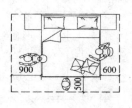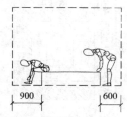

图1-10　床的边缘与墙或其他障碍物的距离

➤ 其他使用要求和生活习惯上的要求：床不要正对门布置，以免影响私密性，如图1-11所示；床不宜紧靠窗摆放，以免妨碍开关窗和窗帘的设置，如图1-12所示；北方或其他寒冷地区不要将床头正对窗放置，以免夜晚着凉，如图1-13所示。

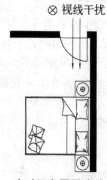

图1-11　床对门布置影响卧室私密性

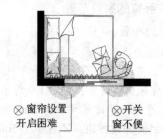

图1-12　床紧邻窗会影响窗的开关操作和窗帘设置

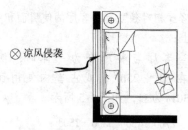

图1-13　床头对窗易导致着凉

□ **其他家具布置**

➤ 对兼有工作、学习功能的主卧室，需考虑布置工作台（写字台）、书架及相应设备。

➤ 对于年轻夫妇，还要考虑在某段时期放置婴儿床，同时又不影响其他家具的正常使用，如妨碍衣柜门的开启或使通道变得过于狭窄而不便通行等，各布置情况的优劣比较如图1-14所示。

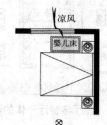

婴儿床摆放在窗前，儿童易受风和灰尘的影响

婴儿床的摆放妨碍通行，同时影响衣柜门的开启

婴儿床摆放位置合适

图1-14　婴儿床布置的优劣比较

2. 主卧室的尺寸

□ **面积**

➤ 一般情况下，双人卧室的使用面积不应

小于 12m²。

➤ 在一般常见的两～三室户型中，主卧室的使用面积适宜控制在 15～20m²。过大的卧室往往存在空间空旷、缺乏亲切感、私密性较差等问题，此外还存在能耗高的缺点。

❑ 开间

➤ 不少住户有躺在床上边休息边看电视的习惯，常见主卧室在床的对面放置电视柜，这种布置方式，造成对主卧开间的最大制约。

➤ 主卧室开间净尺寸可参考以下内容确定：

双人床长度 2000～2300mm。

电视柜或低柜宽度 600mm。

通行宽度 600mm 以上。

两边踢脚宽度和电视后插头突出等引起的家具摆放缝隙所占宽度 100～150mm。

面宽一般不宜小于 3300mm，设计为 3600～3900mm 较为合适。

1.1.6 次卧室的家具及布置

房间服务的对象不同，其家具及布置形式也会随之改变，以下主要介绍次卧的家具和布置情况。

1. 家具类型

次卧一般由家庭主人的小孩居住，因此其家具设备类型包括学龄期间的未成年人常用品：单人床、床头柜、书桌、座椅、衣柜、书柜、计算机等。

2. 家具布置

次卧的家具布置要注意结合不同年龄段孩子的特征进行设计，具体介绍如下。

➤ 青少年 (13～18 岁) 房间：对于青少年来说，他们的房间既是卧室，也是书房，同时还充当客厅，接待前来串门的同学、朋友。因此家具布置可以分区布置：睡眠区、学习区、休闲区和储藏区，如图 1-15 所示。

➤ 儿童 (3～12 岁) 房间：当次卧室主人是

儿童时，与青少年房间比较，还要特别考虑到以下几方面的需求：

可以设置上下铺或两张床，满足两个孩子同住或有小朋友串门留宿的需求。

宜在书桌旁边另外摆一把椅子，方便父母辅导孩子做作业或与孩子交流，如图 1-16 所示。

在儿童能够触及到的较低的地方有进深较大的架子、橱柜，用来收纳儿童的玩具箱等。

图 1-15 青少年房间的分区布置

图 1-16 儿童用房中布置座椅便于家长与孩子交流

3. 次卧室的尺寸

➤ 次卧室功能具有多样性，设计时要充分考虑多种家具的组合方式和布置形式，一般认为次卧室房间的面宽不要小于 2700mm，面积不宜小于 10m²，如图 1-17 所示。

➤ 当次卧室用作老年人房间，尤其是两位老年人共同居住时，房间面积应适当扩大，面宽不宜小于 3300mm，面积不宜小于 13m²，如图 1-18 所示。

➤ 当考虑到轮椅的使用情况时，次卧室面宽不宜小于 3600mm，如图 1-19 所示。

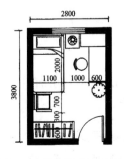

图 1-17 单人间次卧室尺寸

图 1-18 双人间次卧室尺寸

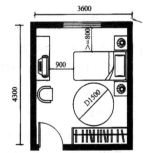

图 1-19 考虑到轮椅使用情况的次卧室尺寸

1.1.7 书房的家具布置

书房又称家庭工作室，是作为阅读、书写以及业余学习、研究、工作的空间，更是从事文教、科技、艺术工作者必备的活动空间。常见的书房家具布置形式如图1-20所示。

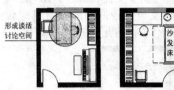

书房中形成讨论空间　书房中设置沙发床　书房中摆放单人床

图1-20　书房常见的布置形式

1. 书桌和座椅的布置

➤ 在进行书桌布置时，要考虑到光线的方向，尽量使光线从左前方射入；同时当时常有直射阳光射入时，不宜将工作台正对窗布置，以免强烈变化的阳光影响读写工作，且不利于窗的开关操作，如图1-21所示。

➤ 当书房的窗为低窗台的凸窗时，如将书桌正对窗布置时，则会将凸窗的窗台空间与室内分隔，导致凸窗窗台无法使用或利用率低，同时也会给开关窗带来不便，如图1-22所示。

➤ 北方地区暖气多置于窗下，使书桌难以贴窗布置，形成缝隙，易使桌面物品掉落。因此，设计时要预先照顾到书桌的布置与开窗位置的关系，如图1-23所示。

图1-21　正对窗布置易受阳光直射且不利于开关窗户

图1-22　书桌与凸窗搭　图1-23　布置暖气管
配使用不便　情况下的书桌摆放

2. 书房的尺寸

□ 书房的面宽

在一般住宅中，受套型总面积、总面宽的限制，考虑必要的家具布置，兼顾空间感受，书房的面宽一般不会很大，最好在2600mm

以上。

□ 书房的进深

在板式住宅中，书房的进深大多在3～4m。因受结构对齐的要求及相邻房间大进深的影响（如起居室、主卧室等进深都在4m以上），书房进深若与之对齐，空间势必变得狭长。为了保持空间合适的长宽比，应注意相应地减小书房进深，如图1-24所示。

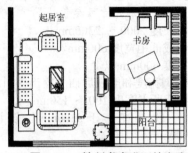

图1-24　控制书房进深的方式

1.1.8 厨房的设计

市场调研表明，近几年居住者希望扩大厨房面积的需求依然较强烈。目前新建住宅厨房已从过去的平均5～6m²扩大到7～8m²，但从使用角度来讲，厨房面积不应一味扩大，面积过大、厨具安排不当，会影响到厨房操作的工作效率。

可以将厨房按面积分成三种类型：经济型、小康型、舒适型，分别介绍如下。

1. 经济型厨房

经济适用型住宅采用经济型厨房面积布置，其具体的布置特点如下。

➤ 面积应在5～6m²。

➤ 厨房操作台总长不小于2.4m。

➤ 单列和"L"形设置时，厨房净宽不小于1.8m。

➤ 双列设置时厨房净宽不小于2.1m。

➤ 冰箱可入厨，也可置于厨房近旁或餐厅内。

2. 小康型厨房

一般住宅宜采用小康型厨房面积布置，其具体的布置特点如下。

➤ 面积应在6～8m²。

➤ 厨房操作台总长不小于2.7m。

➤ "L"形设置时厨房净宽不小于1.8m。

➤ 双列设置时厨房净宽不小于2.1m。

▷ 冰箱尽量入厨。

3. 舒适型厨房

高级住宅、别墅等采用舒适型厨房面积布置，其具体的布置特点如下。

▷ 面积应在 8 ～ 12m²。

▷ 厨房操作台总长不小于 3.0m。

▷ 双列设置时厨房净宽不小于 2.4m。

▷ 冰箱入厨，并能放入小餐桌，形成 DK 式厨房。

▷ 有条件的情况下，可加设洗衣间（家务室）、保姆间等，其面积可进一步扩大。

1.1.9 卫生间设备及布置

1. 坐便器的布置

坐便器的前端到前方门、墙或洗脸盆（独立式、台面式）的距离应保证在 500 ～ 600mm，以便站起、坐下、转身等动作能比较自如，左右两肘撑开的宽度为 760mm，因此坐便器的最小净面积尺寸应为 800mm×l200mm。

2. 三件套

把三件套（浴盆或淋浴房、坐便器、洗脸盆）紧凑布置，可充分利用共用面积，一般面积比较小，为 3.5 ～ 5m²。

3. 四件套

四件套（浴盆、便器、洗脸盆以及洗衣机）卫生间所占面积稍大，一般面积在 5.5 ～ 7m² 左右。

1.1.10 阳台设计

▷ 开敞式阳台的地面标高应低于室内标高的 30 ～ 150mm，并应有 1% ～ 2% 的排水坡度将积水引向地漏或泄水管。

▷ 阳台栏杆需要具有抗侧向力的能力，其高度应满足防止坠落的安全要求低层、多层住宅不应低于 1050mm，中高层、高层住宅不应低于 1100mm（《住宅设计规范》）。栏杆设计应防止儿童攀爬，垂直杆件净距不应大于 0.11m，以防儿童钻出，如图 1-25 所示。

▷ 露台栏杆、女儿墙必须能防止儿童攀爬，国家规范规定其有效高度不应小于 1.1m，高层建筑不应小于 1.2m。

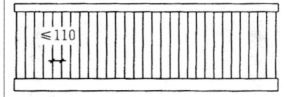

图 1-25　阳台栏杆之间的间隙

▷ 应为露台提供上下水，方便住户洗涤、浇花、冲洗地面、清洗餐具等活动。

▷ 室内设计施工图的组成

在确定室内设计方案之后，需要绘制相应的施工图以表达设计意图。施工图一般由两部分组成：一是供木工、油漆工、电工等相关施工人员进行施工的装饰施工图；二是真实反映最终装修效果、供设计评估的效果图。其中施工图是装饰施工、预算报价的基本依据，是效果图绘制的基础，效果图必须根据施工图进行绘制。装饰施工图要求准确、详实，一般使用 AutoCAD 进行绘制，如图 1-26 所示。

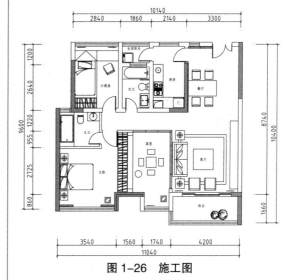

图 1-26　施工图

而效果图一般由 3ds max 绘制，它根据施工图的设计进行建模、编辑材质、设置灯光、渲染，最终得到如图 1-27 所示的彩色图像。效果图反映的是装修的用材、家具布置和灯光设计的综合效果，由于是三维透视彩色图像，没有任何装修专业知识的普通业主也可轻易地看懂设计方案，了解最终的装修效果。

一套室内装饰施工图通常由多张图纸组成，一般包括原始户型图、平面布置图、顶棚图、电气图、立面图等。

图 1-27 效果图

1.1.11 原始户型图

在经过实地量房之后，需要将测量结果用图纸表示出来，包括房型结构、空间关系、尺寸等，这是室内设计绘制的第一张图，即原始户型图，如图 1-28 所示。其他专业的施工图都是在原始户型图的基础上进行绘制的，包括平面布置图、顶棚图、地材图、电气图等。

图 1-28 原始户型图

1.1.12 平面布置图

平面布置图是室内装饰施工图中的关键性图纸。它是在原建筑结构的基础上，根据业主的要求和设计师的设计意图，对室内空间进行详细的功能划分和室内设施定位，如图 1-29 所示。

图 1-29 平面布置图

1.1.13 地材图

地材图是用来表示地面做法的图样，包括地面用材和形式。其形成方法与平面布置图相同，所不同的是地面平面图不需绘制室内家具，只需绘制地面所使用的材料和固定于地面的设备与设施图形，如图 1-30 所示。

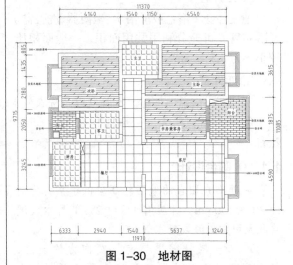

图 1-30 地材图

1.1.14 顶棚图

顶棚图主要用来表示顶棚的造型和灯具的布置，同时也反映了室内空间组合的标高关系和尺寸等。其内容主要包括各装饰图形、灯具、说明文字、尺寸和标高。有时为了更详细地表示某处的构造和做法，还需要绘制该处的剖面详图。与平面布置图一样，顶棚图是室内装饰设计图中不可缺少的图样，如图 1-31 所示。

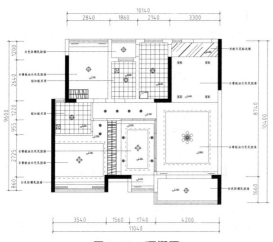

图 1-31 顶棚图

1.1.15 电气图

电气图主要用来反映室内的配电情况，包括配电箱规格、型号、配置以及照明、插座、开关等线路的敷设和安装说明等，如图 1-32 所示为电气图中的照明平面图。

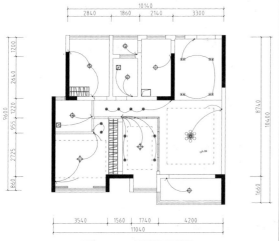

图 1-32 照明平面图

1.1.16 立面图

立面图是一种与垂直界面平行的正投影图，它能够反映垂直界面的形状、装修做法和其上的陈设，是一种很重要的图样。立面图所要表达的内容为 4 个面（左右墙、地面和顶棚）所围合成的垂直界面的轮廓和轮廓里面的内容，包括按正投影原理能够投影到画面上的所有构配件，如门、窗、隔断和窗帘、壁饰、灯具、家具、设备与陈设等。

如图 1-33 所示为某主卧室立面图。

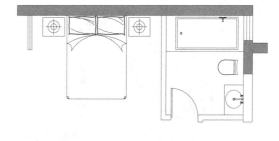

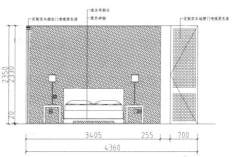

图 1-33 主卧室立面图

1.1.17 冷热水管走向图

家庭装潢中，管道有给水（包括热水和冷水）和排水两个部分。冷、热水管走向图是用于描述室内给水和排水管道、开关等用水设施的布置和安装情况的，如图 1-34 所示。

图 1-34 冷热水管走向图

1.2 室内设计师的谈单知识

设计师谈单是与客户签约的毕经途径，谈单能力的高低直接决定了设计师的外界评价水平。设计师需要经过多次谈单才能决定最终的设计方案，客户对方案的要求、对材料的偏好、对价格的疑问等谈单中需要处理的问题对设计师来说都是极大的挑战，如图 1-35 所示。

图 1-35 谈单是所有室内设计师必经的过程

1.2.1 谈单流程

不同的设计公司在谈单流程上有细微的区别，但大体的流程都是一样的，都是向客户展现自身的优势、目标都是和客户签约。一般说来，在签约前设计师只需要做好平面布置图和大概的报价表，其他资料（如施工图、效果图、详细的精算表等）都是在签约完之后完成的，所有资料出完之后才能开工进行装修。室内方案谈单的大致流程是：谈单准备—面对面交流—确定方案—签订合约。

1. 谈单前的准备

设计师在谈单前需要准备很多必要的物品，一般包括如下内容：

原始户型图和初步平面图（见图1-36）

一般设计师在电话联系客户时，就应该把客户的基本情况了解清楚。客户的房子所在楼盘、楼层、户型等情况也应该事先了解清楚。在与客户面对面交流前应先做初步平面方案，以便在与客户交谈的时候展示给客户，看客户对哪部分满意以及需要修改哪部分。准备原始户型图的目的就是能够按照客户的需求当场绘制平面草图。

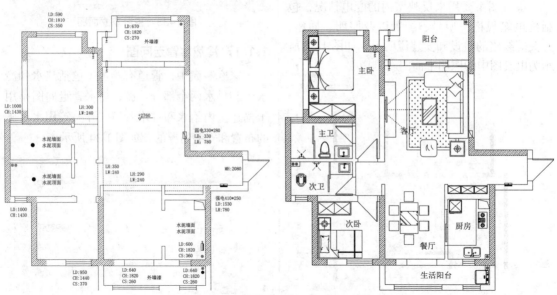

图 1-36 原始户型图和初步平面图

❏ 纸和笔

方便在与客户交流的过程中用简单的图画来展示自己的设计意图，便于客户理解清楚。

❏ 公司材料介绍的资料及相关报价等

多数装修公司有自己的装饰材料供客户选择，此时需要准备相关的介绍资料。在确定好方案后设计师需要做出一份报价，在谈单前准备好以便和客户沟通。

2. 与客户面对面交流

与客户约见，在进行自我介绍之后，就开始与客户面对面开始谈单。设计师可以根据公司流程来引导客户进行交谈，也可根据当时的具体情况自由发挥，一般谈单过程如下：

❏ 方案阐述

设计师将自己所做的初步方案展示在客户面前，从大门处开始一直讲解到每个房间的角落，确保客户将图纸看懂，然后了解客户的满意程度，将客户满意的部分保留。了解客户的需求，现场给出一个大致的解决方案，如果客户还不满意，可在下次交流前将方案改好。一定要让客户感受到设计师很有想法，专业知识掌握得比较多，自己很放心把自己家的设计交给这个设计师。

❑ 材料介绍

方案确定后，设计师可以和客户讲解一下这个设计方案需要用到的材料，让客户自由选择材料或者推荐客户用哪些材料。同时可以突出公司的材料优势，让客户对公司放心，有条件的话可以带客户去看样板材料或者样板间，让客户有一个更直观的认识，如图 1-37 所示。

方案阐述

材料介绍

图 1-37　要主动向客户介绍材料

❑ 价格讨论

价格一直是客户关心的头等大事，一个设计再好，如果客户接受不了它的价格，那也是白谈。此时设计师应该引导客户进行价格说明，对有些材料为什么这么贵、贵在哪些地方、有什么优势进行系统的阐述，让客户觉得物有所值。

❑ 约下次面谈时间

谈单不是一次两次就可以谈好的，在设计师和客户第一次交流过后，设计师应该和客户约好下次见面的时间，尽量不要让客户等太久。在此期间设计师应该根据客户的需求修改好方案，并做出一份报价表，或者准备好客户所需要的东西（比如说安排看样板房），以便在下次客户到来的时候让客户觉得没有白跑一趟。

3. 敲定签约

客户对设计师的方案满意，对公司材料以及基本流程没有异议后，就可以签订装修合约了，设计师应该在客户到来之前准备好签约所需要的各类物品，和管理合约的部门事先打好招呼，提醒客户带好相关证件。

签约过程中客户如果有什么问题设计师应该马上进行解答，不要让客户有疑问，和客户讲解清楚合约里的各类注意事项，避免将来产生误会。

签约完成后设计师同样要送客户离开，然后做好图纸的优化工作，完成施工图、效果图的绘制，并帮客户安排施工队，择日进行开工。

1.2.2　谈单技巧

一般说来，设计方案没有好坏，设计师觉得合理的方案客户未必会喜欢，客户是否喜欢方案和谈单进行得怎样有直接关系，室内设计师应该依据客户的喜好设计出最佳方案，并掌握一些常规的谈单技巧。

1. 让客户快速喜欢你

先塑造自身的设计能力，例如可以将自己最成功的几套作品给客户欣赏，让他对你的设计先认可。在交谈过程中同时注意与客户的情绪、语速、语调尽可能保持一致，创造轻松愉悦的交谈氛围。

抓住机会赞美客户，赞美是拉近设计师和客户之间距离的最有效手段。交谈过程中及时肯定客户正确的意见，不要揪着客户的错误来说，要学会抓住客户的闪光点，让客户感觉自己很有分量。

2. 谈单过程中正确提问

谈单过程中不要像开说明会，只顾自己说得痛快，说得越多可能漏洞就越多，这会让客户产生不信任的感觉。多通过提问了解客户的想法，这样才能更快达成一致。

❑ 提问的正确方式举例

➢ 引导式：您比较喜欢传统的风格，对吗？看来您更喜欢中性色彩，是吗？

➢ 选择式：您准备这周将装修定下来还是下周？在传统风格中您喜欢中式的还是欧式的？

➢ 参与式：您看这样行吗？您看还有哪些需要补充的？

➢ 激将式：难道您想自己的房子装修出来千篇一律没有一点个性吗？如果您选择的标准只是价格谁更低的话，我没有意见，但我相信您更在乎的是品质，不是吗？

❑ **提问的注意事项**

➢ 第一点：尽可能问一些轻松、愉快同时客户感兴趣的问题，找到共同点。

➢ 第二点：尽量问一些是肯定回答的问题。

➢ 第三点：问一些业主不抗拒的问题。

➢ 第四点：问客户自身需求的问题，了解对方价值观以便更准确地为设计定位。

➢ 第五点：谈单谈到关键时刻不要忘记谈签约的问题，不要错过最佳签单时间。

3. 摆正谈单心态

设计师一定要有足够的自信心，坚信自己是顶尖的签单高手，自信的人在谈单过程中更容易使临场发挥到极致，反之则会造成冷场之类的问题。

谈单和营销有部分相似之处，要把客户当作上帝来对待，态度一定要好。

4. 客户类型以及消费心理

❑ **理智型的客户**

大多是工薪阶层，他们希望好的质量服务，偏低的价位，对这类客户要有充分的耐心，消除其顾虑。

❑ **自主型和主观型的客户**

这类客户有很明确的目标，他们对事物的看法有自己的见解，而且不容易改变，他们或对设计及工程质量有独特的需求，谈单时需强化他们这方面的需求。

❑ **表现型和冲动型的客户**

这类客户需要设计师挖掘其关键需求点，尽可能表现出你的设计能力是与众不同的，同时介绍公司实力，可以使用激将法来引导。

❑ **亲善型和犹豫型客户**

这类客户犹豫不决，是个性使然，这种人往往没有主见。对拿不定主意的客户，应尽量帮他拿定主意，充当他的参谋，有时可以给出一些力度大的优惠措施，增加签单的可能性。

5. 抓住签单信号

所有的谈单都是以签单为目的的，有的设计师谈得比较愉快，但如果没有把握关键时间促成签单，那么前面的努力都有可能白白浪费。大多数客户都会同时找几家公司作比较，如果在客户有签单可能的关键时刻没有把握好，而其他公司设计师这方面做得好，就有可能让设计师与签单失之交臂。设计师应该注意观察客户的反应，把握最佳时机来促成签单，以下举了部分例子来讲解签单信号。

➢ 当设计师与客户沟通完设计方案的细节，详细分析了报价后，如果客户眼光集中，对设计与报价总体满意时，设计师要及时询问签订合同事宜。

➢ 当客户听完介绍与家人进行对望，如果家人的眼神表现出肯定，表示有签单的意向，设计师应不失时机地提出签单。

➢ 听完设计师的介绍后，客户本来轻松的神情突然变得紧张或紧张的神情舒展开来时，说明客户已经准备成交。

➢ 谈单过程中，如果客户表现出一些反常的举止，如手抓头发、舔嘴唇、不停眨眼睛或者坐立不安，说明客户的内心正在进行激烈的斗争，设计师应该把客户忧虑的事解释清楚，及时打消客户的顾虑，让客户放心地与其签约。

➢ 当设计师介绍完方案及预算，客户进一步询问细节问题或者翻阅图纸及预算清单，证明客户已经在考虑签单的事情了。

➢ 一个专心聆听而且发言不多的客户开始询问付款问题时，那就表示客户有成交的意向了。

➢ 设计师在介绍过程中，客户突然表现得情绪高涨，对设计方案及预算频频点头那就表示客户已经决定成交了。

➢ 当客户开始将本公司服务和其他公司进行比较，并询问一些后期操作的关键问题时，要及时和客户谈成交的问题。

➢ 在谈单接近尾声时，如果一直认真聆听的客户在短暂走神后，又突然集中精力，说明客户在作短暂的犹豫，或可能已经决定，这时设计师可以考虑询问签单事宜。

1.2.3 谈单注意事项

在谈单过程中设计师除了要对客户观察入微、塑造礼貌、专业的形象，还有很多事项需要事先去了解或者临场去发挥，因此设计师不但要学会察言观色，把握好每个环节的事项和套路也是十分重要的。在谈单前牢记一些谈单的注意事项，对一个新手设计师有很大的帮助。以下列举部分谈单注意事项供参考。

➤ 初次见面时大概了解客户的个人、家庭状况及对装修的总体要求，不需过多谈论细节，约定客户测量房子。

➤ 测量时，详细询问并记录客户的各项要求，针对自己较有把握处提出几点建议，切勿过多表达自己的想法，因为此时的想法尚未成熟。切勿强烈而直接地反驳客户，反对意见可留至第二次细谈方案时，以引导方式谈出，因为此时你已对方案考虑较为成熟，提出的建议客户会认为有理有据，很有分量。

➤ 一定牢记客户最关心的设计项目，给客户留下你对他极为重视的印象。

➤ 不需盲目估计总造价，先要了解客户心里的底价，可以告诉客户：我们的报价根据材料、施工工艺、工人工费等差价较大，我们必须了解您的心理价位，以便最节约时间和精力地设计出更接近于您的想法和承受能力的方案。

➤ 设计方案时，要据客户的身份、爱好进行大概定位再设计，设计出让客户满意的方案，避免多次修改。

➤ 每次谈方案必须确定一些项目，如面板、地面、家具等，并且尽量要求客户确定部分方案，因为很多客户对方案会一直犹豫不决，设计师可以引导客户做出选择，有效节约时间。

➤ 细谈方案，一般要进行三到四次修改，要坚持自己的意见尽量说服客户，但客户坚持不变的不要反驳客户，因为房子是客户自己来住。

➤ 签订合同时，详细做工艺质量说明，因为工艺质量说明不只是给客户看的，也是给自己一份详细的资料，切勿模糊带过。

1.2.4 谈单问题分析

在设计师谈单过程中，客户一般会提很多问题，下面针对一些客户经常提到的问题进行解答分析。

❏ 现在的报价与实际做完后的误差有多少？

装修不是买一件成品商品，是一个复杂、漫长的过程。施工过程中，没有任何变更的情况下（业主不增加项目和修改设计），其他项目一般不超出总造价的 8%。水、电安装是根据每个人的生活习惯来定，以下施工项目根据不同

的楼盘和有些项目可以进行选择。

❏ 报价单为什么客户不能带走？

价格是和价值紧密关联的，各公司的报价单结构、用材、施工工艺、质量等都是不同的，因此单纯的报价单是没有可比性的。不让客户拿走报价单是不希望客户落入单纯的价格误区。再说，初期报价单只是一个大致的价格，竞争对手完全可能为了拿下生意，按照报价单的单价每样减一点，但是这是个没有完成的商品，如果利润降低，在施工过程中就会出现偷工减料的问题。

❏ 首期工程款什么都还没做，就先交一部分钱？

整个装修过程包括六大工种：水、电、泥工、木工、油漆、煽灰。在进场施工之前，相关负责人要先到物业办理报批手续，有部分费用是由公司出的，客户交了首期工程款后，所有的相关资料都会给客户，而且所缴纳的工程款也是要基本完成整个工程的一半工程量（水、电、泥工基本完成）。一般装修公司的合同是经过室内装饰协会统一制订的。

❏ 弱电项目的报价与市场价格相差太大？

有关这个项目，客户在市场所看到的可能是单一的材料价格，不能拿一项成品与散零件来作比较，一般装修公司的报价包含辅料（导管、电面板等）、机具磨损费、浪费、保修、合理的利润等，隐蔽工程、安全隐患大，保修 10 年，有任何问题，都是公司负责的，10 年内电面板坏了需要更换，都是免费的。

❏ 为什么收管理费？管理费为什么业主出？

管理费是公司发给管理层人员和工程监理的工资；因为公司专门派一个人在这个工地安排工人施工，监督工程质量，业主自购材料运到工地以后，也是由他保管，还要起到与业主沟通的桥梁等；管理费单独列出，可以使报价表项目分类清晰，国家也有明文规定要把管理费单独列出。

❏ 材料好、工价高为什么做出的效果欠佳？

一般公司都是部分包工包料，材料好、人工做得好，还需要客户自购材料那一方面能做到整体搭配（灯光、颜色、款式），还有一些软配饰等，最后才能体现整个效果。

❏ **客户在施工过程中说价格高怎么办？**

工程还只是在施工过程中，客户在现场看到的只是部分材料和人工的费用，看不到公司整个运作管理层所付出的劳动，现在只是半成品，还完全看不到整体效果，而且就是整个工程完工后，公司还有售后服务保修期和终生维修。

❏ **电为什么从墙上走线？**

这是当下流行的施工工艺，"水从地面走，电从墙上走"第一是为安全，假如从地面走线容易受潮发生短路，直接接触人体也产生辐射；第二是便于以后维修，假如从地面走线以后发生问题维修方面损失比较大，要破坏地砖或地板。

❏ **工程完工后环保检测由谁负责？**

所有材料都标有详细说明和合格证，在施工之前必须经过业主验收后才能施工，在施工中又经过长时间通风。如果客户还不放心一定要做检测，那在自购材料进场之前，由权威机构来做检测，检测完后会出具一张检测报告表，让客户放心。

❏ **你们公司的价格怎么这么高？**

这个首先提醒客户，不要做简单的价格比较，需要做的是价值比。要综合比较设计水平、材料等级及其环保性、工艺标准、工程质量、服务内容、保修和品牌信誉等。好多业主受价格诱使而选择非正规公司，在装修后面对质量低劣的工程则后悔不已。

❏ **我的房子在你们公司装修要花多少钱？**

这个一般根据客户的要求，看客户准备花多少钱装修这套房子，如果客户打算在 10 万元以内，那设计师就按这个价位去做设计方案。不同的设计就有不同的价格，只有把平面方案定了，决定好做哪些东西，才会制定一份详细报价。

❏ **木制品现场制做与购买的家具有什么区别？**

木制品现场制作的主要优点：一方面是个性化比较强，并与整体装修的风格协调、统一，特别是设计师常常运用家具设计来营造整个装修格调，配套性能突出；另一方面是空间利用率高，尺度、尺寸易于把握，材料透明环保，结实耐用。缺点是不适合改变摆放位置，不易

于搬运调整。

购买家具的优点是机械化程度高、加工精密程度高，其漆面洁净；可以在无尘车间内油漆，外观精度和表面亮度较高。缺点是材料不透明，价格贵。

❏ **客户还没交定金想带走平面方案怎么办？**

首先这份图纸是公司的资料，同时也是设计师的产权。平面方案只是设计的一个表象，而更重要的是设计师的一个理念，这个理念是需要设计师和客户对面对沟通才能表述出来的，所以如果只是简单地把一张图给客户看的话，就说明本公司工作服务没做好，公司绝不允许设计师这样做，请谅解！

❏ **高端客户水管为什么不用铜管，套管为什么不用镀锌管？**

铜管和镀锌管价格昂贵，但不适于家庭装修。用铜管作为水管不卫生、不环保，热水氧化后有毒，接头容易漏水，不易施工。镀锌管作为套管安全性不如 PVC 管，施工方便，但以后维修不方便。

❏ **房间铺地砖与铺木地板有什么区别？**

➢ 一是材质的区别：地砖耐磨、易打理；木地板易腐烂，不易打理。

➢ 二是感觉的区别：地砖冷、硬；木地板看上去高档，感觉温馨，脚感舒适。

➢ 三是价格的区别：地砖相对便宜；木地板比较贵些。

❏ **实木地板与复合地板有什么区别？**

实木地板属于天然材料制作而成，纹理自然。脚感好、档次高，但受自然环境影响大，颜色深浅变化也较大，易变形，不易打理，价格贵。复合地板不易变形，易打理，它属于人造花纹，脚感稍差，价格便宜。

❏ **电视柜为什么按米计算？**

这是行业规定的一个计价方式，木制品高度超过 1m 按平方计算，低于 1m 就按米计算。

❏ **塑钢窗和铝合金窗有什么区别？**

塑钢窗的气密性、水密性、隔声、保湿、隔热等性能俱佳，价格较低；铝合金窗现场制作方便，颜色丰富，但价格较高，但气密性、水密性、隔声、保湿、隔热性能低于塑钢窗。

❏ **天花计算方法为什么按展开面积计算？**

展开面就是平面加上侧面的面积，因为侧面也要用材料，甚至施工难度更大，所以要按展开面积计算。

❑ 对目前的设计和报价均能接受，以后会不会有浮动？

设计是有一个沟通过程，当客户和设计师把六大工种的工程项目确定没变动时，报价一般浮动在 8% 左右（水、电工程除外），只要客户不另外增加项目，设计师也会尽量控制这些费用，当然客户自己也需要控制一下业主自购主材的费用，避免出现超额问题。

1.3 AutoCAD 2018 操作基础

与以前的版本相比，AutoCAD 2018 在界面上进行了较大的改进，为了使读者能够快速熟悉 AutoCAD 2018 的工作环境和操作方式，方便本书后续章节的学习，这里对 AutoCAD 2018 的工作界面和基本操作做一个简单的介绍。

1.3.1 AutoCAD 2018 的工作界面

启动 AutoCAD 2018 后就进入到该软件的界面中，AutoCAD 2018 操作界面由标题栏、快速访问工具栏、绘图区、用户坐标系图标、命令行和状态栏等元素组成，如图 1-38 所示。

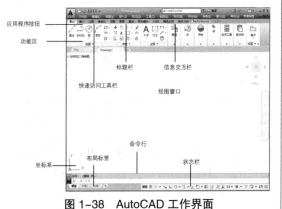

图 1-38 AutoCAD 工作界面

> **注意**
>
> AutoCAD 2018 有【草图与注释】、【三维建模】和【三维基础】3 个空间界面，本书以最常用的【草图与注释】工作空间进行讲解，如图 1-38 所示。在【工具】|【工作空间】子菜单中，可选择切换各个工作空间。

1. 标题栏

工作界面最上端是标题栏。标题栏中显示了当前工作区图形文件的路径和名称。如果该文件是新建文件，还没有命名保存，AutoCAD 会在标题栏上显示 Drawingl.dwg、Drawing2.dwg、Drawing3.dwg 等默认的文件名。

单击标题栏右边的三个按钮，可以将 AutoCAD 窗口最小化、最大化（或还原）和关闭。

2. 快速访问工具栏

AutoCAD 2018 的快速访问工具栏默认位于应用程序按钮的右侧，包含了最常用的快捷工具按钮，如图 1-39 所示。

图 1-39 快速访问工具栏

通过单击该工具栏中的按钮，可以快速进行文件的新建、打开、保存、另存以及打印等操作，此外还可以进行操作的重做与取消。单击该工具栏右侧的下拉按钮，在如图 1-40 所示的下拉菜单中可以定制快捷访问工具栏中的按钮，以及控制菜单栏的显示和隐藏。

3. 应用程序按钮

工作界面左上角为应用程序按钮，单击该按钮，通过弹出菜单可以进行文件的新建、打开、保存、打印、发布、输出等操作，此外通过该菜单【最近使用的文档】功能，还可以对之前打开的图形文件进行快速预览，功能十分强大，如图 1-41 所示。

图 1-40 快速访问 图 1-41 应用程序菜单
工具栏下拉菜单

4. 功能区

功能区是一种智能的人机交互界面，它将 AutoCAD 常用的命令进行分类，并分别放置于功能区各选项卡中，每个选项卡又包含有若干个面板，面板中即放置有相应的工具按钮，如图 1-42 所示。在默认状态下，【功能区】有 10

个选项卡，每个选项卡包含若干个面板，每个面板又包含许多由图标表示的命令按钮，用户单击面板中的命令图标按钮，即可快速执行该命令，由于空间限制，有些面板的工具按钮未能全部显示，此时可以单击面板底端的下拉按钮 ▾，以显示其他工具按钮。

图 1-42　功能区

5. 绘图窗口

绘图窗口是绘制与编辑图形及文字的工作区域。一个图形文件对应一个绘图窗口，每个绘图窗口中都有标题栏、滚动条、控制按钮、布局选项卡、坐标系图标和十字光标等元素，如图 1-43 所示。绘图窗口的大小并不是一成不变的，用户可以通过关闭多余的工具栏以增大绘图空间。

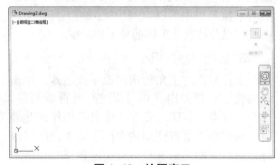

图 1-43　绘图窗口

6. 命令行

命令行位于绘图窗口的下方，用于显示用户输入的命令，并显示 AutoCAD 的提示信息，如图 1-44 所示。

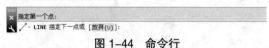

图 1-44　命令行

用户可以用鼠标拖动命令行的边框以改变命令行的大小，另外，按 F2 键还可以打开 AutoCAD 文本窗口，如图 1-45 所示。该窗口中显示的信息与命令行中显示的信息相同，当用户需要查询大量信息时，该窗口就会显得非常有用。

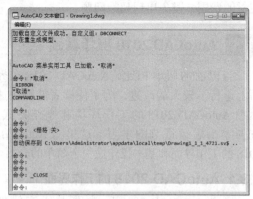

图 1-45　AutoCAD 文本窗口

7. 布局标签

AutoCAD 2018 系统默认设定一个模型空间布局标签，以及"布局 1""布局 2"两个图纸空间布局标签。在这里有两个概念需要解释：

❑ 布局

布局是系统为绘图设置的一种环境，包括图纸大小、尺寸单位、角度设定、数值精确度等，在系统预设的三个标签中，这些环境变量都按默认设置。用户根据实际需要改变这些变量的值。例如，默认的尺寸单位是公制的毫米，如果绘制的图形是使用英制的英寸，就可以改变尺寸单位环境变量的设置，用户也可以根据自己的需要设置符合自己要求的新标签。

❑ 模型

AutoCAD 的空间分为模型空间和图纸空间。模型空间就通常所说的绘图环境，而在图纸空间中，用户可以创建叫做"浮动视口"的区域，以不同视图显示所绘图形。用户可以在图纸空间中调整浮动视口并决定所包含视图的缩放比例。如果选择图纸空间，则可打印多个视图，用户可以打印任意布局的视图。

AutoCAD 2018 系统默认打开模型空间，用户可以通过鼠标左键单击选择需要的布局。

8. 状态栏

状态栏位于绘图窗口的最下边，用于显示当前 AutoCAD 的工作状态，如图 1-46 所示。状态栏中有【推断约束】、【捕捉模式】、【显示图形栅格】、【正交限制光标】、【极轴追踪】、【对象捕捉】、【三维对象捕捉】、【对象捕捉追踪】、【允许/禁止动态 UCS】、【动态输入】、【显示/隐藏线宽】、【显示/隐藏透明度】、【快捷特性】、【选择循环】、【模型】或【图纸】等按钮。

192679.0488, 25020.4958, 0.0000　模型

图 1-46　状态栏

1.3.2 AutoCAD 命令的调用方法

在 AutoCAD 中，菜单命令、工具栏按钮、命令和系统变量都是相通的。可以选择某一菜单，或单击某个工具按钮，或在命令行中输入命令和系统变量来执行相应的命令。

1. 使用鼠标操作

在绘图窗口中，光标通常显示为"十"字线形式。当光标移至菜单选项、工具或对话框内时，光标变成一个箭头。无论光标呈"十"字线形式还是箭头形式，当单击或按住鼠标键时，都会执行相应的命令或动作。在 AutoCAD 中，鼠标键是按照下述规则定义的。

❑ 拾取键

通常指鼠标的左键，用户指定屏幕上的点，也可以用来选择 Windows 对象、AutoCAD 对象、工具按钮和菜单命令等。

❑ 回车键

指鼠标右键，相当于 Enter 键，用于结束当前使用命令，此时系统将根据当前绘图状态而弹出不同的快捷菜单。

❑ 弹出菜单

当使用 Shift 键和鼠标右键的组合时，系统将弹出一个快捷菜单，用于设置捕捉对象。

2. 使用键盘输入

在 AutoCAD 2018 中，大部分的绘图、编辑功能都需要通过键盘输入来完成。通过键盘可以输入命令、系统变量。此外，键盘还是输入文本对象、数值参数、点的坐标或进行参数选择的唯一方法。

3. 使用命令行

在 AutoCAD 2018 中，默认情况下"命令行"是一个可固定的窗口，可以在当前命令行提示下输入命令和对象参数等内容。对于大多数命令，"命令行"中可以显示执行完的两条命令提示，而对于一些输出命令，需要在"命令行"或"AutoCAD 文本窗口"中显示。

在"命令行"窗口中右击，AutoCAD 将显示一个快捷菜单，如图 1-47 所示。通过快捷菜单可以选择最近使用过的 6 个命令、复制选定的文字或全部命令历史、粘贴文字以及打开"选项"对话框。

图 1-47　命令行快捷菜单

在命令行中，还可以使用 BackSpace 或 Delete 键删除命令行中的文字，也可以选中命令历史，并执行"粘贴到命令行"命令，将其粘贴到命令行中。

4. 使用菜单栏

菜单栏几乎包含了 AutoCAD 中全部的功能和命令，使用菜单栏执行命令，只需单击菜单栏中的主菜单，在弹出的子菜单中选择要执行的命令即可。例如要执行绘制多段线命令，选择【绘图】|【多段线】命令，如图 1-48 所示。

图 1-48　使用菜单栏执行绘制多段线命令

5. 使用功能区

大多数命令都可以在相应的功能区中找到与其对应的图标按钮，用鼠标单击该按钮即可快速执行 AutoCAD 命令。例如要执行绘制圆命令，可以单击【绘图】面板中的【圆】按钮，再根据命令提示进行操作即可。

1.3.3 重复、放弃、重做和终止操作

1. 重复

按回车键或空格键，AutoCAD 就能自动调用上一条命令，使用该功能，可以连续反复的使用同一条命令。使用重复操作，省去了重复输入命令的麻烦。

2. 放弃

如果想取消上一步的操作，可以使用放弃命令。在命令行输入 UNDO（快捷键 U）后按回车键，则可以撤销上一次所执行的操作。此外，单击快速访问工具栏中的【放弃】按钮或按 Ctrl+Z 键，也可以启动 UNDO 命令。

3. 重做

如果想取消上一次的 UNDO（放弃）操作，则单击快速访问工具栏中的【重做】按钮，或按 Ctrl+Y 快捷键。

4. 终止

如果在命令执行过程当中需要终止命令的执行，按键盘左上角的 Esc 键即可。

1.3.4 使用对象捕捉

在实际绘图中，用鼠标定位虽然方便快速，但精度不高，为了解决快速精确的定位问题，AutoCAD 提供了一些绘图辅助工具，如对象捕捉、对象追踪、极轴追踪等，利用这些辅助工具，可以在不输入坐标的情况下精确绘图，提高绘图速度。

对象捕捉功能可以将点精确定位到图形的特征点上，这些特征点包括中点、圆心、端点等。由于鼠标定位点的不精确性，尤其是在大视图比例的情况下，计算机屏幕上的微小差别代表了实际情况的巨大偏差，因此使用对象捕捉功能，为精确绘图提供了条件。

1. 开启 / 关闭对象捕捉功能

只有开启了对象捕捉功能，才能进行对象捕捉操作，可根据实际需要开启或关闭对象捕

捉功能，常用方法如下：

➤ 连续按 F3 功能键，可以在开、关状态间切换。

➤ 单击状态栏中的【对象捕捉】开关按钮。

➤ 在命令行输入 OSNAP 命令并按 Enter 键，打开【草图设置】对话框。单击【对象捕捉】选项卡，选中或取消【启用对象捕捉】复选框，可以打开或关闭对象捕捉，如图 1-49 所示。

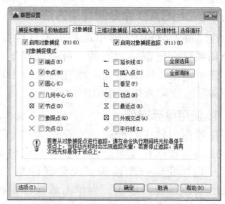

图 1-49 "对象捕捉"选项卡

2. 设置对象捕捉点

使用对象捕捉功能，可以捕捉多种特征点，如端点、中点、圆心、节点、象限点等，但为了避免视图混乱，通常设置成仅捕捉某些指定的特征点，如图 1-49 所示【草图设置】对话框【对角捕捉模式】选项组中被勾选的特征点将被捕捉，未勾选项将被忽略。

【草图设置】对话框【对角捕捉模式】选项组中对象捕捉点的含义见表 1-1。

表 1-1 对象捕捉点的含义

对象捕捉点	含 义
端点	捕捉直线或曲线的端点
中点	捕捉直线或弧段的中间点
圆心	捕捉圆、椭圆或弧的中心点
几何中心	捕捉封闭的几何图形的中心，即质心
节点	捕捉用 POINT 命令绘制的点对象
象限点	捕捉位于圆、椭圆或弧段上 0°、90°、180° 和 270° 处的点
交点	捕捉两条直线或弧段的交点
延长线	捕捉直线延长线路径上的点
插入点	捕捉图块、标注对象或外部参照的插入点
垂足	捕捉从已知点到已知直线的垂线的垂足
切点	捕捉圆、弧段及其他曲线的切点

对象捕捉点	含 义
最近点	捕捉处在直线、弧段、椭圆或样条线上，而且距离光标最近的特征点
外观交点	在三维视图中，从某个角度观察两个对象可能相交，但实际并不一定相交，可以使用"外观交点"捕捉对象在外观上相交的点
平行线	选定路径上一点，使通过该点的直线与已知直线平行

3. 自动捕捉和临时捕捉

AutoCAD 提供了两种对象捕捉模式：自动捕捉和临时捕捉。自动捕捉模式要求使用者先设置好需要的对象捕捉点，以后当光标移动到这些对象捕捉点附近时，系统就会自动捕捉到这些点。

临时捕捉是一种一次性的捕捉模式，这种捕捉模式不是自动的。当用户需要临时捕捉某个特征点时，需要在捕捉之前手工设置需要捕捉的特征点，然后进行对象捕捉。而且这种捕捉设置是一次性的，不能反复使用。在下一次遇到相同的对象捕捉点时，需要再次设置。

在命令行提示输入点的坐标时，如果要使用临时捕捉模式，可按 Shift 键 + 鼠标右键，系统会弹出如图 1-50 所示的快捷菜单。单击选择需要的对象捕捉点，系统将会捕捉到该点（且仅捕捉该点）。

- 临时追踪点(K)
- 自(F)
- 两点之间的中点(T)
- 点过滤器(T)
- 三维对象捕捉(3)
- 端点(E)
- 中点(M)
- 交点(I)
- 外观交点(A)
- 延长线(X)
- 圆心(C)
- 几何中心(Z)
- 象限点(Q)
- 切点(G)
- 垂直(P)
- 平行线(L)
- 节点(D)
- 插入点(S)
- 最近点(R)
- 无(N)
- 对象捕捉设置(O)...

图 1-50 临时捕捉菜单

在本书后面章节的实践中将介绍临时捕捉功能的实际操作方法。

1.3.5 使用自动追踪

自动追踪也是一种辅助精确绘图的功能，包括极轴追踪和对象捕捉追踪两种模式。通过自动追踪功能，可以精确定位在指定的角度或位置（如特征点之外的位置）。

1. 极轴追踪

极轴追踪功能可以使光标沿着指定角度的方向移动，将点精确定位在该角度上的任意一点。可以通过下列方法打开/关闭极轴追踪功能。

- 按功能键 F10。
- 单击状态栏【极轴追踪】开关按钮 ⊙ ▾

在如图 1-51 所示的【草图设置】对话框中，可以设置下列极轴追踪属性。

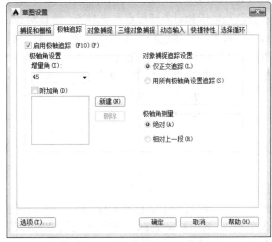

图 1-51 【草图设置】对话框

【增量角】下拉列表框：选择极轴追踪角度。当光标的相对角度等于该角，或者是该角的整数倍时，屏幕上将显示追踪路径。

【附加角】复选框：增加任意角度值作为极轴追踪角度。选中"附加角"复选框，并单击【新建】按钮，然后输入所需追踪的角度值。

【仅正交追踪】单选按钮：当对象捕捉追踪打开时，仅显示已获得的对象捕捉点的正交（水平和垂直方向）对象捕捉追踪路径。

用所有极轴角设置追踪：对象捕捉追踪打开时，将从对象捕捉点起沿任何极轴追踪角进行追踪。

【极轴角测量】选项组：设置极轴角的参照标准。【绝对】选项表示使用绝对极坐标，以 X 轴正方向为 0°。【相对上一段】选项根据上一段绘制的直线确定极轴追踪角，上一段直线所在的方向为 0°。如图 1-52 所示为极轴追踪示例。

(a) 45° 极轴追踪线　　　　　(b) 90° 极轴追踪线　　　　　(c) 200° 极轴追踪线

图 1-52　极轴追踪示例

2. 对象捕捉追踪

对象捕捉追踪是在对象捕捉功能基础上发展起来的,该功能可以使光标从对象捕捉点开始,沿着对齐路径进行追踪,并找到需要的精确位置。对齐路径是指和对象捕捉点水平对齐、垂直对齐,或者按设置的极轴追踪角度对齐的方向。对象捕捉追踪应与对象捕捉功能配合使用。使用对象捕捉追踪功能之前,必须先设置好对象捕捉点。

打开 / 关闭对象捕捉追踪功能的方法有:

➢ 按功能键 F11。

➢ 单击屏幕右下方的【对象捕捉追踪】开关按钮 ∠ 。

绘图过程中,当提示指定点时,使用对象捕捉功能捕捉某一点(即追踪点),不单击鼠标,停顿片刻即会出现一个蓝色靶框标记(可同时捕捉多个点),然后移动光标,将会出现相应的追踪路径,该追踪路径经过捕捉点,其角度与【草图设置】中的【增量角】和【附加角】相符,而且还可以显示多条对齐路径的交点,如图 1-53 所示。

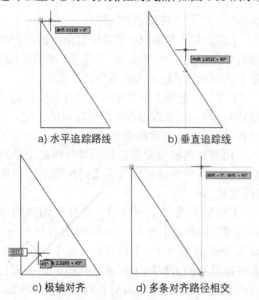

a) 水平追踪路线　　　　　b) 垂直追踪线

c) 极轴对齐　　　　　d) 多条对齐路径相交

图 1-53　对象捕捉追踪

追踪线主要用来确定一个角度,当出现追踪线时,输入一个数值按 Enter 键,即可得到一个新点,该新点位于追踪线上,所输入的数值即是它与追踪点的距离。

1.3.6 控制图形的显示

在绘图过程中,为了方便绘图和提高绘图效率,经常要用到缩放视图的功能。控制视图缩放可以使用 ZOOM/Z 命令,也可以单击【缩放】和【标准】工具栏中的各个缩放工具按钮,它们的操作方法是完全相同的,因此这里一并讲解。

1. 缩放

启动 ZOOM/Z 命令,命令提示行将提供几种缩放操作的备选项以供选择:

> 命令：ZOOM↙
> 指定窗口的角点,输入比例因子(nX 或 nXP),或者 [全部 (A)/ 中心 (C)/ 动态 (D)/ 范围 (E)/ 上一个 (P)/ 比例 (S)/ 窗口 (W)/ 对象 (O)]＜实时＞:

2. 显示全图

选择【全部】备选项,或单击工具栏按钮 ⬚ ,可以显示整个模型空间界限范围之内的所有图形对象,这种状态称为全图。

3. 中心缩放

选择【中心】备选项,或单击工具按钮 ⬚ ,将进入中心缩放状态。要求先确定中心点;然后以该中心点为基点,整个图形按照指定的缩放比例(或高度)缩放。而这个点在缩放操作之后将成为新视图的中心点。

4. 窗口缩放

这是 AutoCAD 最常用的缩放功能,选择【窗口】备选项,或者单击工具按钮 ⬚ ,通过确定矩形的两个角点,可以拉出一个矩形窗口,窗口区域的图形将放大到整个视图范围,如图 1-54 所示。

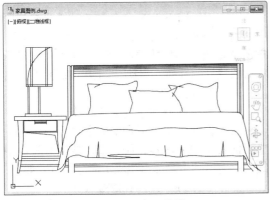

图 1-54 窗口缩放

5. 范围缩放

实际制图过程中，通常模型空间的界限非常大，但是所绘制图形所占的区域又很小。缩放视图时如果使用显示全图功能，那么图形对象将会缩成很小的一部分。因此，AutoCAD 提供了范围显示功能，用来显示所绘制的所有图形对象的最大范围。选择【范围】备选项，或单击工具按钮，可使用此功能。

6. 回到前一个视图

选择【上一个】备选项，或者单击工具按钮，可以回到前一个视图显示的图形状态。这也是一个常用的缩放功能。

7. 比例缩放

根据输入的比例缩放图形，如图 1-55 所示。有 3 种输入比例的方法：直接输入数值，表示相对于图形界限进行缩放；在比例值后面加 x，表示相对于当前视图进行缩放；在比例值后面加上 xp，表示相对于图纸空间单位进行缩放，选择【比例】备选项，或单击工具按钮，可使用此功能。

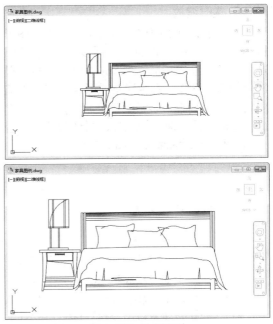

图 1-55 比例缩放

8. 动态缩放

动态缩放是 AutoCAD 一个非常具有特色的缩放功能。该功能如同在模仿一架照相机的取景框，先用取景框在全图状态下"取景"，然后将取景框取到的内容放大到整个视图。

选择【动态】备选项，或者单击工具按钮，将进入动态缩放状态。视图此时显示为"全图"状态，视图的周围出现两个虚线方框，蓝色虚线方框表示模型空间的界限，绿色虚线方框表示上一视图的视图范围。

光标变成了一个矩形的取景框，取景框的中央有一个十字叉形的焦点，如图 1-56 所示。首先拖动取景框到所需位置并单击，然后调整取景框大小，然后按 Enter 键进行缩放。调整完毕后回车确定，取景框范围以内的所有实体将迅速放大到整个视图状态。

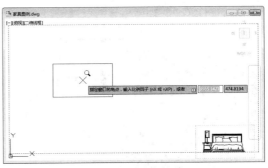

图 1-56 动态缩放

9. 实时缩放

所谓【实时】缩放，指的是视图中的图形将随着光标的拖动而自动、同步地发生变化。这个功能也是 ZOOM/Z 命令的默认项，也是最常用的缩放操作。直接回车或者单击工具按钮 ，此时光标将变成放大镜形状。按住鼠标左键，并向不同方向拖动光标，图形对象将随着光标的拖动连续地缩放，如图 1-57 所示。

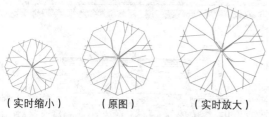

（实时缩小）　　（原图）　　（实时放大）

图 1-57　缩放前后对比

要启动【实时】缩放命令，可在绘图区单击鼠标右键，从快捷菜单中选择【缩放】命令项。

技巧

滚动鼠标滚轮，可以快速地实时缩放视图。

10. 图形平移

和缩放不同，平移命令不改变视图的显示比例，只改变显示范围。输入命令 PAN/P，或者单击工具按钮 ，此时光标将变成小手形状。按住鼠标左键，并向不同方向拖动光标，当前视图的显示区域将随之实时平移，如图 1-58 所示。

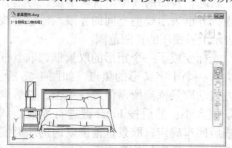

平移前

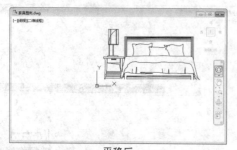

平移后

图 1-58　视图平移

技巧

按住鼠标中键拖动，可以快速进行视图平移。

1.3.7　重新生成与重画图形

如果用户在绘图过程中，由于操作的原因，使得屏幕上出现一些残留光标点，为了擦除这些不必要的光标点，使图形显得整洁清晰，可以利用 AutoCAD 的重画和重新生成功能达到这些要求。

□ 重生成

【重生成】REGEN 命令重新计算当前视区中所有对象的屏幕坐标并重新生成整个图形。它还重新建立图形数据库索引，从而优化显示和对象选择的性能。启动【重生成】命令的方式：

➢ 命令行：REGEN/RE。

➢ 菜单栏：【视图】|【重生成】命令。

另外，使用【全部重生成】命令不仅重生成当前视图中的内容，而且重生成所有视图中的内容。启动【全部重生成】命令的方式如下：

➢ 命令行：REGENALL/REA。

➢ 菜单栏：【视图】|【全部重生成】命令。

□ 重画

AutoCAD 用数据库以浮点数据的形式储存图形对象的信息，浮点格式精度高，但计算时间长。AutoCAD 重生成对象时，需要把浮点数值转换为适当的屏幕坐标。因此对于复杂图形，重生成需要花很长的时间。

AutoCAD 提供了另一个速度较快的刷新命令就是【重画】。【重画】只刷新屏幕显示；而重生成不仅刷新显示，还更新图形数据库中所有图形对象的屏幕坐标。

➢ 命令行：REDRAW/RA。

➢ 菜单栏：【视图】|【重画】命令

在进行复杂的图形处理时，应当考虑到【重画】和【重生成】命令的不同工作机制，合理使用。【重画】命令耗时较短，常用以刷新屏幕。每隔一段较长的时间，或【重画】命令无效时，可以使用一次【重生成】命令，更新后台数据库。

1.4　基本绘图工具

在使用 AutoCAD 画图时，即使再复杂的 AutoCAD 图形，其本质上都是由点、线、圆、圆弧、矩形、正多边形、样条曲线等基本图形元素组成的。而这些基本元素都存在于绘图工具栏中，可以通过单击【绘图】工具栏中的相应工具，执行该操作。

1.4.1 绘制点命令

点是构成图形的最基本元素，点主要用于定位、等分和对象捕捉的参考点等。在 AutoCAD2014 中提供了 4 种类型的点，包括单点、多点、定数等分点和定距等分点。

1. 设置点样式

在 AutoCAD 中，系统默认情况下绘制的点显示为一个小黑点，不便于用户观察。因此，在绘制点之前一般要设置点样式，使其清晰可见。

在 AutoCAD 2018 中设置点样式有以下 3 种常用方法：

➤ 命令行：在命令行中输入 DDPTYPE。

➤ 菜单栏：执行【格式】|【点样式】命令。

➤ 功能区：在【默认】选项卡中单击"实用工具"面板中的【点样式】按钮 点样式...。

执行上述任一命令后，系统弹出【点样式】对话框，如图 1-59 所示，用户可以在其中设置点样式，再单击【确定】按钮即可完成点样式的设置，如图 1-60 所示。

图 1-59 【点样式】对话框

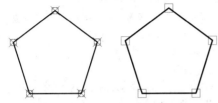

图 1-60 不同点样式的效果

> **提示**
>
> 在"点样式"对话框中第一排的第二个为空白点样式，该点样式虽然不可见，但是在对象捕捉节点时仍可以被捕捉。

2. 绘制多点

绘制多点就是指执行一次命令后可以连续绘制多个点，直到按 Esc 键结束命令为止。绘制多点有以下两种常用方法：

➤ 功能区：单击功能区【常规】选项卡下的【多点】按钮，如图 1-61 所示。

➤ 菜单栏：执行【绘图】|【点】|【多点】命令。

执行上述任一命令后，在绘图区相应位置单击鼠标，即可创建多个点，如图 1-62 所示。

图 1-61 通过功能面板创建多点

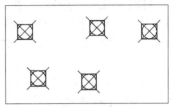

图 1-62 创建多点

3. 绘制定数等分点

绘制定数等分点就是将指定的对象以一定的数量进行等分。在 AutoCAD 2018 中执行【定数等分点】命令有以下几种常用方法：

➤ 命令行：在命令行中输入 DIVIDE/DIV。

➤ 功能区：单击【绘图】面板中的【定数等分】按钮，如图 1-63 所示。

图 1-63 功能面板【定数等分】按钮

➤ 菜单栏：执行【绘图】|【点】|【定数等分】命令。

执行上述任一命令后，绘制如图 1-64 所示定数等分点，命令行操作如下：

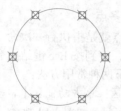

图 1-64　定数等分

图 1-66　创建定距等分

命令 :DIVIDE↙

// 调用【定数等分】命令

选择要定数等分的对象 :

// 选择所需要绘制定数等分点的对象（圆）

输入线段数目或 [块 (B)] : 6↙

// 输入等分数量，按 Enter 键完成操作

4. 绘制定距等分点

【定距等分】就是将指定对象按确定的长度进行等分。因为等分后的子线段数目是线段总长除以等分距，所以由于等分距的不确定性，定距等分后可能会出现剩余线段。在 AutoCAD 2018 中执行【定距等分】有以下几种常用方法：

➤ 命令行：在命令行中输入 MEASURE/ME。

➤ 功能区：单击【绘图】面板中的【定距等分】按钮，如图 1-65 所示。

➤ 菜单栏：执行【绘图】|【点】|【定距等分】命令。

执行上述任一命令后，绘制如图 1-66 所示的定距等分点，命令行行操作如下：

命令 : MEASURE ↙

// 调用【定距等分】命令

选择要定距等分的对象 :

// 选择需要绘制定距等分点的对象（直线）

指定线段长度或 [块 (B)] : 1.5↙

// 输入等分距离 1.5，按 Enter 键完成等分

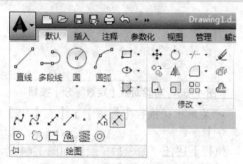

图 1-65　面板【等距等分】按钮

1.4.2　绘制直线命令

直线是图形的基础，是最常用的命令之一，绘制一条直线需要确定起始点和终止点。

在 AutoCAD 2018 中绘制【直线】有以下几种常用方法：

➤ 命令行：在命令行输入 LINE/L。

➤ 功能区：单击【绘图】面板中【直线】按钮，如图 1-67 所示。

➤ 菜单栏：执行【绘图】|【直线】命令。

执行上述任一命令后，绘制如图 1-68 所示的直线，命令行的提示如下：

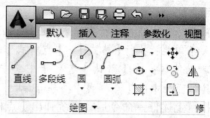

图 1-67　功能面板直线绘制按钮

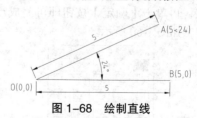

图 1-68　绘制直线

命令 :L↙

// 调用直线绘制命令

指定第一点 :0,0↙

// 指定第一点 O 点的绝对直角坐标（0，0）

指定下一点或 [放弃 (U)]:5,0↙

// 指定 B 点的绝对直角坐标（5，0）

指定下一点或 [放弃 (U)]:↙

// 按 Enter 键完成直线绘制

命令 : LINE↙

// 再空格键或 Enter 键再次调用 LINE 命令

指定第一点 : 0,0↙

// 指定第一点的绝对直角坐标（0，0）

指定下一点或 [放弃 (U)]:5<24↙

// 指定 A 点的绝对极坐标

指定下一点或 [放弃 (U)]:↙

// 按 Enter 键完成直线绘制

提示

在绘制直线时，如果要绘制水平或垂直的直线，按 F8 键即可。

1.4.3 绘制圆类命令

圆是一个经常使用和绘制的图形，在 AutoCAD【绘图】的下拉菜单中，列出了 6 种【圆】的绘制方法。

1. 绘制圆

在 AutoCAD 2018 中启动【圆】绘制命令有以下几种常用方法：

➤ 命令行：在命令行中输入 CIRCLE/C。

➤ 功能区：单击【绘图】面板中的【圆】工具按钮 ⊙，如图 1-69 所示。

➤ 菜单栏：执行【绘图】|【圆】命令，如图 1-70 所示。

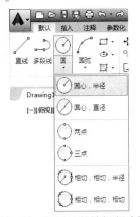

图 1-69　通过工具按钮创建圆

图 1-70　通过菜单命令创建圆

AutoCAD 2018 提供了 6 种绘制圆的方式，如图 1-71 所示，具体含义如下：

➤ 圆心、半径：用圆心和半径方式绘制圆。

➤ 圆心、直径：用圆心和直径方式绘制圆。

➤ 三点：通过 3 点绘制圆，系统会提示指定第一点、第二点和第三点。

➤ 两点：通过两个点绘制圆，系统会提示指定圆直径的第一端点和第二端点。

➤ 相切、相切、半径：通过两个其他对象的切点和输入半径值来绘制圆。

➤ 相切、相切、相切：通过 3 条切线绘制圆。

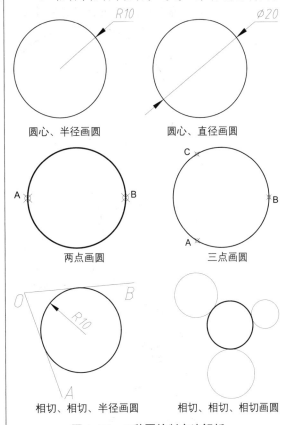

圆心、半径画圆　　　圆心、直径画圆

两点画圆　　　三点画圆

相切、相切、半径画圆　　相切、相切、相切画圆

图 1-71　6 种圆绘制方法解析

2. 绘制圆弧

在 AutoCAD 2018 中启动绘制【圆弧】命令有以下几种常用方法：

➤ 命令行：在命令行中输入 ARC/A。

➤ 功能区：单击【绘图】面板中的【圆弧】工具按钮。

➤ 菜单栏：执行【绘图】|【圆弧】命令。

在 AutoCAD 2018 中共提供了 11 中圆弧的绘制方法，其中 5 种常用的方法如图 1-72 所示。

➤ 三点：在绘图区指定三点绘制圆弧，分别是起点、经过点和终点。

➤ 起点、圆心、端点：在绘图区指定圆弧

的起点、圆心和端点绘制圆弧。

➤ 起点、圆心、长度：在绘图区指定圆弧的起点和圆心，输入圆弧的长度，按 Enter 键绘制圆弧。

➤ 起点、端点、半径：在绘图区指定圆弧的起点和终点，根据命令行的提示，输入半径值，按 Enter 键绘制圆弧。

➤ 圆心、起点、角度：在绘图区指定圆弧圆心和起点，输入角度值，按 Enter 键绘制圆弧。

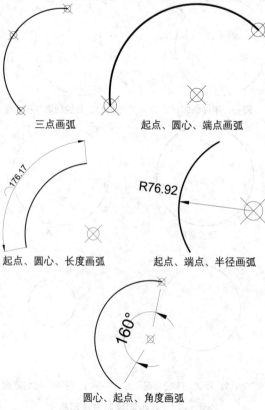

三点画弧　　起点、圆心、端点画弧

起点、圆心、长度画弧　　起点、端点、半径画弧

圆心、起点、角度画弧

图 1-72　5 种圆弧绘制方法解析

1.4.4 绘制矩形和正多边形命令

在 AutoCAD 中矩形和多边形的个边构成一个单独的对象。

1. 绘制矩形命令

在 AutoCAD 中绘制矩形，可以为其设置倒角、圆角，以及宽度和厚度值等参数。在 AutoCAD 2018 中绘制【矩形】有以下几种常用方法：

➤ 命令行：在命令行中输入 RECTANG/REC。

➤ 功能区：单击【绘图】面板中的【矩形】工具按钮□。

➤ 菜单栏：执行【绘图】|【矩形】命令。

执行矩形命令后，在命令行则会出现如下提示：

> 命令：_rectang
> 指定第一个角点或 [倒角 (C)/ 标高 (E)/ 圆角 (F)/ 厚度 (T)/ 宽度 (W)]：
> *// 在绘图区单击一点或在命令行输入坐标，确定矩形的第一个端点*
> 指定另一个角点或 [面积 (A)/ 尺寸 (D)/ 旋转 (R)]：d✓
> *// 输入字符 D，按 Enter 键，输入矩形的长宽度值*
> 指定矩形的长度 <**.****>：
> *// 输入矩形的长度值，按 Enter 键确定*
> 指定矩形的宽度 <**.****>：
> *// 输入矩形的宽度值，按 Enter 键确定*

其中各选项的含义如下：

➤ 倒角（C）：绘制一个带倒角的矩形。

➤ 标高（E）：矩形的高度。默认情况下，矩形在 x、y 平面内。一般用于三维绘图。

➤ 圆角（F）：绘制带圆角的矩形。

➤ 厚度（T）：矩形的厚度，该选项一般用于三维绘图。

➤ 宽度（W）：定义矩形的宽度。

如图 1-73 所示为各种样式的矩形效果。

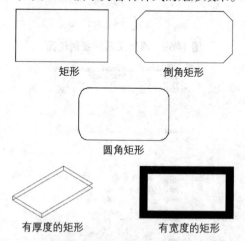

矩形　　　　　　倒角矩形

圆角矩形

有厚度的矩形　　　　有宽度的矩形

图 1-73　各种样式的矩形效果

1. 绘制正多边形命令

多边形是由三条或三条以上长度相等的线段首尾相接形成的闭合图形。

在 AutoCAD 2018 中绘制【多边形】命令

有以下几种常用方法：

➤ 命令行：在命令行中输入 POLYGON/POL。

➤ 功能区：单击【绘图】面板中的【多边形】工具按钮。

➤ 工具栏：单击【绘图】工具栏中的【多边形】按钮。

在 AutoCAD 中绘制一个多边形，需要指定其边数、位置和大小三个参数。多边形通常有唯一的外接圆和内切圆。外接/内切圆的圆心决定了多边形的位置。多边形的边长或者外接/内切圆的半径决定了多边形的大小。根据边数、位置和大小的不同，有下列绘制多边形的方法。

执行正多边形命令后，命令行则会出现如下提示：

命令：_polygon 输入侧面数 <6>：

//输入多边形的侧面数值，按 Enter 键确定

指定正多边形的中心点或 [边 (E)]：

//在绘图区单击一点

输入选项 [内接于圆 (I)/ 外切于圆 (C)] <C>：I↵

//输入字符 I 选择"内接于圆"，按 Enter 键确定

指定圆的半径 :20↵

//输入圆的半径值，例如 20，按 Enter 键结束。得到的效果如图 1-74 所示

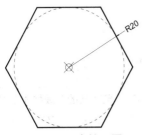

图 1-74　内接于圆

或者按以下命令行的操作方法，得到外切于圆的多边形绘制效果。

输入选项 [内接于圆 (I)/ 外切于圆 (C)] <I>：C↵

//输入字符 C 选择"内接于圆"，按 Enter 键确定

指定圆的半径 : 20↵

//输入圆的半径值，例如 20，按 Enter 键结束。得到的效果如图 1-75 所示

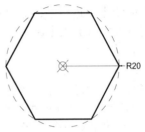

图 1-75　外切于圆

1.4.5　绘制多线

在 AutoCAD 中使用【多线】命令可一次绘制多条平行线，并且可以作为单一的对象对其进行编辑。【多线】可以通过【样式】改变线段的数目以及平行线之间的宽度。常用于绘制建筑图纸中的墙体、电子线路图中的平行线等元素，如图 1-76 所示为利用【多线】工具绘制的墙体。

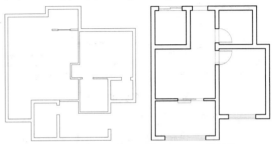

图 1-76　利用【多线】工具绘制的墙体

1. 多线的执行方法

在 AutoCAD 中执行【多线】命令的方法不多，只有以下两种：

➤ 菜单栏：选择【绘图】|【多线】命令。

➤ 命令行：MLINE 或 ML。

执行命令后，命令行操作步骤提示如下：

命令：_mline

//执行【多线】命令

当前设置：对正 = 上，比例 = 20.00，样式 = STANDARD

//显示当前的多线设置

指定起点或 [对正 (J)/ 比例 (S)/ 样式 (ST)]：

//指定多线起点或修改多线设置

指定下一点：

//指定多线的端点

指定下一点或 [放弃 (U)]：

//指定下一段多线的端点

指定下一点或 [闭合 (C)/ 放弃 (U)]：

//指定下一段多线的端点或按 Enter 键结束

执行【多线】的过程中，命令行会出现3种设置类型：【对正（J）】、【比例（S）】、【样式（ST）】，分别介绍如下：

➤【对正（J）】：设置绘制多线时相对于输入点的偏移位置。有【上】、【无】和【下】3个选项，【上】表示多线顶端的线随着光标移动；【无】表示多线的中心线随着光标移动；【下】表示多线底端的线随着光标移动，如图1-77所示。

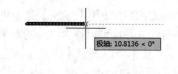

【上】：捕捉点在上

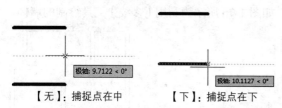

【无】：捕捉点在中　　　　【下】：捕捉点在下

图1-77　多线的对正

➤【比例（S）】：设置多线样式中多线的宽度比例，可以快速定义多线的间隔宽度，如图1-78所示。

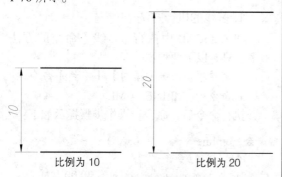

比例为10　　　　　　比例为20

图1-78　多线的比例

➤【样式（ST）】：设置绘制多线时使用的样式，默认的多线样式为STANDARD，选择该选项后，可以在提示信息"输入多线样式"或"？"后面输入已定义的样式名。输入"？"则会列出当前图形中所有的多线样式。

2. 多线的样式

系统默认的多线样式称为STANDARD样式，用户可以根据需要在如图1-79所示的【多线样式】对话框中创建不同的多线样式。

图1-79　多线样式修改面板

在AutoCAD 2018中进入【多线样式】对话框有以下几种常用方法：

➤命令行：在命令行中输入MLSTYLE。

➤菜单栏：执行【格式】|【多线样式】命令。

通过【多线样式】对话框可以新建多线样式，并对其进行修改、重命名、加载、删除等操作。

单击【新建】按钮，系统弹出【创建新的多线样式】对话框，如图1-80所示，在其文本框中输入新样式名称，单击【继续】按钮，系统弹出【新建多线样式】对话框，在其中可以设置多线样式的封口、填充、元素特性等内容，如图1-81所示。

图1-80　【创建新的多线样式】对话框

图1-81　【新建多线样式】对话框

下面具体介绍【新建多线样式】对话框中常用选项的含义：

封口：设置多线的平行线段之间两端封口的样式。各封口样式如图 1-82 所示。

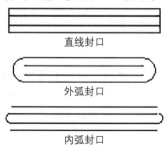

图 1-82　多线封口样式

1.4.6　绘制样条曲线命令

【样条曲线】可以用于表示机械制图中剖面的部分，还可以在建筑图中表示地形地貌等，如图 1-83 所示。在 AutoCAD 2018 中绘制【样条曲线】有以下几种常用方法：

➢ 命令行：在命令行中输入 SPLINE/SPL。

功能区：单击【绘图】面板 中的（拟合）和 （控制点）按钮，如图 1-84 所示。

菜单栏：执行【绘图】|【样条曲线】|【拟合点】或【控制点】命令。

图 1-83　用【样条曲线】命令绘制的地形等高线

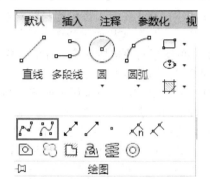

图 1-84　【绘图】面板中的【样条曲线】按钮

执行上述任一命令后，在【绘图区】任意指定一点，命令行提示如下：

指定第一个点或 [方式 (M)/ 节点 (K)/ 对象 (O)]：其各选项含义如下：

➢ 方式：通过该选项决定样条曲线的创建方式，分为【拟合】与【控制点】两种。

➢ 节点：通过该选项决定样条曲线节点参数化的运算方式，分为【弦】、【平方根】、【统一】三种方式。

➢ 对象：将样条曲线拟合多段线转换为等价的样条曲线。样条曲线拟合多段线是指使用 PEDIT 命令中【样条曲线】选项，将普通多段线转换成样条曲线的对象。

1.5　基本修改工具

修改工具栏中包括删除、复制、镜像、偏移、移动、旋转、修建、延伸、打断于点、合并、圆角等常用的修改命令，使用这些命令可以对草图进行更加简单、有效的编辑和修改，实现复杂的制图目标要求。

1.5.1　删除

【删除】命令可将多余的对象从图形中完全清除，是 AutoCAD 最为常用的命令之一，使用也最为简单。

在 AutoCAD 2018 中执行【删除】命令的方法有以下 4 种。

➢ 功能区：在【默认】选项卡中，单击【修改】面板中的【删除】按钮 ，如图 1-85 所示。

➢ 菜单栏：执行【修改】|【删除】命令。

➢ 命令行：ERASE 或 E。

➢ 快捷操作：选中对象后直接按 Delete 键。

图 1-85　【修改】面板中的【删除】按钮

执行上述命令后，根据命令行的提示选择需要删除的图形对象，按 Enter 键即可删除已选择的对象，如图 1-86 所示。

（a）原对象

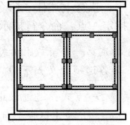
（b）选择要删除的对象

（c）删除结果

图 1-86　删除图形

1.5.2　复制

【复制】命令是指在不改变图形大小、方向的前提下，重新生成一个或多个与源对象一模一样的图形。在命令执行过程中，需要确定的参数有复制对象、基点和第二点。

在 AutoCAD 2018 中调用【复制】命令有以下几种常用方法：

➢ 命令行：在命令行中输入 COPY/CO/CP。

➢ 功能区：单击【修改】面板中的【复制】工具按钮 。

➢ 菜单栏：执行【修改】|【复制】命令。

执行【复制】命令后，选中需要复制的对象，按 Enter 键完成选择对象。在命令行则会出现如下提示：

> 当前设置：复制模式 = 多个
> 指定基点或 [位移 (D)/ 模式 (O)] < 位移 >：
> 　　// 在绘图区单击一点作为图形复制移动的基点
> 指定第二个点或 [阵列 (A)] < 使用第一个点作
> 　　为位移 >：
> 　　// 在合适的位置单击，复制图形
> 指定第二个点或 [阵列 (A)/ 退出 (E)/ 放弃 (U)]
> 　　< 退出 >：
> 　　// 在合适的位置单击，复制图形，或者按 Esc 键结束

1.5.3　镜像

【镜像】工具常用于绘制结构规则且有对称特点的图形。在 AutoCAD 2018 中【镜像】命令的调用方法如下：

➢ 命令行：在命令行中输入 MIRROR/MI。

➢ 功能区：单击【修改】面板中的【镜像】工具按钮 。

➢ 菜单栏：执行【修改】|【镜像】命令。

执行上述任一命令后，绘制如图 1-87 所示的图形，命令行的提示如下：

> 命令：MI↵
> 　　// 调用镜像命令
> 选择对象：指定对角点：找到 14 个
> 选择对象：
> 　　// 用交叉窗选的方式选择要镜像的图形，单击鼠标右
> 　　键结束选择
> 指定镜像线的第一点：
> 　　// 指定镜像线的第一点 a 点
> 指定镜像线的第二点：
> 　　// 指定镜像线第二点 b 点
> 要删除源对象吗？ [是 (Y)/ 否 (N)] <N>：↵
> 　　// 根据需要，选择是否要删除源对象，按 Enter 键默认
> 　　选择"否"，镜像结果如图 1-88 所示

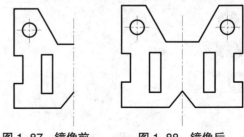

图 1-87　镜像前　　　　　图 1-88　镜像后

1.5.4　偏移

使用【偏移】工具可以创建与源对象成一定距离的形状相同或相似的新图形对象。可以进行偏移的图形对象包括直线、曲线、多边形、圆、圆弧等，如图 1-89 所示。

在 AutoCAD 2018 中调用【偏移】命令有以下几种常用方法：

➢ 命令行：在命令行中输入 OFFSET/O。

➢ 功能区：单击【修改】面板中的【偏移】工具按钮 。

➢ 菜单栏：执行【修改】|【偏移】命令。

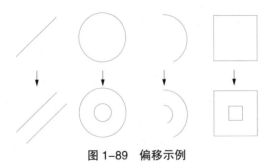

图 1-89 偏移示例

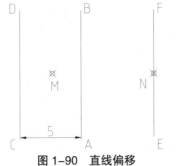

图 1-90 直线偏移

【偏移】命令需要输入的参数有需要偏移的源对象、偏移距离和偏移方向。在需要偏移一侧的任意位置单击即可确定偏移方向，也可以指定偏移对象通过已知的点。

如图 1-90 所示，已知直线 AB，要求绘制两条和 AB 平行的直线 CD 和 EF，CD 与直线 AB 的距离为 5mm，EF 通过已知点 N。执行偏移命令后，命令行的提示如下：

命令：O↙
// 启动偏移命令
当前设置：删除源 = 否 图层 =
源 OFFSETGAPTYPE=0
指定偏移距离或 [通过 (T)/ 删除 (E)/ 图层 (L)]
< 通过 >：5↙
// 输入偏移距离
选择要偏移的对象，或 [退出 (E)/ 放弃 (U)] <
退出 >：
// 选择源对象直线 AB
指定要偏移的那一侧上的点，或 [退出 (E)/ 多
个 (M)/ 放弃 (U)] < 退出 >：
// 确定 CD 的偏移方向，在 M 点附近单击鼠标
选择要偏移的对象或 [退出 (E)]< 退出 >：↙
// 回车结束命令，CD 绘制完毕命令：OFFSET↙
// 按 Enter 键重复偏移命令
当前设置：删除源 = 否 图层 =
源 OFFSETGAPTYPE=0

指定偏移距离或 [通过 (T)]<5.0000>：T↙
// 选择"通过"备选项，使偏移对象通过指定的点
选择要偏移的对象，或 [退出 (E)]< 退出 >：
// 选择源对象直线 AB
指定通过点或 [退出 (E)]< 退出 >：
// 使用节点捕捉指定点 N，表示偏移对象通过该点
选择要偏移的对象或 [退出 (E)]< 退出 >：↙
//E 按 Enter 键结束命令，EF 绘制完毕

1.5.5 移动

【移动】命令可以在指定的方向上按指定距离移动对象。【移动】命令有以下几种调用方法：

➤ 命令行：在命令行中输入 MOVE/M。

➤ 功能区：单击【修改】面板中的【移动】按钮 ✛，如图 1-91 所示。

➤ 菜单栏：执行【修改】|【移动】命令。

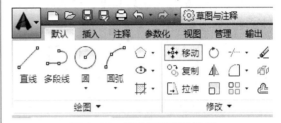

图 1-91 修改面板移动按钮

调用【移动】命令后，根据命令行提示，在绘图区中拾取需要移动的对象后按右键确定，然后拾取移动基点，最后指定第二个点（目标点）即可完成移动操作，如图 1-92 所示。

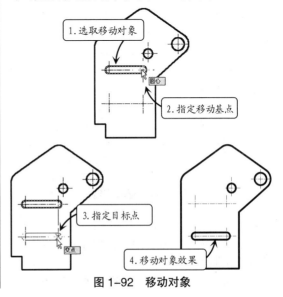

图 1-92 移动对象

1.5.6 旋转

【旋转】工具可以将对象绕指定点旋转任意角度，以调整图形的放置方向和位置。在AutoCAD 2018 中【旋转】命令有以下几种常用调用方法：

➤ 命令行：在命令行中输入 ROTATE/RO。

➤ 功能区：单击【修改】面板中的【旋转】工具按钮 ⟳。

➤ 菜单栏：执行【修改】|【旋转】命令。

在 AutoCAD 中有两种旋转方法，即默认旋转和复制旋转。

1. 默认旋转

利用该方法旋转图形时，源对象将按指定的旋转中心和旋转角度旋转至新位置，不保留对象的原始副本。执行上述任一命令后，选取旋转对象并右键单击鼠标，然后指定旋转中心，根据命令行提示输入旋转角度，按 Enter 键即可完成旋转对象操作，如图 1-93 所示。

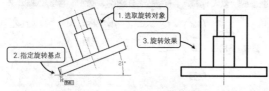

图 1-93　默认方式旋转图形

2. 复制旋转

使用该旋转方法进行对象的旋转时，不仅可以将对象的放置方向调整一定的角度，还保留源对象。执行旋转命令后，选取旋转对象并右键单击鼠标，然后指定旋转中心，在命令行中激活复制 C 备选项，并指定旋转角度，按 Enter 键退出操作，如图 1-94 所示。

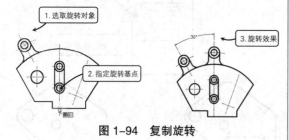

图 1-94　复制旋转

1.5.7 修剪

在 AutoCAD 2018 中【修剪】命令有以下几种常用调用方法：

➤ 命令行：在命令行中输入 TRIM/TR。

➤ 功能区：单击【修改】面板中的【修剪】工具按钮 ⊬，如图 1-95 所示。

➤ 菜单栏：执行【修改】|【修剪】命令。

图 1-95　修剪工具按钮

执行上述任一命令后，选择作为剪切边的对象（可以是多个对象），命令行提示如下：

> 选择要修剪的对象，或按住 Shift 键选择要延伸的对象，或 [栏选 (F)/ 窗交 (C)/ 投影 (P)/ 边 (E)/ 删除 (R)/ 放弃 (U)]:

剪切边也可以同时作为被剪边。默认情况下，选择要修剪的对象（即选择被剪边），系统将以剪切边为界，将被剪切对象上位于拾取点一侧的部分剪切掉。

利用【修剪】工具可以快速完成图形中多余线段的删除效果，如图 1-96 所示。

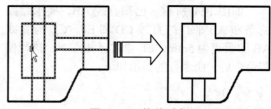

图 1-96　修剪对象

在修剪对象时，可以一次选择多个边界或修剪对象，从而实现快速修剪。例如要将一个"井"字形路口打通，在选择修剪边界时可以使用【窗交】方式同时选择 4 条直线，如图 1-97b 所示；然后按 Enter 键确认，再将光标移动至要修剪的对象上，如图 1-97c 所示；单击鼠标左键即可完成一次修剪，依次在其他段上单击，则能得到最终的修剪结果，如图 1-97d 所示。

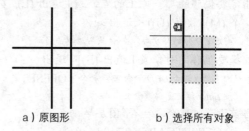

a）原图形　　　　b）选择所有对象

图 1-97　一次修剪多个对象

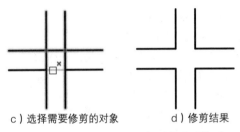

c）选择需要修剪的对象　　　　d）修剪结果

图 1-97　一次修剪多个对象（续）

1.5.8 倒角

【倒角】命令用于将两条非平行直线或多段线以一斜线相连，在 AutoCAD 2018 中，【倒角】命令有以下几种调用方法：

➤ 命令行：在命令行中输入 CHAMFER/CHA。

➤ 功能区：单击【修改】面板【倒角】工具按钮，如图 1-98 所示。

➤ 菜单栏：执行【修改】|【倒角】命令。

图 1-98　【倒角】面板按钮

执行上述任一操作后，命令行显示如下：

选择第一条直线或 [放弃 (U)/ 多段线 (P)/ 距离 (D)/ 角度 (A)/ 修剪 (T)/ 方式 (E)/ 多个 (M)]:

默认情况下，需要选择进行倒角的两条相邻的直线，然后按当前的倒角大小对这两条直线倒角。如图 1-99 所示为绘制倒角的图形。

图 1-99　绘制倒角

1.5.9 圆角

利用【圆角】命令可以将两条相交的直线通过一个圆弧连接起来，在 AutoCAD 2018 中【圆角】命令有以下几种调用方法：

➤ 命令行：在命令行中输入 FILLET/F。

➤ 功能区：单击【修改】面板中的【圆角】工具按钮，如图 1-100 所示。

➤ 菜单栏：执行【修改】|【圆角】命令。

绘制圆角的方法与绘制倒角的方法相似，在命令行中输入字母 R，可以设置圆角的半径值，对图形进行倒角处理，如图 1-101 所示。

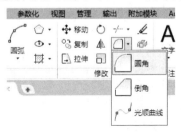

图 1-100　【圆角】面板按钮

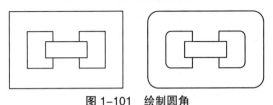

图 1-101　绘制圆角

1.5.10 阵列对象

利用【阵列】工具，可以按照矩形、环形（极轴）和路径的方式，以定义的距离、角度和路径复制出源对象的多个对象副本，如图 1-102 所示。

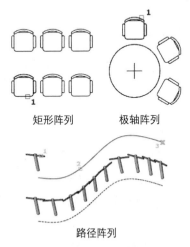

矩形阵列　　　　极轴阵列

路径阵列

图 1-102　阵列的三种方式

1. 调用阵列命令

在 AutoCAD 2018 中调用【阵列】命令的方法如下：

➤ 命令行：在命令行中输入 ARRAY/AR。

➤ 功能区：单击【默认】选项卡【修改】面板中的【阵列】按钮 / / 。

➤ 菜单栏：执行【修改】|【阵列】命令。

调用 ARRAY 命令时，命令行会出现相关提示，提示用户设置阵列类型和相关参数。

命令：ARRAY↙
 // 调用【阵列】命令
选择对象：
 // 选择阵列对象并回车
选择对象：输入阵列类型 [矩形 (R)/ 路径 (PA)/ 极轴 (PO)]< 矩形 >：
 // 选择阵列类型

2. 矩形阵列

矩形阵列是以控制行数、列数以及行和列之间的距离，或添加倾斜角度的方式，使选取的阵列对象成矩形方式进行阵列复制，从而创建出源对象的多个副本对象。

在 ARRAY 命令提示行中选择【矩形 (R)】选项、单击【矩形阵列】按钮 或直接输入 ARRAYRECT 命令，即可进行矩形阵列，下面以如图 1-103 所示的阵列实例进行说明。

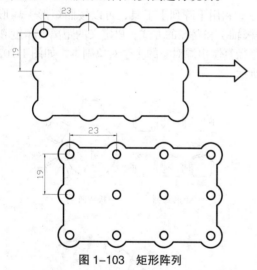

图 1-103　矩形阵列

矩形阵列流程如图 1-104 所示，具体操作过程如下：

命令：ar↙　ARRAY
 // 启动【阵列】命令
选择对象：找到 1 个
 // 选择阵列圆并回车
选择对象：输入阵列类型 [矩形 (R)/ 路径 (PA)/ 极轴 (PO)]< 矩形 >：R↙

// 选择矩形阵列方式
类型 = 矩形　关联 = 是
为项目数指定对角点或 [基点 (B)/ 角度 (A)/ 计数 (C)]< 计数 >：B↙
 // 选择"基点 (B)"选项
指定基点或 [关键点 (K)]< 质心 >：
 // 捕捉阵列小圆的圆心为基点
为项目数指定对角点或 [基点 (B)/ 角度 (A)/ 计数 (C)]< 计数 >：
 // 拖动鼠标指定阵列行数和列数
指定对角点以间隔项目或 [间距 (S)]< 间距 >：
 // 捕捉图形右下角圆弧圆心为对角点
按 Enter 键接受或 [关联 (AS)/ 基点 (B)/ 行 (R)/ 列 (C)/ 层 (L)/ 退出 (X)]< 退出 >：↙

从上述操作可以看出，AutoCAD 2018 的阵列方式更为智能、直观和灵活，用户可以边操作边调整阵列效果，从而大大降低了阵列操作的难度。

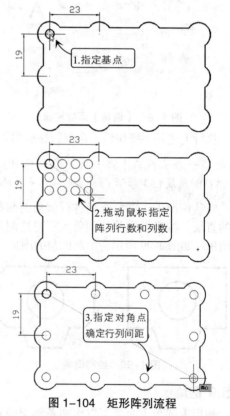

图 1-104　矩形阵列流程

3. 环形阵列

【环形阵列】通过围绕指定的圆心复制选定对象来创建阵列。

在 ARRAY 命令提示行中选择【极轴 (PO)】选项、单击【环形阵列】按钮 或直接输入 ARRAYPOLAR 命令，即可进行环形阵列。

下面以如图 1-105 所示的环形阵列实例进行说明，命令行操作过程如下：

命令 : ar↙ ARRAY
// 启动【阵列】命令
选择对象 : 找到 1 个
// 选择阵列多边形
选择对象 : 输入阵列类型 [矩形 (R)/ 路径 (PA)/
极轴 (PO)] < 矩形 >:PO↙
// 选择环形阵列类型
类型 = 极轴 关联 = 是
指定阵列的中心点或 [基点 (B)/ 旋转轴 (A)]:
// 捕捉圆心作为阵列中心点
输入项目数或 [项目间角度 (A)/ 表达式 (E)]<4>:
6↙
// 输入阵列后的总数量 (包括源对象)
指定填充角度 (+= 逆时针、-= 顺时针) 或 [表达式 (EX)] <360>:↙
// 输入总阵列角度
按 Enter 键接受或 [关联 (AS)/ 基点 (B)/ 项目 (I)/ 项目间角度 (A)/ 填充角度 (F)/ 行 (ROW)/ 层 (L)/ 旋转项目 (ROT)/ 退出 (X)] : ↙
// 绘图窗口会显示出阵列预览，按 Enter 键接受或修改参数

图 1-105 是使用指定项目总数和总填充角度进行环形阵列，在已知图形中阵列项目的个数以及所有项目所分布弧形区域的总角度时，利用该选项进行环形阵列操作较为方便。

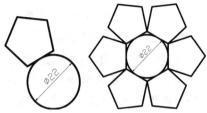

图 1-105 指定项目总数和填充角度阵列

如果只知道项目总数和项目间的角度，可以选择【项目间角度 (A)】选项，以精确快捷地绘制出已知各项目间夹角和数目的环形阵列图形对象，如图 1-106 所示，具体操作过程如下：

命令 :AR↙ ARRAY
// 启动阵列命令
选择对象 : 找到 4 个
// 选择阵列对象
选择对象 : 输入阵列类型 [矩形 (R)/ 路径 (PA)/
极轴 (PO)] < 矩形 >:PO↙ // 选择环形阵列类型
类型 = 极轴 关联 = 是
指定阵列的中心点或 [基点 (B)/ 旋转轴 (A)]:
// 捕捉圆环圆心作为阵列中心点
输入项目数或 [项目间角度 (A)/ 表达式 (E)]<4>:A↙
// 选择"项目间角度 (A)"选项
指定项目间的角度或 [表达式 (EX)]<90>:90↙
// 输入项目间的角度
指定项目数或 [填充角度 (F)/ 表达式 (E)]<4>:4↙
// 输入项目阵列数量
按 Enter 键接受或 [关联 (AS)/ 基点 (B)/ 项目 (I)/ 项目间角度 (A)/ 填充角度 (F)/ 行 (ROW)/ 层 (L)/ 旋转项目 (ROT)/ 退出 (X) : ↙
// 绘图窗口会显示出阵列预览，按 Enter 键接受或修改参数

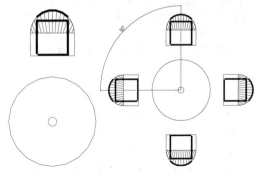

图 1-106 指定项目总数和项目间的角度阵列

此外，用户也可以指定总填充角度和相邻项目间夹角的方式，定义出阵列项目的具体数量，进行源对象的环形阵列操作，如图 1-107 所示。

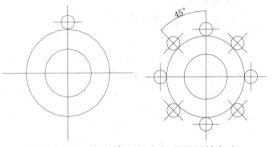

图 1-107 指定填充角度和项目间的角度

其操作方法同前面介绍的环形阵列操作方法相同，命令行提示如下：

命令 :AR↙   ARRAY

  // 启动阵列命令

选择对象 : 找到 11 个

  // 选择阵列对象

选择对象 : 输入阵列类型 [矩形 (R)/ 路径 (PA)/ 极轴 (PO)]< 矩形 >:PO↙

  // 选择环形阵列类型

类型 = 极轴 关联 = 是

指定阵列的中心点或 [基点 (B)/ 旋转轴 (A)]:

  // 捕捉大圆圆心为阵列中心点

输入项目数或 [项目间角度 (A) 表达式 (E)]<4>:A↙

  // 选择 "项目间角度 (A)" 选项

指定项目间的角度或 [表达式 (EX)] <90>:45↙

  // 输入项目间角度值

指定项目数或 [填充角度 (F)/ 表达式 (E)]<4>:F↙

  // 选择 "填充角度 (F)" 选项

指定填充角度 (+= 递时针、-= 顺时针) 或 [表达式 (EX)]<360>:360↙

  // 输入填充角度

按 Enter 键接受或 [关联 (AS)/ 基点 (B)/ 项目 (I)/ 项目间角度 (A)/ 填充角度 (F)/ 行 (ROW)/ 层 (L)/ 旋转项目 (ROT)/ 退出 (X)] :↙

  // 绘图窗口会显示出阵列预览,按 Enter 键接受或修改参数

4. 路径阵列

路径阵列方式沿路径或部分路径均匀分布对象副本。在 ARRAY 命令提示行中选择【路径 (PA)】选项、单击【路径阵列】按钮或直接输入 ARRAYPATH 命令,即可进行路径阵列。

图 1-108 所示的路径阵列操作命令行提示如下:

命令 :AR↙   ARRAY

  // 启动阵列命令

选择对象 : 找到 1 个

  // 选择多边形

选择对象 : 输入阵列类型 [矩形 (R)/ 路径 (PA)/ 极轴 (PO)]< 极轴 >:PA↙

  // 选择路径阵列方式

类型 = 路径 关联 = 是

选择路径曲线 :

  // 选择样条曲线作为阵列路径

输入沿路径的项数或 [方向 (O)/ 表达式 (E)] < 方向 >:O↙

// 选择 "方向 (O)" 选项

指定基点或 [关键点 (K)] < 路径曲线的终点 >:

  // 捕捉 A 点为基点,该点将与路径始点对齐

指定与路径一致的方向或 [两点 (2P)/ 法线 (NOR)] < 当前 >:2p↙

  // 选择 "两点 (2P)" 选项

指定方向矢量的第一个点 :

  // 捕捉 A 点

指定方向矢量的第二个点 :

  // 捕捉 B 点

输入沿路径的项目数或 [表达式 (E)] <4>:

  // 拖动鼠标确定阵列数目或直接输入阵列数量

指定沿路径的项目之间的距离或 [定数等分 (D)/ 总距离 (T)/ 表达式 (E)]< 沿路径平均定数等分 (D)>:

  // 指定阵列项目间距

按 Enter 键接受或 [关联 (AS)/ 基点 (B)/ 项目 (I)/ 行 (R)/ 层 (L)/ 对齐项目 (A)/Z 方向 (Z)/ 退出 (X)] < 退出 >:

  // 绘图窗口会显示出阵列预览,按回车键接受或修改参数

在路径阵列过程中,选择不同的基点和方向矢量,将得到不同的路径阵列结果,如图 1-108 所示。

原图形   以 A 点为基点,AB 为方向矢量

以 BC 中间为基点,AB 为方向矢量

图 1-108 路径阵列

路径阵列中重要的几个选项参数含义如下:

方向 (O):控制选定对象是否将相对于路径的起始方向重定向(旋转),然后再移动到路径的起点。【两点 (2P)】选项指定两个点来定义与路径的起始方向一致的方向,如图 1-109 所示。【法线 (NOR)】选项使阵列图形法线方向与路径对齐,如图 1-110 所示。

对齐项目 (A):指定是否对齐每个项目以与路径的方向相切,如图 1-111 所示。

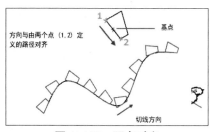

图 1-109　两点对齐

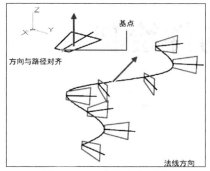

图 1-110　法线方向对齐

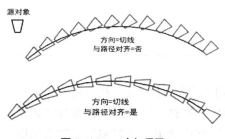

图 1-111　对齐项目

5. 编辑关联阵列

在阵列创建完成后，所有阵列对象可以作

为一个整体进行编辑。要编辑阵列特性，可使用 ARRAYEDIT 命令、【特性】选项板或夹点。

单击选择阵列对象后，阵列对象上将显示三角形和方形的蓝色夹点，拖动中间的三角形夹点，可以调整阵列项目之间的距离，拖动一端的三角形夹点，可以调整阵列的数目，如图 1-112 所示。

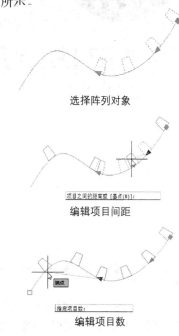

选择阵列对象

编辑项目间距

编辑项目数

图 1-112　通过夹点编辑阵列

如果当前使用的是【草图与注释】等空间，在选择阵列对象时会出现相应的【阵列】选项卡，以快速设置阵列的相关参数，如图 1-113 所示。

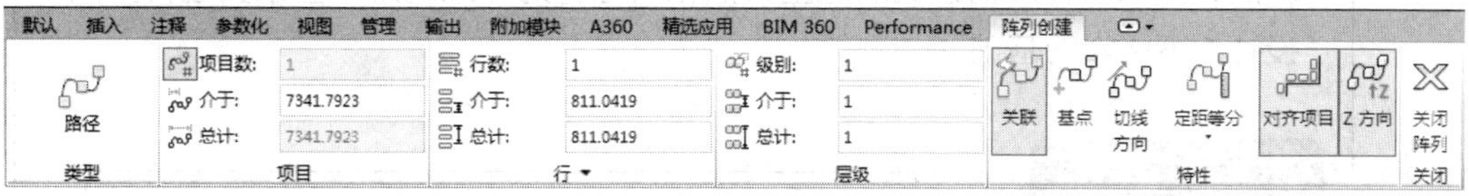

图 1-113　【阵列】选项卡

按 Ctrl 键并单击阵列中的项目，可以单独删除、移动、旋转或缩放选定的项目，而不会影响其余的阵列，如图 1-114 所示。

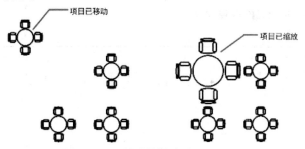

图 1-114　单独编辑阵列项目

第2章

风格家具和构件绘制

本 章 导 读

　　"家具"是和人们生活息息相关的实用工艺美术用品，在不同的历史时期，有不同的习俗，因而生产出不同风格的家具。家具风格必须与家居设计风格保持一致，否则就会破坏整体的风格和效果，室内施工图的绘制也同样如此。

　　本章通过绘制各种风格的家具图形，在练习 AutoCAD 基本绘图命令的同时，熟悉各种风格家具的造型特点和尺寸，为熟练运用这些家具进行室内设计打下坚实的基础。

本 章 重 点

　　❖ 中式风格家具绘制

　　❖ 欧式风格家具绘制

　　❖ 现代风格家具绘制

2.1 中式风格家具绘制

中式家具以明清时期为代表，使用的木材也极为考究，如黄花梨、红木、紫檀、鸡翅木、楠木等。中式家具优美多样、做工精细、结构严谨、尺度相宜、生动有力，具有很高的艺术格调。中式家具儒雅与独特的文化内涵，能带给家居生活一种从容而古典的浪漫。

用4个字来概括明清时期家具的艺术特色，即"简、厚、精、雅"。

● 简，是指造型简练，不琐碎、不堆砌，比例尺度相宜、简洁利落、大方得体。

● 厚，是指它形象浑厚，具有庄穆、质朴的效果。

● 精，是指它做工精巧，一线一面，曲直转折，严谨准确，一丝不苟。

● 雅，是指它风格典雅，耐看，不落俗套，具有很高的艺术格调。

中式家具种类繁多，如图2-1所示为常见的几种家具和构件造型。

2.1.1 绘制中式圈椅

圈椅是明代家具中最为经典的制作。圈椅由交椅发展而来。交椅的椅圈后背与扶手一顺而下，就坐时，肘部、臂膀一并得到支撑，很舒适，颇受人们喜爱。后来逐渐发展为专门在室内使用的圈椅。从审美角度审视，明代圈椅古朴典雅，线条简洁流畅，与书法艺术有异曲同工之妙，又具有中国泼墨写意画的手法，制作技艺达到炉火纯青的境地。

中式圈椅立面尺寸和效果如图2-2所示，下面介绍其详细的绘制方法。

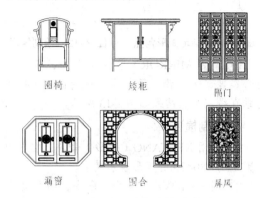

图 2-1　中式家具和构件造型

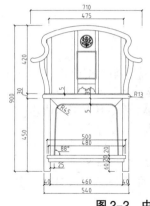

图 2-2　中式圈椅

1. 创建新图形文件

01 按 Ctrl + N 键，创建一个新的图形文件。

02 按 Ctrl + S 键，将文件以"中式家具.dwg"为名称保存。

2. 绘制椅面

01 调用 RECTANG（矩形）命令，绘制 540×30 的矩形表示椅面，命令选项如下：

```
命令 : rec↵

   // 调用绘制矩形 RECTANG 命令

指定第一个角点或 [ 倒角 (C)/ 标高 (E)/ 圆角 (F)/
厚度 (T)/ 宽度 (W)]:// 在任意位置拾取一点

指定另一个角点或 [ 面积 (A)/ 尺寸 (D)/ 旋转
(R)]: D↵

   // 选择【尺寸 (D)】选项

指定矩形的长度 <540.0000>: 540↵

   // 设置矩形长度为 540

指定矩形的宽度 <30.0000>: 30↵

   // 设置矩形宽度为 30

指定另一个角点或 [ 面积 (A)/ 尺寸 (D)/ 旋转
(R)]:

   // 在任意位置拾取一点，如图 2-3 所示
```

02 由于需要对矩形边进行操作，调用 EXPLODE（分解）命令将矩形分解。

03 调用 OFFSET（偏移）命令，将矩形上边向下偏移5个单位距离，偏移结果如图2-4所示。

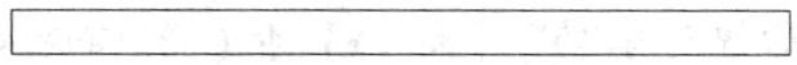

图 2-3　绘制矩形

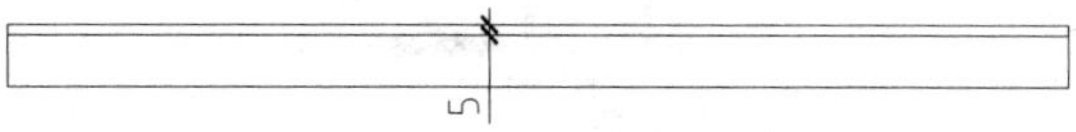

图 2-4　偏移矩形边

04 调用 ARC（圆弧）命令，绘制椅面弧

形收边，命令选项如下：

> 命令：A↙
> // 调用 ARC 命令
> ARC 指定圆弧的起点或 [圆心 (C)]:
> // 拾取偏移线段左侧端点，如图 2-5 所示,点 a
> 指定圆弧的第二个点或 [圆心 (C)/端点 (E)]:E↙
> // 选择"端点 (E)"选项
> 指定圆弧的端点：
> // 拾取矩形左下角,如图 2-5 所示点 b
> 指定圆弧的圆心或 [角度 (A)/ 方向 (D)/ 半径 (R)]：R↙
> // 选择"半径 (R)"选项
> 指定圆弧的半径：13↙
> // 指定圆弧半径为13,结果如图 2-6 所示

05 调用 TRIM 命令，修剪掉矩形左侧边，结果如图 2-7 所示。

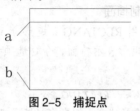

图 2-5　捕捉点

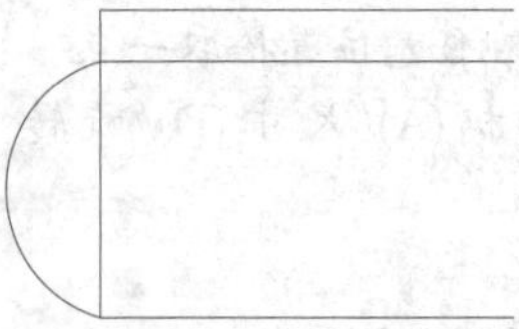

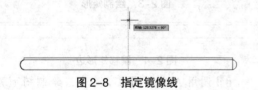

图 2-6　绘制圆弧 　　图 2-7　修剪线段

06 调用 MIRROR（镜像）命令，将弧线镜像复制到矩形另一侧，命令选项如下：

> 命令：MI↙ MIRROR 找到 1 个
> // 选择左侧弧线，并调用 MIRROR 命令
> 指定镜像线的第一点：
> // 拾取矩形中点作为镜像线的第一点
> 指定镜像线的第二点：
> // 光标定位到 90°极轴追踪线或 270°极轴追踪线上，如图 2-8 所示，拾取一点确定镜像线，得到镜像结果如图 2-9 所示
> 要删除源对象吗？[是 (Y)/ 否 (N)] <N>:↙

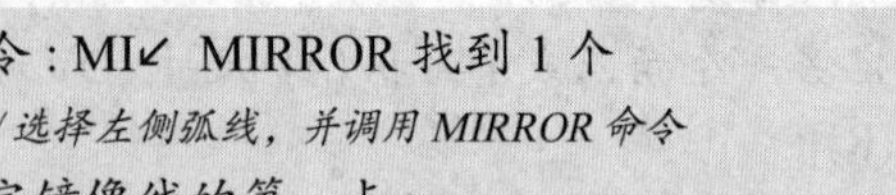

图 2-8　指定镜像线

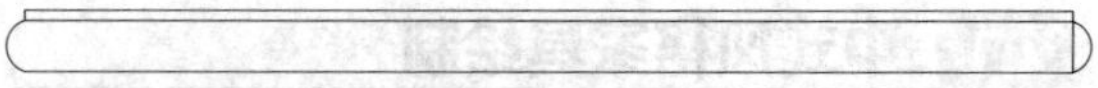

图 2-9　镜像结果

07 调用 TRIM 命令，修剪掉矩形右侧边，结果如图 2-10 所示。

3. 绘制椅脚

01 调用 RECTANG（矩形）命令，绘制 40×450 的矩形表示椅脚，命令选项如下：

> 命令：rec↙
> RECTANG 指定第一个角点或 [倒角 (C)/标高 (E)/ 圆角 (F)/ 厚度 (T)/ 宽度 (W)]:
> // 拾取椅面矩形左下角端点，如图 2-11 所示
> 指定另一个角点或 [面积 (A)/ 尺寸 (D)/ 旋转 (R)]: D↙
> // 选择"尺寸 (D)"选项
> 指定矩形的长度 <40.0000>:40↙
> 指定矩形的宽度 <450.0000>:450↙
> // 设置矩形长度为40，宽度为450
> 指定另一个角点或 [面积 (A)/ 尺寸 (D)/ 旋转 (R)]:↙
> // 在右下角任意位置拾取一点，得到矩形如图 2-12 所示

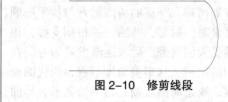

图 2-10　修剪线段

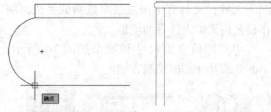

图 2-11　指定矩形角点　　图 2-12　绘制矩形

02 调用 MIRROR（镜像）命令，将椅脚矩形镜像到另一侧，镜像线为过椅面矩形中点的垂直线，镜像结果如图 2-13 所示。

4. 绘制横条

01 调用 RECTANG（矩形）命令，在任意位置绘制 480×20 的矩形表示横条。

02 调用 MOVE（移动）命令，将矩形移到椅脚底部位置，命令选项如下：

命令：m↵ MOVE 找到 1 个

// 选择矩形并调用 MOVE 命令

指定基点或 [位移 (D)] < 位移 >：

// 拾取矩形底边中点作为移动基点

指定第二个点或 < 使用第一个点作为位移 >：m2p

// 输入"m2p"，或单击鼠标右键，选择"两点之间的中点"

捕捉模式

中点的第一点：中点的第二点：< 偏移 >：

// 分别拾取如图 2-14 所示点 a、点 b

03 调用 Move 移动命令，垂直向上移动光标，输入 60 并按回车键或空格键，得到如图 2-15 所示结果。

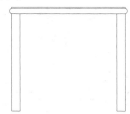

图 2-13 镜像矩形

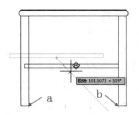

图 2-14 移动矩形 **图 2-15 移动结果**

04 使用相同方法，在矩形上方绘制尺寸为 500×40 的矩形，如图 2-16 所示。

05 调用 TRIM 命令，将与矩形重叠的椅脚线删除，结果如图 2-17 所示。

06 调用 LINE（直线）命令，绘制横条上方的装饰线轮廓，命令选项如下：

命令：L↵

// 调用 LINE 命令

指定第一点：25↵

// 捕捉线段端点，然后向右移动光标定位到 0° 极轴追

踪线上，输入 25 并按回车键，得到线段第一点

指定下一点或 [放弃 (U)]：<88↵

// 输入"88"，将角度限制为 88°

角度替代：88

指定下一点或 [放弃 (U)]：

// 在当前光标上方的任意位置拾取一点

指定下一点或 [放弃 (U)]：↵

// 按回车键或空格键退出命令，得到线段如图 2-18 所示

图 2-16 绘制矩形

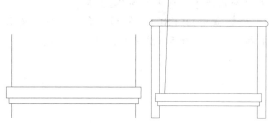

图 2-17 修剪图形 **图 2-18 绘制线段**

07 调用 MIRROR（镜像）命令，将前面绘制的线段镜像复制到另一侧，镜像线为过横条中点的垂直线，结果如图 2-19 所示。

08 调用 OFFSET（偏移）命令，将椅面矩形的底边向下偏移 35，如图 2-20 所示。

09 调用 FILLET（圆角）命令，对线段进行圆角处理，命令选项如下：

命令：F↵

// 调用 FILLET 命令

当前设置：模式 = 修剪，半径 = 0.0000

选择第一个对象或 [放弃 (U)/ 多段线 (P)/ 半径 (R)/ 修剪 (T)/ 多个 (M)]：r↵

指定圆角半径 <0.0000>：45↵

// 设置圆角半径为 45

选择第一个对象或 [放弃 (U)/ 多段线 (P)/ 半径 (R)/ 修剪 (T)/ 多个 (M)]：

选择第二个对象，或按住 Shift 键选择要应用角点的对象：

// 依次单击要圆角的线段，得到圆角结果如图 2-21 所示

图 2-19 镜像线段

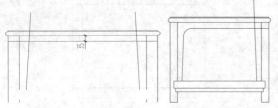

图 2-20　偏移线段　　　图 2-21　圆角线段

10 调用 FILLET（圆角）命令，对另一侧进行圆角处理，结果如图 2-22 所示。

11 调用 OFFSET（偏移）命令，将圆角后的线段向内偏移 5，结果如图 2-23 所示。

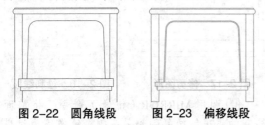

图 2-22　圆角线段　　　图 2-23　偏移线段

5. 绘制椅背

椅背为对称的曲线造型，由于没有精确的设计尺寸，因此这里只需绘制出其大概的轮廓即可，主要使用 SPLINE、LINE 等相关命令进行绘制，绘制时应控制好整体的尺度，以基本符合设计要求。为了使左、右图形对称，可以先绘制其中的一侧，如图 2-24 所示，然后再使用 MIRROR 命令镜像出另一侧，如图 2-25 所示。

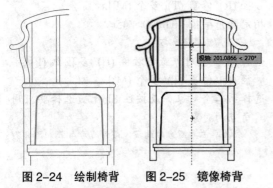

图 2-24　绘制椅背　　　图 2-25　镜像椅背

6. 绘制椅背装饰图案

使用 CIRCLE、SPLINE 等相关命令绘制椅背装饰图案，最终完成的中式圈椅效果如图 2-26 所示。

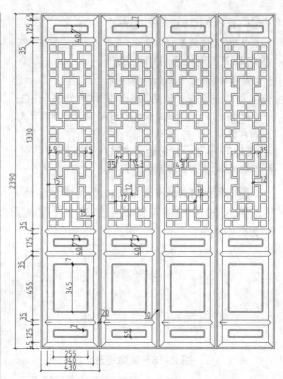

图 2-26　中式隔门

2.1.2　绘制中式屏门

屏门是中式风格建筑特有的装饰元素。屏门不是一般的门，它不仅具有普通门的功能和特点，还具有装饰的作用，屏门的特点是门上有不同样式的雕空花纹，这些花纹看似复杂，实际上还是有一定的规律的重复。屏门一般不会独立存在，都是由两扇或更多扇门排列组成。

中式屏门立面尺寸如图 2-26 所示，下面介绍其绘制方法。

01 调用 RECTANG（矩形）命令，绘制尺寸为 430×2390 的矩形表示屏门外轮廓，如图 2-27 所示。

02 调用 OFFSET（偏移）命令，将矩形依次向内偏移 10、35，得到门框，结果如图 2-28 所示。

03 调用 EXPLODE 分解命令，分解最内侧的矩形。

04 调用 OFFSET 偏移命令，将分解后的矩形底边依次向上偏移 125、35、455、35、125、35、1330、35，得到横条，结果如图 2-29 所示。

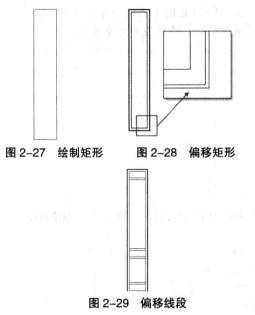

图 2-27 绘制矩形　　图 2-28 偏移矩形

图 2-29 偏移线段

05 调用 LINE（直线）命令，绘制横条与门框的交点轮廓，命令选项如下：

命令：L↙
LINE 指定第一点：
// 调用 LINE 命令，拾取横条端点作为线段第一点，如图 2-30 所示
指定下一点或 [放弃 (U)]：<135↙
// 限制角度为 135°
角度替代：135
指定下一点或 [放弃 (U)]：
// 向左下移动光标，任意拾取一点作为线段第二点
指定下一点或 [放弃 (U)]：
// 按回车键或空格键退出命令，如图 2-31 所示

06 调用 MIRROR（镜像）命令，将线段镜像到另一侧，结果如图 2-32 所示。

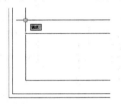

图 2-30 拾取端点

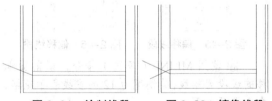

图 2-31 绘制线段　　图 2-32 镜像线段

07 调用 TRIM 修剪命令，修剪出如图 2-33 所示效果。

08 选择修剪得到的斜线，使用 COPY、MIRROR 等命令将其复制到其它位置，结果如图 2-34 所示。

09 调用 LINE 命令，绘制门框转角线，如图 2-35 所示。

图 2-33 修剪线段 　　图 2-34 复制图形

图 2-35 绘制转角线

10 调用 RECTANG（矩形）命令，绘制圆角为 10 的矩形，命令选项如下：

命令：REC↙
指定第一个角点或 [倒角 (C)/ 标高 (E)/ 圆角 (F)/ 厚度 (T)/ 宽度 (W)]：f↙
指定矩形的圆角半径 <0.0000>：10↙
// 设置矩形圆角半径为 10
指定第一个角点或 [倒角 (C)/ 标高 (E)/ 圆角 (F)/ 厚度 (T)/ 宽度 (W)]：D↙
指定矩形的长度 <430.0000>：255↙
指定矩形的宽度 <2390.0000>：55↙
指定另一个角点或 [面积 (A)/ 尺寸 (D)/ 旋转 (R)]：
// 设置矩形的长度为 255，宽度为 55，得到矩形如图 2-36 所示

11 调用 OFFSET 偏移命令，将矩形向内偏移 7 个单位，结果如图 2-37 所示。

12 调用 MOVE（移动）命令，将圆角矩形移到当前图形内，命令选项如下：

命令：m↙ MOVE

// 调用 MOVE 命令

选择对象：指定对角点：找到 2 个

选择对象：

// 选择圆角矩形

指定基点或 [位移 (D)] < 位移 >：m2p 中点的第一点：中点的第二点：

// 输入"m2p"，设置临时捕捉模式为"两点之间的中点"，然后分别拾取圆角矩形的上边和下边（或左侧边和右侧边），如图 2-38 所示

指定第二个点或 < 使用第一个点作为位移 >：m2p 中点的第一点：中点的第二点：

// 输入"m2p"，设置临时捕捉模式为"两点之间的中点"，然后分别拾取如图 2-39 箭头所指的线段中点，结果如图 2-39 所示。

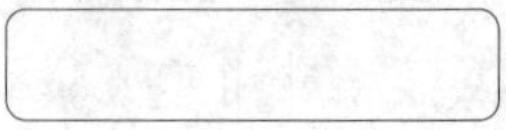

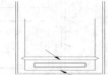

图 2-36　绘制圆角矩形 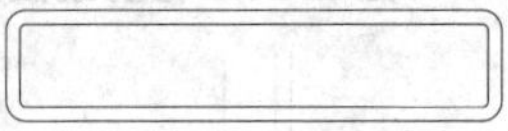　　　图 2-37　偏移矩形

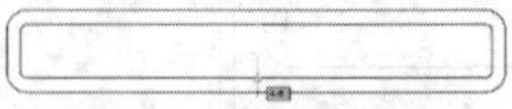

图 2-38　拾取中点　　　图 2-39　拾取中点

13 调用 COPY 复制命令，将圆角矩形复制到其它位置，并作适当修改，结果如图 2-40 所示。

14 接下来绘制隔门内的花格轮廓。调用 OFFSET 偏移命令，将如图 2-41 箭头所指线段分别向内偏移 15。

15 调用 FILLET（圆角）命令，对偏移的线段圆角处理，命令选项如下：

命令：F↙

// 调用 FILLET 命令

当前设置：模式 = 修剪，半径 = 45.0000

选择第一个对象或 [放弃 (U)/ 多段线 (P)/ 半径 (R)/ 修剪 (T)/ 多个 (M)]：r↙

指定圆角半径 <45.0000>：0↙

// 设置圆角半径为 0

选择第一个对象或 [放弃 (U)/ 多段线 (P)/ 半径 (R)/ 修剪 (T)/ 多个 (M)]：

选择第二个对象，或按住 Shift 键选择要应用角点的对象：

// 分别单击如图 2-42 所示箭头所指线段，得到圆角结果如图 2-43 所示

16 调用 FILLET 圆角命令，对其它三个角进行圆角处理，得到花格外框轮廓。

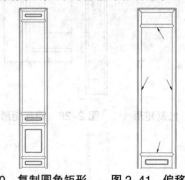

图 2-40　复制圆角矩形　　　图 2-41　偏移线段

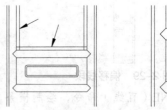

图 2-42　选择圆角线段 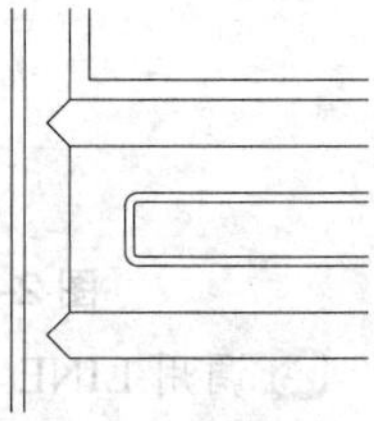　　　图 2-43　圆角效果

17 调用 LINE 命令，以花格外框的中点为起始点绘制水平线段，如图 2-44 所示。

18 调用 OFFSET 偏移命令，偏移线段，尺寸如图 2-45 所示。

19 调用 OFFSET 偏移命令，偏移线段，尺寸如图 2-46 所示。

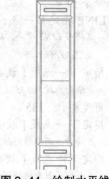

图 2-44　绘制水平线

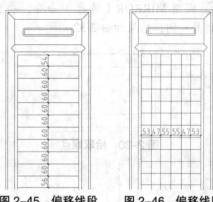

图 2-45　偏移线段　　　图 2-46　偏移线段

20 调用 MLINE（多线）命令，以前面偏移的线段为轴线，绘制宽为 12 的多线表示花格，命令选项如下：

命令:m↙ MLINE

// 调用 MLINE 命令

当前设置:对正 = 无,比例 = 240.00,样式 = STANDARD

指定起点或 [对正 (J)/ 比例 (S)/ 样式 (ST)]:S↙

// 选择"比例 (S)"选项

输入多线比例 <240.00>: 12↙

// 设置多线比例为 12

当前设置:对正 = 无,比例 = 12.00,样式 = STANDARD

指定起点或 [对正 (J)/ 比例 (S)/ 样式 (ST)]:J↙

// 选择"对正 (J)"选项

输入对正类型 [上 (T)/ 无 (Z)/ 下 (B)] < 无 >:Z↙

// 设置对正比例为"无 (Z)"

当前设置:对正 = 无,比例 = 12.00,样式 = STANDARD

指定起点或 [对正 (J)/ 比例 (S)/ 样式 (ST)]:

指定下一点:

指定下一点或 [放弃 (U)]:

// 以前面偏移的线段为轴线,绘制多线,结果如图 2-47 所示

㉑ 删除偏移的线段。调用 EXPLODE(分解)命令,分解所有多线。

㉒ 调用 TRIM(修剪)命令,将多线修剪成如图 2-48 所示花格效果。

㉓ 调用 MIRROR(镜像)命令,将花格向下镜像复制,并做适当修改,得到完整的屏门花格,结果如图 2-49 所示。

㉔ 中式屏门绘制完成。

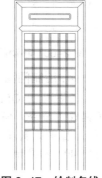

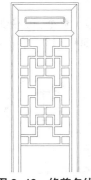

图 2-48 修剪多线

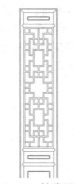

图 2-49 镜像图形

2.2 欧式风格家具绘制

欧式装饰虽然在不同的时期和不同的国家具有不同的样式,但其基本的装饰元素都是相同的,如柱式、高大的弧形拱门、楼梯等。

欧式家具不管是从造型还是装饰上都端庄华丽、古雅讲究,如图 2-50 所示为几种常见的欧式家具图形及构件。

2.2.1 绘制欧式门

本例绘制的欧式门如图 2-51 所示,下面介绍其详细的绘制方法。

门   床   柱子   吊灯

图 2-50 欧式家具、构件及灯具

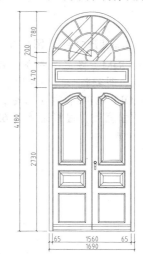

图 2-51 欧式门

1. 创建新图形文件

① 按 Ctrl+N 键,创建一个新的图形文件。

② 按 Ctrl+S 键,将文件以"欧式家具.dwg"为名保存。

2. 绘制门框

① 调用 RECTANG(矩形)命令,绘制尺寸未1690×4180 的矩形,如图2-52 所示。

图 2-52 绘制矩形

02 调用 EXPLODE（分解）命令分解矩形。

03 调用 ARC（圆弧）命令，绘制门顶部的弧形窗轮廓，命令选项如下：

命令：a↙ ARC

// 调用圆弧命令

指定圆弧的起点或 [圆心 (C)]：780↙

// 拾取矩形左上角端点，然后垂直向下移动光标定位到 270°极轴追踪线上，输入 780 并按回车键，确定圆弧起点

指定圆弧的第二个点或 [圆心 (C)/ 端点 (E)]：

// 拾取矩形上边中点作为圆弧第二点，如图 2-53 所示

指定圆弧的端点：780↙

// 拾取矩形右上角端点，然后垂直向下移动光标定位到 270°极轴追踪线上，输入 780 并按回车键，得到圆弧如图 2-54 所示

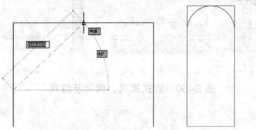

图 2-53 拾取矩形中点　　图 2-54 绘制圆弧

04 调用 TRIM（修剪）命令，修剪出如图 2-55 所示效果，得到弧形门外轮廓。

05 调用 OFFSET（偏移）命令，向内偏移弧线与两侧的垂直线，偏移距离为 65，得到门框如图 2-56 所示。

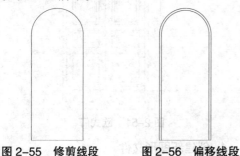

图 2-55 修剪线段　　图 2-56 偏移线段

3. 绘制门页

01 调用 OFFSET（偏移）命令，向上偏移矩形底边，结果如图 2-57 所示。

02 调用 TRIM（修剪）命令，将偏移线段与门框重叠的部分删除。

03 调用 RECTANG（矩形）命令，绘制 760×2690

图 2-57 偏移线段

的矩形表示门页，如图 2-58 所示。

04 调用 RECTANG（矩形）、SPLINE（样条曲线）等相关命令，在矩形内绘制出门页装饰造型，如图 2-59 所示。

05 调用 MOVE（移动）命令，将门页移到门框内，结果如图 2-60 所示。

06 调用 MIRROR（镜像）命令，镜像复制出另一侧门页，结果如图 2-61 所示。

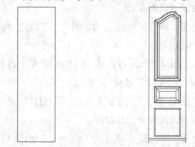

图 2-58 绘制矩形　　图 2-59 绘制门页造型

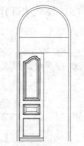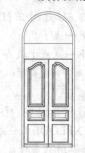

图 2-60 移动门页　　图 2-61 镜像复制

4. 绘制门窗

01 调用 OFFSET（偏移）命令，偏移线段，偏移距离依次为 13、40，结果如图 2-62 所示。

图 2-62 偏移线段

02 调用 FILLET（圆角）命令，设置圆角半径为 0，对偏移线段进行圆角，结果如图 2-63 所示。

03 调用 OFFSET（偏移）命令，偏移线段，偏移距离依次为 310、13、300、13，结果如图 2-64 所示。

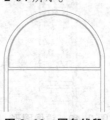

图 2-63 圆角线段　　图 2-64 偏移线段

04 调用 EXTEND（延伸）命令，将偏移的弧线向其两侧延伸至下面的水平线段，命令选项如下：

命令：EX　　　✔EXTEND
　　// 调用延伸命令
当前设置：投影 =UCS，边 = 无
选择边界的边 …
选择对象或 < 全部选择 >：找到 1 个
选择对象：
　　// 选择如图 2-65 虚线表示的线段作为延伸边界
选择要延伸的对象，或按住 Shift 键选择要修剪的对象，或
[栏选 (F)/ 窗交 (C)/ 投影 (P)/ 边 (E)/ 放弃 (U)]：
　　// 单击选择弧线，延伸效果如图 2-66 所示

05 调用 LINE 命令，绘制如图 2-67 箭头所指垂直线，线段底端与圆弧的圆心对齐。

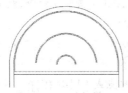

图 2-65　选择边界

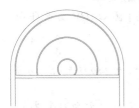

图 2-66　延伸弧线

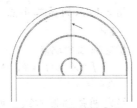

图 2-67　绘制垂直线

06 调用 ARRAY 命令，阵列垂直线段，命令行提示如下：

命令：ARRAY✔
　　// 调用阵列命令
选择对象：找到 1 个
　　// 选择所绘制的垂直线段
选择对象：输入阵列类型 [矩形 (R)/ 路径 (PA)/ 极轴 (PO)] < 矩形 >：PO✔
　　// 选择极轴阵列方式
类型 = 极轴　关联 = 是
输入项目数或 [项目间角度 (A)/ 表达式 (E)] <4>：A✔
　　// 选择项目间角度选项
指定项目间的角度或 [表达式 (EX)] <90>：27✔
　　// 输入项目间的角度

指定项目数或 [填充角度 (F)/ 表达式 (E)] <4>：5✔
　　// 输入项目数
按 Enter 键接受或 [关联 (AS)/ 基点 (B)/ 项目 (I)/ 项目间角度 (A)/ 填充角度 (F)/ 行 (ROW)/ 层 (L)/ 旋转项目 (ROT)/ 退出 (X)]✔
　　// 按回车键结束绘制，阵列结果如图 2-68 所示

07 调用 MIRROR（镜像）命令，将阵列得到的线段镜像复制到另一侧，镜像线为垂直线段，结果如图 2-69 所示。

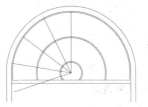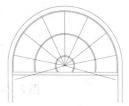

图 2-68　阵列结果　　　图 2-69　镜像线段

08 删除两侧的偏移线段，结果如图 2-70 所示。

09 调用 OFFSET（偏移）命令，向两侧偏移阵列的线段和垂直线段，偏移距离为 10，结果如图 2-71 所示。

10 删除阵列线段和垂直线段。

11 调用 TRIM（修剪）命令，修剪出如图 2-72 所示窗格效果。

12 调用 HATCH 命令，输入 T(设置) 选项，在弧形窗内填充【AR-RROOF】图案表示窗玻璃，填充参数设置如图 2-73 所示。

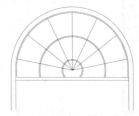

图 2-70　删除线段

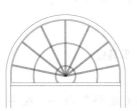

图 2-71　偏移线段　　　图 2-72　修剪图形

13 调用 REGTANG（矩形）、LINE（直线）等相关命令，绘制窗下方的造型，结果如图 2-74 所示。欧式门绘制完成。

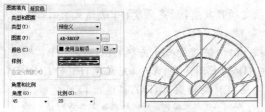

图 2-73　填充玻璃图案

图 2-74　绘制造型

2.2.2 绘制罗马柱

罗马柱由柱头、柱身和柱础 3 个部分组成，其最大的特点是柱头有精美且复杂的装饰，圆形的柱身上一般有 24 个凹槽，不同的罗马柱之间最大的不同就是其柱头的不同。

这里绘制罗马柱图形和尺寸如图 2-75 所示。

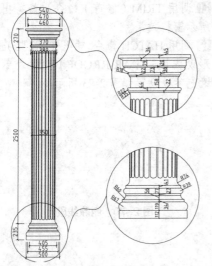

图 2-75　罗马柱

1. 绘制柱子基座

01 调用 RECTANG（矩形）命令，绘制 500×55 的矩形，如图 2-76 所示。

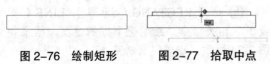

图 2-76　绘制矩形　　图 2-77　拾取中点

02 继续调用 RECTANG（矩形）命令，绘制 455×15 的矩形。

03 调用 MOVE（移动）命令，将尺寸为 455×15 的矩形移动第一个矩形的上方，其距离为 60，命令选项如下：

> 命令 : m↙ MOVE 找到 1 个
> // 选择尺寸为 455×15 的矩形，并调用 RECTANG 命令
> 指定基点或 [位移 (D)] < 位移 >:
> // 拾取当前移动矩形的底边中点
> 指定第二个点或 < 使用第一个点作为位移 >: 60↙
> // 拾取第一个矩形上边的中点，如图 2-77 所示。然后垂直向上移动光标定位到 90°极轴追踪线上，输入 60 并按回车键，结果如图 2-78 所示

04 使用相同方法，绘制尺寸为 405×15、405×20 的矩形，结果如图 2-79 所示。

05 调用 ARC（圆弧）命令，绘制弧形基座，命令选项如下：

> 命令 : a↙ ARC
> // 调用 ARC 命令
> 指定圆弧的起点或 [圆心 (C)]:
> // 拾取如图 2-80 所示点 a 作为圆弧起点
> 指定圆弧的第二个点或 [圆心 (C)/ 端点 (E)]: E↙
> 指定圆弧的端点 :
> // 选择【端点 (E)】选项，拾取如图 2-80 所示点 b 作为圆弧端点
> 指定圆弧的圆心或 [角度 (A)/ 方向 (D)/ 半径 (R)]: R↙
> 指定圆弧的半径 : 35↙
> // 选择【半径 (R)】选项，设置圆弧半径为 35，绘制得到如图 2-80 所示弧线

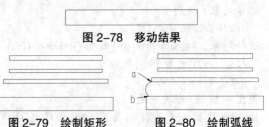

图 2-78　移动结果

图 2-79　绘制矩形　　图 2-80　绘制弧线

06 调用 ARC 命令，根据如图 2-75 所示尺寸，绘制其它弧线，结果如图 2-81 所示。

07 调用 MIRROR（镜像）命令，将弧线镜

像复制到另一侧，得到柱子基座如图 2-82 所示。

图 2-81　绘制弧线

图 2-82　柱子基座 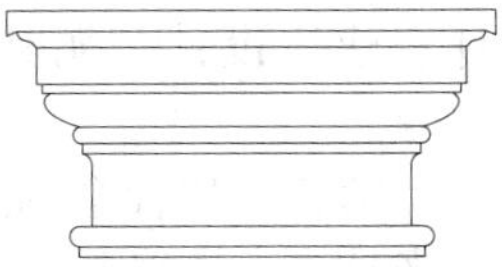　　图 2-83　柱头

2. 绘制柱头

柱头的绘制方法与柱子基座基本相同，区别在柱头的弧形部分为曲线形，而基座为圆弧形。柱头曲线使用 SPLINE（样条曲线）命令绘制。请读者运用柱子基座的绘制方法完成如图 2-83 所示柱头绘制，这里不详细讲解了。

3. 绘制柱身

柱身为圆形，且有凹槽，绘制方法如下：

01 本例柱子的柱身高度为 2500，因此，将柱头移到基座上方 2500 的位置，结果如图 2-84 所示。

02 调用 LINE（直线）命令，以柱头、基座中点为起始点绘制垂直线段如图 2-85 所示。

03 调用 OFFSET（偏移）命令，向两侧偏移垂直线，偏移距离为 175，得到柱身宽度，如图 2-86 所示。

图 2-84　对齐柱头与基座

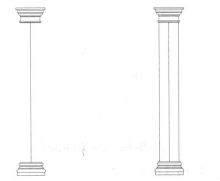

图 2-85　绘制垂直线　　图 2-86　偏移线段

04 删除中间的垂直线段。

05 调用 ARC（圆弧）命令，绘制柱身与

基座交接处的弧形收边，命令选项如下：

> 命令 : A✔ ARC
>
> // 调用圆弧命令
>
> 指定圆弧的起点或 [圆心 (C)]:
>
> 指定圆弧的第二个点或 [圆心 (C)/ 端点 (E)]:
> E✔
>
> // 拾取基座左上角为圆弧起点，如图 2-87 所示
>
> 指定圆弧的端点: 30✔
>
> // 捕捉基座与柱身的交点，如图 2-88 所示，向上移动光标定位到 90°极轴追踪线上，输入 30 按回键，得到圆弧端点
>
> 指定圆弧的圆心或 [角度 (A)/ 方向 (D)/ 半径 (R)]: R✔
>
> 指定圆弧的半径: 37✔
>
> // 设置圆弧半径为 37，得到圆弧如图 2-89 所示

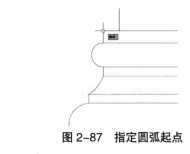

图 2-87　指定圆弧起点

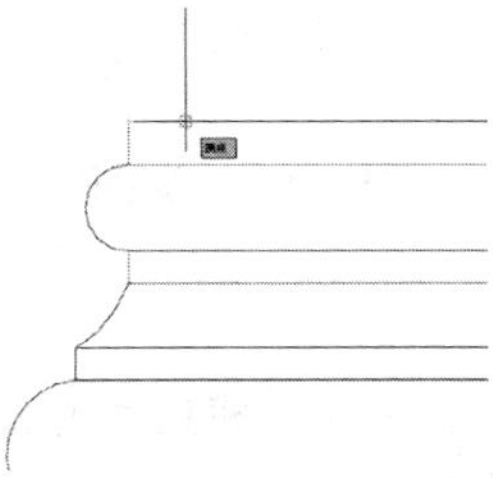

图 2-88　指定圆弧端点 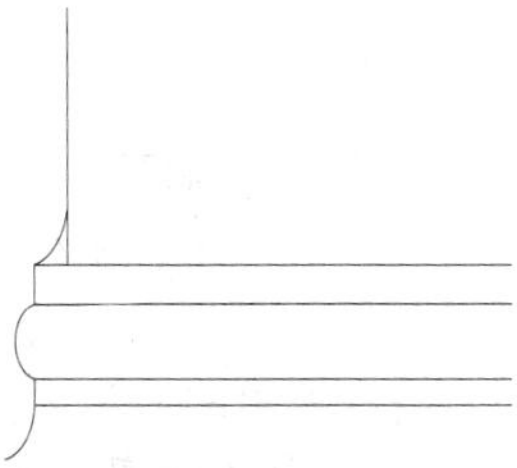　　图 2-89　绘制的圆弧

06 调用 TRIM（修剪）命令，修剪出弧形收边效果，如图 2-90 所示。

图 2-90　修剪线段

07 使用相同方法，绘制柱身与基座和柱头的其它收边。

08 调用 LINE（直线）和 OFFSET（偏移）命令绘制出柱身凹槽轮廓，如图 2-91 所示。

09 调用 OFFSET（偏移）命令，向下偏移如图 2-92 箭头所指的柱头底边线，偏移距离为

45。

⑩ 调用 TRIM（修剪）命令，修剪凹槽，如图 2-93 所示。

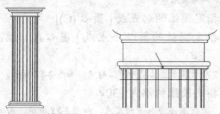

图 2-91　绘制凹槽轮廓　　图 2-92　偏移线段

⑪ 调用 CIRCLE（圆）命令，以凹槽轮廓中点为圆心、以凹槽轮廓宽为直径绘制圆，如图 2-94 所示。

⑫ 将所有圆向下移，使圆的顶端象限点与凹槽轮廓中点对齐，结果如图 2-95 所示。

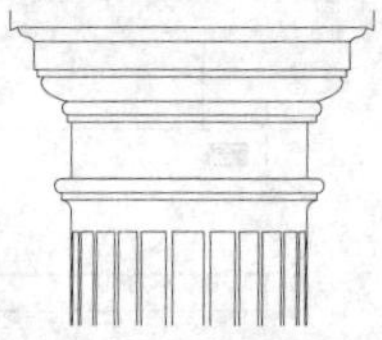

图 2-93　修剪线段

图 2-94　绘制圆 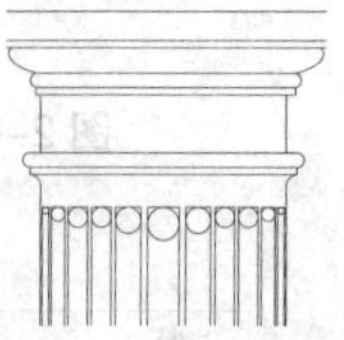　　图 2-95　移动圆

⑬ 调用 TRIM（修剪）命令，修剪出弧形凹槽轮廓，结果如图 2-96 所示。

⑭ 使用相同的方法，绘制出凹槽底端的弧形轮廓，结果如图 2-97 所示。

⑮ 欧式柱绘制完成。

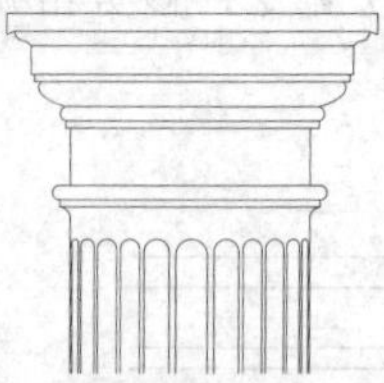

图 2-96　修剪线段 　　图 2-97　绘制弧形轮廓

2.3　现代风格家具绘制

工业革命揭开了人类文明史新的一页。机器的发明，新技术的发展，新材料的发现带来了机械化的大批量生产，工业化家具生产取代了传统手工劳动，引起了社会与生活的许多大

规模的变化。

现代家具设计具有 3 个基本的特征：一是建立在大工业生产的基础上；二是建立在现代科学技术发展的基础上；三是标准化、部件化的制造工作。所以，现代家具设计既属于现代工业产品设计的一类，同时又是现代环境设计、建筑设计、尤其是室内设计的重要组成部分。

随着现代社会的发展，现代家具在种类上越来越多，风格和造型上也多种多样，但总的来说，现代家具有造型简洁、功能合理、线条流畅的特点。如图 2-98 所示为现代家具的几个典型示例。

2.3.1　绘制现代桌子

本例绘制的是一个造型别致的现代风格桌子，尺寸如图 2-99 所示。

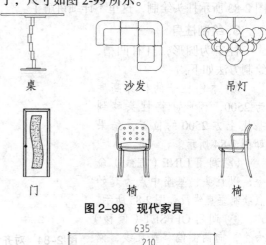

桌　　　　沙发　　　　吊灯

门　　　　椅　　　　椅

图 2-98　现代家具

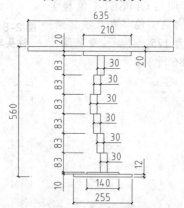

图 2-99　现代风格桌子

1. 创建新图形文件

① 按 Ctrl + N 键，创建一个新的图形文件。

② 按 Ctrl + S 键，将文件以"现代风格家具 .dwg"为名称保存。

2. 绘制桌子图形

01 调用 RECTANG（矩形）命令，分别绘制尺寸为 255×12、140×10、635×20、210×20 的四个矩形，用来表示桌面和桌子基座。

02 调用 MOVE（移动）命令，矩形在垂直方向以矩形边中点对齐，如图 2-100 所示。

03 调用 RECTANG（矩形）命令，绘制尺寸为 30×83 的矩形表示桌脚。调用 MOVE（移动）命令，将矩形移到基座位置，并与基座中点对齐，结果如图 2-101 所示。

图 2-100　绘制矩形　　图 2-101　绘制矩形

04 调用 COPY（复制）命令，向上复制表示桌脚的矩形，命令选项如下：

```
命令:co↙ COPY 找到 1 个
//选择表示桌脚的矩形，并调用 COPY 命令
当前设置：复制模式 = 多个
指定基点或 [ 位移 (D)/ 模式 (O)] < 位移 >:
//拾取矩形右下角端点，如图 2-102 所示
指定第二个点或 < 使用第一个点作为位移 >:
指定第二个点或 [ 退出 (E)/ 放弃 (U)] < 退出 >:
指定第二个点或 [ 退出 (E)/ 放弃 (U)] < 退出 >:
指定第二个点或 [ 退出 (E)/ 放弃 (U)] < 退出 >:
//连续拾取矩形上边中点，如图 2-103 所示
```

05 调用 COPY（复制）命令，向上复制矩形，结果如图 2-104 所示。

06 现代风格桌子绘制完成。

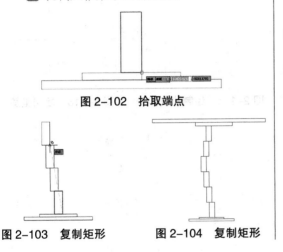

图 2-102　拾取端点

图 2-103　复制矩形　　图 2-104　复制矩形

2.3.2 绘制现代布艺沙发

布艺沙发是以纺织品为面料做的沙发，手感柔软，图案丰富，线条圆润、造型新颖、使人放松，而且价格合理，因此在现代风格家居中被大量采用。本例绘制的是一款 4 座转角现代布艺沙发的平面图，尺寸如图 2-105 所示。

01 调用 RECTANG（矩形）命令，绘制尺寸为 2030×1440 的矩形，该矩形表示了沙发的最大宽度和长度，如图 2-106 所示。

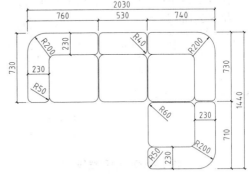

图 2-105　现代风格沙发

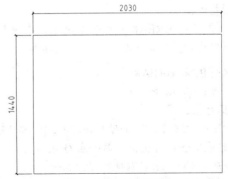

图 2-106　绘制矩形

02 调用 EXPLODE（分解）命令分解矩形。

03 调用 OFFSET（偏移）命令，通过偏移矩形边，得到沙发轮廓线，如图 2-107 所示。

04 调用 TRIM（修剪）命令，修剪沙发轮廓，如图 2-108 所示。

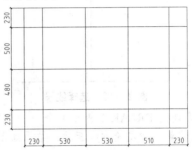

图 2-107　偏移矩形

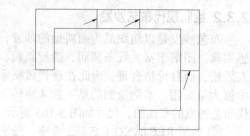

图 2-108　修剪线段

05 调用 OFFSET（偏移）命令，分别向两侧偏移如图 2-108 箭头所指线段，偏移距离为 5，结果如图 2-109 所示。

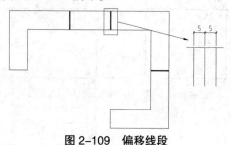

图 2-109　偏移线段

06 删除偏移线段之间的线段，即如所示箭头所指线段。

07 调用 BREAK（断开）命令，在偏移线段位置将沙发轮廓线断开，命令选项如下：

命令：BR✓ BREAK

// 调用 BREAK 命令

选择对象：

// 选择要断开的线段，如图 2-110 所示方形光标位置

指定第二个打断点或 [第一点 (F)]: f✓

// 选择"第一点 (F)"选项重新指定第一点

指定第一个打断点：

指定第二个打断点：

// 分别拾取两个断开点，如图 2-111 所示点 a、点 b，线段将从这两点处断开，如图 2-112 所示

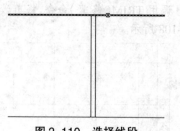

图 2-110　选择线段

08 调用 BREAK（断开）命令，在其它偏移线段位置将沙发轮廓线断开，结果如图 2-113 所示。

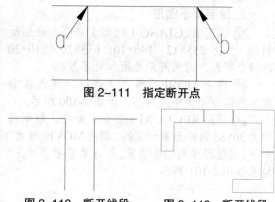

图 2-111　指定断开点

图 2-112　断开线段　　图 2-113　断开线段

提示

使用 TRIM（修剪）命令可以达到同样的效果。

09 调用 FILLET（圆角）命令，对沙发进行圆角处理，结果如图 2-114 所示。

10 调用 RECTANG（矩形）命令，绘制尺寸为 525×500 的圆角矩形表示沙发坐垫，如图 2-115 所示。

11 调用 COPY（复制）命令，将沙发坐垫复制到沙发内，结果如图 2-116 所示。

12 现代风格沙发绘制完成。

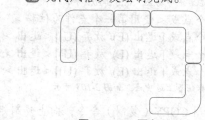

图 2-114　圆角处理

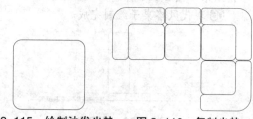

图 2-115　绘制沙发坐垫　　图 2-116　复制坐垫

第3章

创建室内绘图模板

本章导读

为了避免绘制每一张施工图都重复地设置图层、线型、文字样式和标注样式等内容，我们可以预先将这些相同部分一次性设置好，然后将其保存为样板文件。

创建了样板文件后，在绘制施工图时，就可以在该样板文件基础上创建图形文件，从而加快了绘图速度，提高了工作效率。

本章重点

◇ 设置样板文件

◇ 绘制常用图形

3.1 设置样板文件

3.1.1 创建样板文件

01 启动 AutoCAD 2018，系统自动创建一个新的图形文件。

02 单击快速访问工具栏中的【保存】按钮 💾，打开【保存】对话框，如图 3-1 所示。在【文件类型】下拉列表框中选择【AutoCAD 图形样板（*.dwt）】选项，输入文件名"室内装潢施工图模板"，单击【保存】按钮保存文件。

03 下次绘图时，就可以该样板为模板创建文件，如图 3-2 所示，在此基础上绘图。

图 3-1　保存样板文件

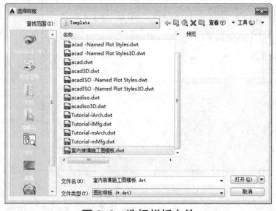

图 3-2　选择样板文件

3.1.2 设置图形界限

绘图界限就是 AutoCAD 的绘图区域，也称图限。通常所用的图纸都有一定的规格尺寸，室内装潢施工图一般调用 A3 图幅打印输出，打印输出比例通常为 1:100，所以图形界限通常设置为 42000×29700。为了将绘制的图形方便地打印输出，在绘图前应设置好图形界限。

下面以设置一张 A3 横放图纸为例，具体介绍设置图形界限的操作方法。

> 命令：LIMITS↙
> 重新设置模型空间界限：
> 指定左下角点或 [开 (ON)/ 关 (OFF)]<0.0000,
> 0.0000>:↙
> *// 单击空格键或者 Enter 键默认以坐标原点为图形界限的左下角点。此时若选择 ON 选项，则绘图时图形不能超出图形界限，若超出系统不予绘出，选 Off 则准予超出界限图形。*
> 指定右上角点 :42000，29700↙
> *// 输入图纸长度和宽度值，按下 ENTER 键确定再按下 ESC 键退出，完成图形界限设置*

单击状态栏【显示图形栅格】按钮 ▦，可以直观地观察到图形界限范围，如图 3-3 所示。

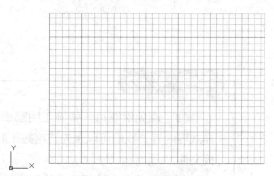

图 3-3　设置的图形界限

> **注意**
> 打开图形界限检查时，无法在图形界限之外指定点。但因为界限检查只是检查输入点，所以对象（例如圆）的某些部分仍然可能会延伸出图形界限。

3.1.3 设置图形单位

室内装潢施工图通常采用【毫米】作为基本单位，即一个图形单位为 1mm，并且采用 1:1 的比例，即按照实际尺寸绘图，在打印时再根据需要设置打印输出比例。例如：绘制一扇门的实际宽度为 800mm，则在 AutoCAD 中绘制 800 个单位宽度的图形，如图 3-4 所示。

设置 AutoCAD 图形单位方法如下：

01 在命令窗口中输入 UNITS/UN，打开【图形单位】对话框，【长度】选项组用于设置线性尺寸类型和精度，这里设置【类型】为【小数】，

【精度】为【0】，如图3-5所示。

图3-4 1:1 比例绘制图形

图3-5 【图形单位】对话框

02 【角度】选项组用于设置角度的类型和精度。这里取消【顺时针】复选框勾选，设置角度【类型】为【十进制度数】，精度为【0】。

03 在【插入时的缩放比例】选项组中选择【用于缩放插入内容的单位】为【毫米】，这样当调用非毫米单位的图形时，图形能够自动根据单位比例进行缩放。最后单击【确定】关闭对话框，完成单位设置。

注意

> 图形精度影响计算机的运行效率，精度越高运行越慢，绘制室内装潢施工图，设置精度为0足以满足设计要求。

3.1.4 创建文字样式

文字样式是对同一类文字的格式设置的集合，包括字体、字高、显示效果等。在标注文字前，应首先定义文字样式，以指定字体、字高等参数，然后用定义好的文字样式进行标注。

这里创建【仿宋】文字标注样式，具体步骤如下：

01 在命令窗口中输入 STYLE/ST 并按回车键，打开【文字样式】对话框，如图3-6所示。默认情况下，【样式】列表中只有唯一的 Standard 样式，在用户未创建新样式之前，所有输入的文字均调用该样式。

02 单击【新建】按钮，弹出【新建文字样式】对话框，在对话框中输入样式的名称，这里的名称设置为【仿宋】，如图3-7所示。单击【确定】按钮返回【文字样式】对话框。

图3-6 【文字样式】对话框

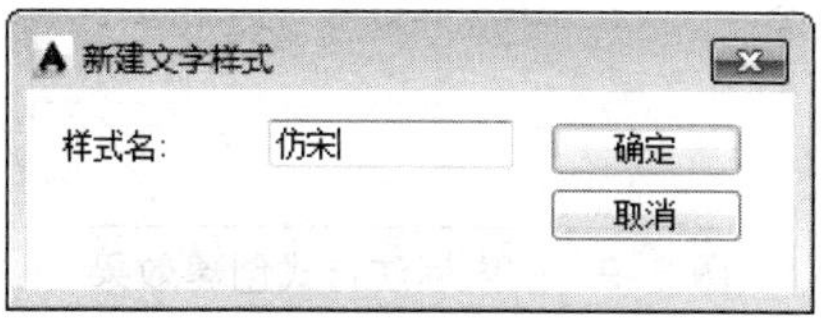

图3-7 【新建文字样式】对话框

03 在【字体名】下拉列表框中选择【仿宋】字体，如图3-8所示。

图3-8 设置文字样式参数

04 在【大小】选项组中勾选【注释性】复选项，使该文字样式成为注释性的文字样式，调用注释性文字样式创建的文字，将成为注释性对象，以后可以随时根据打印需要调整注释性的比例。

05 设置【图纸文字高度】为1.5（即文字的大小），在【效果】选项组中设置文字的【宽度因子】为1，【倾斜角度】为0，如图3-8所示，设置后单击【应用】按钮关闭对话框，完成【仿宋】文字样式的创建。

06 使用同样的方法创建【尺寸标注】文字样式，将其【字体名】设置为 gbenor.shx，宽度设为 0.7。

3.1.5 创建尺寸标注样式

一个完整的尺寸标注由尺寸线、尺寸界限、尺寸文本和尺寸箭头四个部分组成，下面将创建一个名称为【室内标注样式】的标注样式，所有的图形标注将调用该样式。

如图 3-9 所示为室内标注样式创建完成的效果。

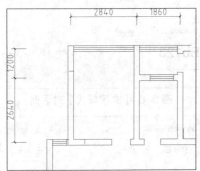

图 3-9 室内标注样式创建效果

【室内标注样式】创建方法如下：

01 在命令窗口中输入 DIMSTYLE/D 并按回车键，打开【标注样式管理器】对话框，如图 3-10 所示。

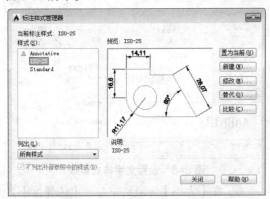

图 3-10 【标注样式管理器】对话框

02 单击【新建】按钮，在打开的【创建新标注样式】对话框中输入新样式的名称【室内标注样式】，如图 3-11 所示。单击【继续】按钮，开始【室内标注样式】新样式设置。

03 系统弹出【新建标注样式：室内标注样式】对话框，选择【线】选项卡，分别对尺寸线和延伸线等参数进行调整，如图 3-12 所示。

图 3-11 创建【室内标注样式】标注样式

图 3-12 【线】选项卡参数设置

04 选择【符号和箭头】选项卡，对箭头类型、大小进行设置，如图 3-13 所示。

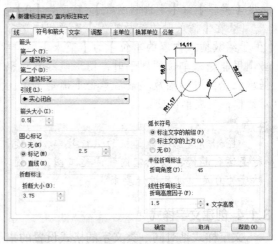

图 3-13 【符号和箭头】选项卡参数设置

05 选择【文字】选项卡，设置文字样式为【尺寸标注】，其他参数设置如图 3-14 所示。

06 选择【调整】选项卡，在【标注特征比例】选项组中勾选【注释性】复选框，使标注具有注释性功能，如图 3-15 所示，完成设置后，单击【确定】按钮返回【标注样式管理器】对话框,单击【置为当前】按钮,然后关闭对话框,完成【室内标注样式】标注样式的创建。

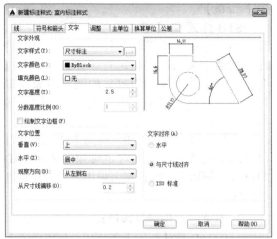

图 3-14 【文字】选项卡参数设置

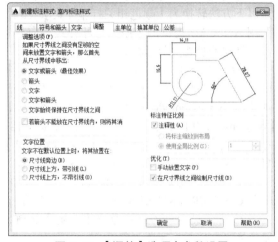

图 3-15 【调整】选项卡参数设置

3.1.6 设置引线样式

引线标注用于对指定部分进行文字解释说明,由引线、箭头和引线内容三部分组成。引线样式用于对引线的内容进行规范和设置,引出线与水平方向的夹角一般采用0°、30°、45°、60°或90°。下面创建一个名称为【圆点】的引线样式,用于室内施工图的引线标注。如图 3-16 所示为【圆点】引线样式创建完成的效果。

图 3-16 【圆点】引线样式创建效果

01 在命令窗口中输入 MLEADERSTYLE/MLS,打开【多重引线样式管理器】对话框,如图 3-17 所示。

02 单击【新建】按钮,打开【创建多重引线样式】对话框,设置新样式名称为【圆点】,并勾选【注释性】复选框,如图 3-18 所示。

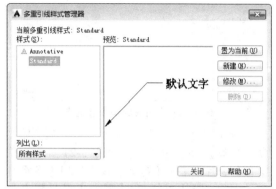

图 3-17 【多重引线样式管理器】对话框

图 3-18 新建引线样式

03 单击【继续】按钮,系统弹出【修改多重引线样式:圆点】对话框,选择【引线格式】选项卡,设置箭头符号为【点】,大小为 0.25,其他参数设置如图 3-19 所示。

04 选择【引线结构】选项卡,参数设置如图 3-20 所示。

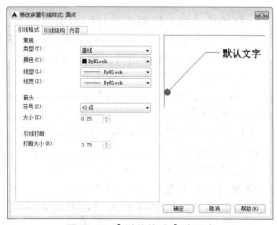

图 3-19 【引线格式】选项卡

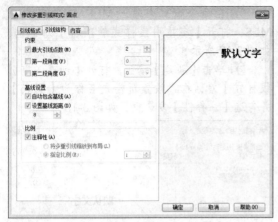

图 3-20 【引线结构】选项卡

05 选择【内容】选项卡，设置文字样式为【仿宋】，其他参数设置如图 3-21 所示。设置完参数后，单击【确定】按钮返回【多重引线样式管理器】对话框，【圆点】引线样式创建完成。

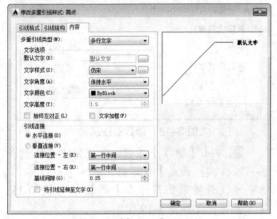

图 3-21 【内容】选项卡

3.1.7 创建打印样式

打印样式用于控制图形打印输出的线型、线宽、颜色等外观。如果打印时未调用打印样式，就有可能在打印输出时出现不可预料的结果，影响图纸的美观。

AutoCAD 2018 提供了两种打印样式，分别为颜色相关样式 (CTB) 和命名样式 (STB)。一个图形可以调用命名或颜色相关打印样式，但两者不能同时调用。

CTB 样式类型以 255 种颜色为基础，通过设置与图形对象颜色对应的打印样式，使得所有具有该颜色的图形对象都具有相同的打印效果。例如，可以为所有用红色绘制的

图形设置相同的打印笔宽、打印线型和填充样式等特性。CTB 打印样式表文件的后缀名为【*.ctb】。

STB 样式和线型、颜色、线宽等一样，是图形对象的一个普通属性。可以在图层特性管理器中为某图层指定打印样式，也可以在【特性】选项板中为单独的图形对象设置打印样式属性。STB 打印样式表文件的后缀名是【*.stb】。

绘制室内装潢施工图，调用【颜色相关打印样式】更为方便，同时也可兼容 AutoCAD 2014 等早期版本，因此本书采用该打印样式进行讲解。

1. 激活颜色相关打印样式

AutoCAD 默认调用【颜色相关打印样式】，如果当前调用的是【命名打印样式】，则需要通过以下方法转换为【颜色相关打印样式】，然后调用 AutoCAD 提供的【添加打印样式表向导】快速创建颜色相关打印样式。

01 在转换打印样式模式之前，首先应判断当前图形调用的打印样式模式。在命令窗口中输入 pstylemode 并回车，如果系统返回【pstylemode=0】信息，表示当前调用的是命名打印样式模式，如果系统返回【pstylemode=1】信息，表示当前调用的是颜色打印模式。

02 如果当前是命名打印模式，在命名窗口输入 CONVERTPSTYLES 并回车，在打开的如图 3-22 所示提示对话框中单击【确定】按钮，即转换当前图形为颜色打印模式。

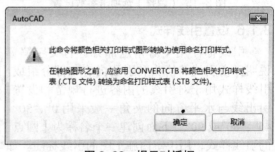

图 3-22 提示对话框

> **提示**
> 在命令窗口中输入 OP 并回车，打开【选项】对话框，进入【打印和发布】选项卡，按照如图 3-23 所示设置，可以设置新图形的打印样式模式。

图 3-23 【选项】对话框

2. 创建颜色相关打印样式表

01 在命令行中输入 STYLESMANAGER 并按回车键，打开 PlotStyles 文件夹，如图 3-24 所示。该文件夹是所有 CTB 和 STB 打印样式表文件的存放路径。

图 3-24 Plot Styles 文件夹

02 双击【添加打印样式表向导】快捷方式图标，启动添加打印样式表向导，在打开的如图 3-25 所示的对话框中单击【下一步】按钮。

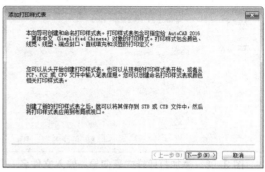

图 3-25 添加打印样式表

03 在打开的如图 3-26 所示【开始】对话框中选择【创建新打印样式表】单选项，单击【下一步】按钮。

04 在打开的如图 3-27 所示【选择打印样式表】对话框中选择【调用颜色相关打印样式表】单选项，单击【下一步】按钮。

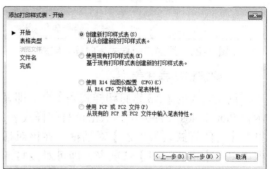

图 3-26 添加打印样式表向导—开始

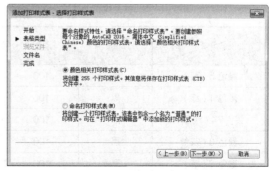

图 3-27 添加打印样式表—表格类型

05 在打开的如图 3-28 所示对话框的【文件名】文本框中输入打印样式表的名称，单击【下一步】按钮。

06 在打开的如图 3-29 所示对话框中单击

【完成】按钮，关闭添加打印样式表向导，打印样式创建完毕。

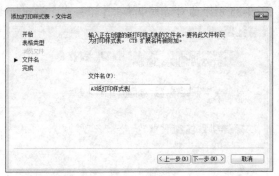

图3-28　添加打印样式表向导—输入文件名

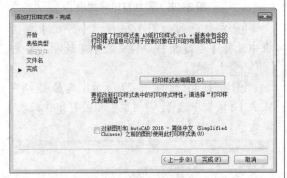

图3-29　添加打印样式表向导—完成

3. 编辑打印样式表

创建完成的【A3纸打印样式表】会立即显示在Plot Styles文件夹中，双击该打印样式表，打开【打印样式表编辑器】对话框，在该对话框中单击【格式视图】选项卡，即可对该打印样式表进行编辑，如图3-30所示。

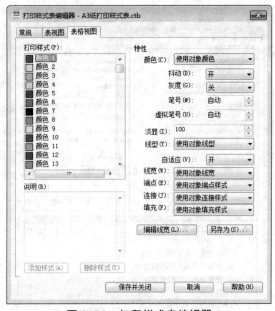

图3-30　打印样式表编辑器

【格式视图】选项卡由【打印样式】【说明】和【特性】三个选项组成。【打印样式】列表框显示了255种颜色和编号，每一种颜色可设置一种打印效果，右侧的【特性】选项组用于设置详细的打印效果，包括打印的颜色、线型、线宽等。

绘制室内施工图时，通常调用不同的线宽和线型来表示不同的结构，例如物体外轮廓调用中实线，内轮廓调用细实线，不可见的轮廓调用虚线，从而使打印的施工图清晰、美观。本书调用的颜色打印样式特性设置如表3-1所示。

表3-1　颜色打印样式特性设置

打印特性 颜色	打印颜色	淡显	线型	线宽
颜色5（蓝）	黑	100	——实心线	0.35mm（粗实线）
颜色1（红）	黑	100	——实心线	0.18（中实线）
颜色74（浅绿）	黑	100	——实心线	0.09（细实线）
颜色8（灰）	黑	100	——实心线	0.09（细实线）
颜色2（黄）	黑	100	－ －划线	0.35（粗虚线）
颜色4（青）	黑	100	－ －划线	0.18（中虚线）
颜色9（灰白）	黑	100	—·—长划线　短划线	0.09（细点划线）
颜色7（黑）	黑	100	调用对象线型	调用对象线宽

表 3-1 所示的特性设置，共包含了 8 种颜色样式，这里以颜色 5(蓝) 为例，介绍具体的设置方法，操作步骤如下：

01 在【打印样式表编辑器】对话框中单击【格式视图】选项卡，在【打印样式】列表框中选择【颜色 5】，即 5 号颜色 (蓝)，如图 3-31 所示。

图 3-31 设置颜色 5 样式特性

02 在右侧【特性】选项组的【颜色】列表框中选择【黑】，如图 3-31 所示。因为施工图一般采用单色进行打印，所以这里选择【黑】颜色。

03 设置【淡显】为 100,【线型】为【实心】，【线宽】为 0.35mm，其它参数为默认值，如图 3-31 所示。至此，【颜色 5】样式设置完成。在绘图时，如果将图形的颜色设置为蓝时，在打印时将得到颜色为黑色，线宽为 0.35mm，线型为【实心】的图形打印效果，本书所有的墙体都使用该颜色进行绘制。

04 使用相同的方法，根据表 3-1 所示设置其它颜色样式，完成后单击【保存并关闭】按钮保存打印样式。

【颜色 7】是为了方便打印样式中没有的线宽或线型而设置的。例如，当图形的线型为双点划线时，而样式中并没有这种线型，此时就可以将图形的颜色设置为黑色，即颜色 7，那么打印时就会根据图形自身所设置的线型进行打印

3.1.8 设置图层

绘制室内装潢施工图需要创建轴线、墙体、门、窗、楼梯、标注、节点、电气、吊顶、地面、填充、立面和家具等图层。下面以创建轴线图层为例，介绍图层的创建与设置方法。

01 在命令窗口中输入 LAYER/LA 并按回车键，打开如图 3-32 所示【图层特性管理】对话框。

02 单击对话框中的新建图层按钮，创建一个新的图层，在【名称】框中输入新图层名称【ZX_ 轴线】，如图 3-33 所示。

图 3-32 【图层特性管理器】对话框

图 3-33 创建轴线图层

技巧

为了避免外来图层（如从其它文件中复制的图块或图形）与当前图像中的图层掺杂在一起而产生混乱，每个图层名称前面使用了字母（中文图层名的缩写）与数字的组合。同时也可以保证新增的图层能够与其相似的图层排列在一起，从而方便查找。

03 设置图层颜色。为了区分不同图层上的图线，增加图形不同部分的对比性，可以在【图层特性管理器】对话框中单击相应图层【颜色】标签下的颜色色块，打开【选择颜色】对话框，

如图 3-34 所示。在该对话框中选择需要的颜色。

04【ZX_轴线】图层其他特性保持默认值，图层创建完成，调用相同的方法创建其他图层，创建完成的图层如图 3-35 所示。

图 3-34 【选择颜色】对话框

图 3-35 创建其他图层

3.2 绘制常用图形

绘制室内施工图经常会用到门、窗等基本图形，为了避免重复劳动，一般在样板文件中将其绘制出来并设置为图块，方便调用。

3.2.1 绘制并创建门图块

首先绘制门的基本图形，然后创建门图块。

01 确定当前未选择任何对象，在【图层】面板图层下拉列表中选择【M_门】图层作为当前图层。

02 单击【绘图】面板上的【矩形】按钮□，绘制尺寸为 40×1000 的长方形，如图 3-36 所示。

03 分别单击状态栏中的【极轴】和【对象捕捉】按钮，使其呈凹下状态，开启 AutoCAD 的极轴追踪和对象捕捉功能，如图 3-37 所示。

图 3-36 绘制长方形

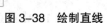

图 3-37 AutoCAD 状态栏

注意

以后如果没有特别说明，极轴追踪和对象捕捉功能均为开启状态。

04 单击【绘图】面板上的【直线】按钮✎，绘制长度为 1000 的水平线段，如图 3-38 所示。

05 单击【绘图】面板上的【圆】按钮⊘，以长方形左上角端点为圆心绘制半径为 1000 的圆，如图 3-39 所示。

06 单击【修剪】面板上的【修剪】按钮⊁，修剪圆多余部分，然后删除前面绘制的线段，得到门图形如图 3-40 所示。

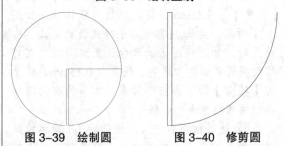

图 3-38 绘制直线

图 3-39 绘制圆   图 3-40 修剪圆

1. 创建图块

门的图形绘制完成后，即可调用 BLOCK/B 命令将其定义成图块，并可创建成动态图块，以方便调整门的大小和方向，本节先创建门图块。

01 在命令窗口中输入 B 并按回车键，打开【块定义】对话框，如图 3-41 所示。

02 在【块定义】对话框中的【名称】文本

框中输入图块的名称【门(1000)】。

03 在【对象】参数栏中单击 ✛(选择对象)按钮,在图形窗口中选择门图形,按回车键返回【块定义】对话框。

04 在【基点】参数栏中单击 🖫(拾取点)按钮,捕捉并单击长方形左上角的端点作为图块的插入点,如图3-42所示。

图3-41 【块定义】对话框

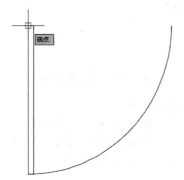

图3-42 指定图块插入点

05 在【块单位】下拉列表中选择【毫米】为单位。

06 单击【确定】按钮关闭对话框,完成门图块的创建。

3.2.2 创建门动态块

将图块转换为动态图块后,可直接通过移动动态夹点来调整图块大小、角度,避免了频繁的参数输入和命令调用(如缩放、旋转等),使图块的调整操作变得自如、轻松。

下面将前面创建的【门(1000)】图块创建成动态块,创建动态块使用BEDIT/BE命令。要使块成为动态块,必须至少添加一个参数。然后添加一个动作并将该动作与参数相关联。添加到块定义中的参数和动作类型定义了块参照在图形中的作用方式。

1. 添加动态块参数

01 输入BE调用BEDIT命令,打开【编辑块定义】对话框,在该对话框中选择【门(1000)】图块,如图3-43所示,单击【确定】按钮确认,进入块编辑器。

02 添加参数。在【块编写选项板】右侧单击【参数】选项卡,再单击【线性】按钮,如图3-44所示,然后按系统提示操作,结果如图3-45所示。

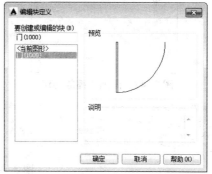

图3-43 【编辑块定义】对话框

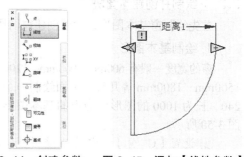

图3-44 创建参数 　图3-45 添加【线性参数】

> **提示**
>
> 在进入块编辑状态后,窗口背景会显示为浅灰色,同时窗口上显示出相应的选项板和工具栏。

03 在【块编写选项板】中单击【旋转参数】按钮,结果如图3-46所示。

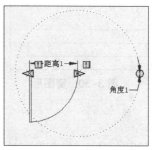

图3-46 添加【旋转参数】

2. 添加动作

01 单击【块编写选项板】右侧的【动作】选项卡，再单击【缩放】按钮，结果如图 3-47 所示。

02 单击【旋转】按钮，结果如图 3-48 所示。

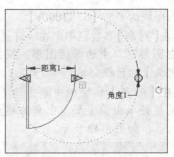

图 3-48　添加【旋转动作】

03 单击【块编辑器】面板如图 3-49 所示上的保存块定义按钮，保存所做的修改，单击【关闭块编辑器】按钮关闭块编辑器，返回到绘图窗口，【门 (1000)】动态块创建完成。

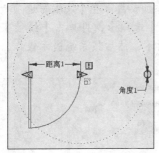

图 3-47　添加【缩放动作】

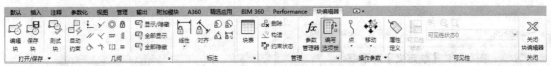

图 3-49　【块编辑器】面板

3.2.3 绘制并创建窗图块

首先绘制窗基本图形，然后创建窗图块。

1. 绘制基本图形

窗的宽度一般有 600mm、900mm、1200mm、1500mm、1800mm 等几种，下面绘制一个宽为 240、长为 1000 的图形作为窗的基本图形，如图 3-50 所示。

01 设置【C_窗】图层为当前图层，调用 RECTANG/REC 命令绘制 1000×240 的长方形，如图 3-51 所示。

02 由于需要对长方形的边进行偏移操作，所以需先调用 EXPLODE/X 命令将长方形分解，使长方形四条边独立出来。

03 调用 OFFSET/O 命令偏移分解后的长方形，得到窗图形如图 3-52 所示。

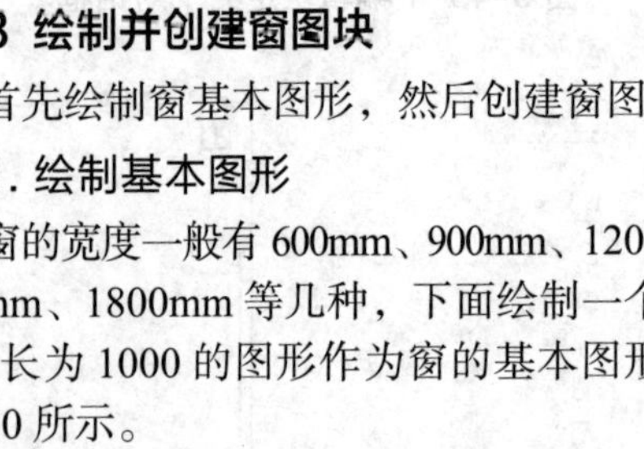

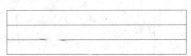

图 3-52　绘制的窗图形

2. 创建图块

应用前面介绍的创建门图块的方法，创建【窗 (1000)】图块，在【块定义】对话框中取消【按统一比例缩放】复选框的勾选，如图 3-53 所示。

图 3-53　创建【窗 (1000)】图块

3.2.4 绘制并创建立面指向符图块

立面指向符是室内装修施工图中特有的一种标识符号，主要用于立面图编号。当某个垂直界面需要绘制立面图时，在该垂直界面所对

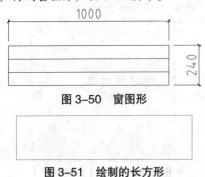

图 3-50　窗图形

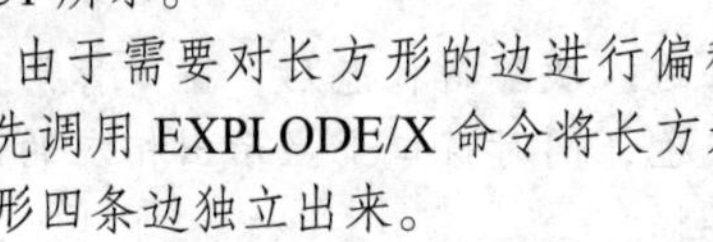

图 3-51　绘制的长方形

应的平面图中就要使用立面指向符，以方便确认该垂直界面的立面图编号。

立面指向符由等边直角三角形、圆和字母组成，其中字母为立面图的编号，黑色的箭头指向立面的方向，如图 3-54(a) 所示为单向内视符号，图 3-54(b) 所示为双向内视符号，图 3-54(c) 所示为四向内视符号 (按顺时针方向进行编号)。

| (a) | (b) | (c) |

图 3-54 立面指向符

下面介绍立面指向符的绘制方法，具体操作步骤如下：

01 调用 PLINE/P 命令，绘制等边直角三角形，命令选项如下：

命令 :PLINE↵
指定第一点 :
// 在窗口中任意指定一点，确定线段起点
指定下一点或 [放弃 (U)]:380↵
// 水平向左移动光标，当出现 180°极轴追踪线时输入 380 并按下回车键，确定线段第二点
指定下一点或 [放弃 (U)]:<45↵
// 将角度限制在 45°
角度替代 :45
指定下一点或 [放弃 (U)]:
// 捕捉如图 3-55 所示线段中点，然后垂直向上移动光标，当与 45°线段相交并出现相交标记时 (如图 3-56 所示) 单击鼠标，确定线段第三点
指定下一点或 [闭合 (C)/ 放弃 (U)]:C↵
// 闭合线段

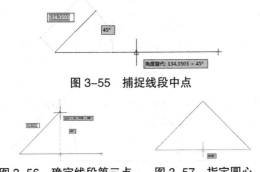

图 3-55 捕捉线段中点

图 3-56 确定线段第三点　　图 3-57 指定圆心

02 调用 CIRCLE/C 命令绘制圆，命令选项如下：

命令 : CIRCLE↵
// 调用 CIRCLE 命令
指定圆的圆心或 [三点 (3P)/ 两点 (2P)/ 相切、相切、半径 (T)]
// 捕捉并单击如图 3-57 所示线段中点，确定圆心
指定圆的半径或 [直径 (D)] <134.3503>:
// 捕捉并单击如图 3-58 所示线段中点，确定圆半径

03 调用 TRIM/TR 命令修剪圆，命令选项如下：

命令 :TRIM↵
当前设置 : 投影 =UCS，边 = 延伸
选择剪切边 ...
选择对象 : 找到 1 个
// 选择圆
选择对象 :↵
// 按回车键结束对象选择
选择要修剪的对象，或按住 Shift 键选择要延伸的对象，或 [投影 (P)/ 边 (E)/ 放弃 (U)]:
// 单击圆内的线段
选择要修剪的对象，或按住 Shift 键选择要延伸的对象，或 [投影 (P)/ 边 (E)/ 放弃 (U)]: ↵
// 按回车键退出命令，效果如图 3-59 所示

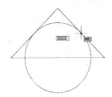

图 3-58 指定圆半径

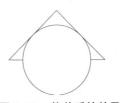

图 3-59 修剪后的效果　　图 3-60 填充结果

04 调用 BHATCH/H 命令，使用 SOLID 图案填充图形，结果如图 3-60 所示，填充参数设置如图 3-61 所示。立面指向符绘制完成。

05 调用 BLOCK/B 命令，创建【立面指向符】图块。

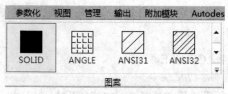

图 3-61　填充参数设置

3.2.5 绘制并创建图名动态块

图名由图形名称、比例和下划线三部分组成，如图 3-62 所示。通过添加块属性和创建动态块，可随时更改图形名字和比例，并动态调整图名宽度，下面介绍绘制和创建方法。

图 3-62　图名

1. 绘制图形

如图 3-63 所示，图形名称文字尺寸较大，可以创建一个新的文字样式。

使用前面介绍的方法，调用 ST（文字样式）命令，创建【仿宋 2】文字样式，文字高度设置为 3mm，并勾选【注释性】复选项，其他参数设置如图 3-63 所示。

下面定义【图名】和【比例】文字属性。

01 定义【图名】属性。单击【块】面板上的【定义属性】按钮，打开【属性定义】对话框，在【属性】参数栏中设置【标记】为【图名】，设置【提示】为【请输入图名 :】，设置【默认】为【图名】，如图 3-64 所示。

02 在【文字设置】参数栏中设置【文字样式】为【仿宋 2】，勾选【注释性】复选框，如图 3-64 所示。

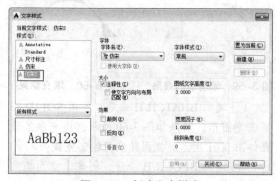

图 3-63　创建文字样式

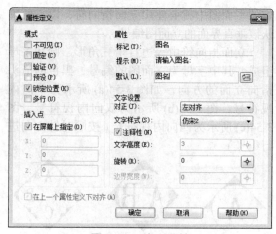

图 3-64　定义属性

03 单击【确定】按钮确认，在窗口内拾取一点确定属性位置，如图 3-65 所示。

04 使用相同方法，创建【比例】属性，其参数设置如图 3-66 所示，文字样式设置为【仿宋】。

图 3-65　指定属性位置

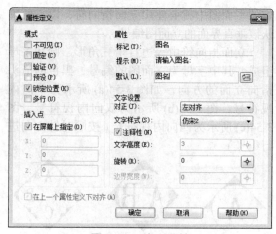

图 3-66　定义属性

05 使用 MOVE/M 命令将【图名】与【比例】文字移动到同一水平线上。

06 调用 PLINE/P 命令，在文字下方绘制宽度为 20mm 和 1mm 的多段线，图名图形绘制完成，如图 3-67 所示。

图 3-67　图名

2. 创建块

①① 选择【图名】和【比例】文字及下划线，调用 BLOCK/B 命令，打开【块定义】对话框。

①② 在【块定义】对话框中设置块【名称】为【图名】。单击 ![] (拾取点) 按钮，在图形中拾取下划线左端点作为块的基点，勾选【注释性】复选框，使图块可随当前注释比例变化，其他参数设置如图 3-68 所示。

图 3-68　创建块

①③ 单击【确定】按钮完成块定义。

3. 创建动态块

下面将【图名】块定义为动态块，使其具有动态修改宽度的功能，这主要是考虑到图名的长度不是固定的。

①① 调用 BEDIT/BE 命令，打开【编辑块定义】对话框，选择【图名】图块，如图 3-69 所示。单击【确定】按钮进入【块编辑器】。

①② 调用【线性参数】命令，以下划线左、右端点为起始点和端点添加线性参数，如图 3-70 所示。

图 3-69　【编辑块定义】对话框

图 3-70　添加线性参数

①③ 调用【拉伸动作】命令创建拉伸动作，如图 3-71 所示，然后按命令提示操作：

命令：BActionTool 拉伸
选择参数：
　//选择前面创建的线性参数
指定要与动作关联的参数点或输入 [起点 (T)/
　第二点 (S)] < 第二点 >：
　//捕捉并单击下划线右下角端点
指定拉伸框架的第一个角点或 [圈交 (CP)]：
指定对角点：
　//拖动鼠标创建一个虚框，虚框内为可拉伸部分
指定要拉伸的对象
选择对象：找到 1 个
选择对象：指定对角点：找到 5 个 (1 个重复)，
　总计 5 个
选择对象：
　//选择除文字【图名】之外的其它所有对象
指定动作位置或 [乘数 (M)/ 偏移 (O)]：
　//在适当位置拾取一点确定拉伸动作图标的位置，结
　果如图 3-72 所示

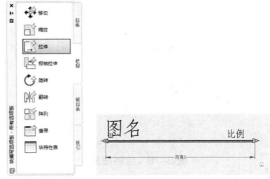

图 3-71　调用【拉伸动作】　　图 3-72　添加参数

①④ 单击面板中的【关闭块编辑器】按钮退出块编辑器，当弹出如图 3-73 所示的提示对话框时，单击【是】按钮保存修改。

①⑤ 此时【图名】图块就具有了动态改变宽度的功能，如图 3-74 所示。

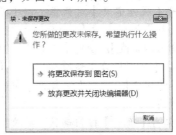

图 3-73　提示对话框

图 3-74 动态块效果

3.2.6 创建标高图块

标高用于表示顶面造型及地面装修完成面的高度，本节介绍标高图块的创建方法。

1. 绘制标高图形

01 调用矩形命令 RECTANG/REC 绘制一个矩形，效果如图 3-75 所示。

02 调用 EXPLODE/X 命令分解矩形。

03 调用直线命令，捕捉矩形的第一个角点，将其与矩形的中点连接，再连接第二个角点，效果如图 3-76 所示。

04 删除多余的线段，只留下一个三角形，利用三角形的边画一条直线，如图 3-77 所示，标高符号绘制完成。

图 3-75 绘制矩形

图 3-76 绘制线段

图 3-77 绘制直线

2. 标高定义属性

01 单击【块】面板上的【定义属性】按钮，打开【属性定义】对话框，在【属性】参数栏中设置【标记】为【0.000】，设置【提示】为【请输入标高值】，设置【默认】为 0.000。

02 在【文字设置】参数栏中设置【文字样式】为【仿宋 2】，勾选【注释性】复选框，如图 3-78 所示。

03 单击【确定】按钮确认，将文字放置在前面绘制的图形上，如图 3-79 所示。

图 3-78 定义属性

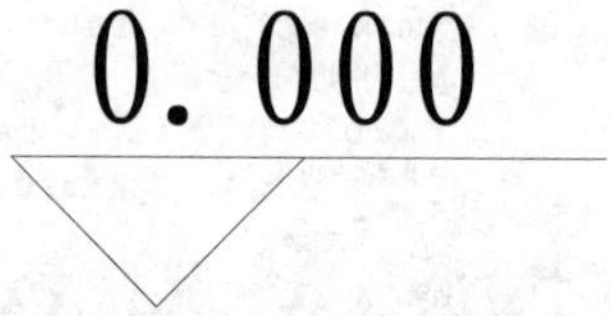

$$0.000$$

图 3-79 指定属性位置

3. 创建标高图块

01 选择图形和文字，在命令窗口中输入 BLOCK/B 后按 Enter 键，打开【块定义】对话框，如图 3-80 所示。

图 3-80【块定义】对话框

02 在【对象】参数栏中单击【选择对象】按钮，在图形窗口中选择标高图形，按 Enter 键返回【块定义】对话框。

03 在【基点】参数栏中单击【拾取点】按钮，捕捉并单击三角形左上角的端点作为图块的插入点。

04 单击【确定】按钮关闭对话框，完成标高图块的创建。

3.2.7 绘制 A3 图框

本节主要介绍 A3 图框的绘制方法，以练习表格和文字的创建和编辑方法，绘制完成的 A3 图框如图 3-81 所示。

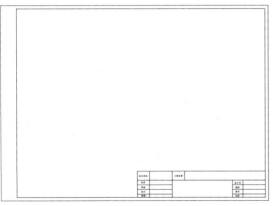

图 3-81　A3 图框样板图形

1.绘制图框

01 新建【TK_图框】图层，颜色为【白色】，将其置为当前图层。

02 使用矩形命令 RECTANG/REC，在绘图区域指定一点为矩形的端点，输入 D，输入长度为 420mm，宽度为 297mm，如图 3-82 所示。

03 使用分解命令 EXPLODE/X，分解矩形。

04 使用偏移命令 OFFSET/O，将左边的线段向右偏移 25mm，分别将其他三个边长向内偏移 5mm。修剪多余的线条，如图 3-83 所示。

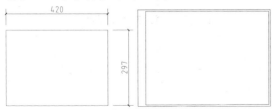

图 3-82　绘制矩形　　　　**图 3-83　偏移线段**

2.插入表格

01 使用矩形命令 RECTANG/REC，绘制一个 200mm×40mm 矩形，作为标题栏的范围。

02 使用移动命令 MOVE/M，将绘制的矩形移动至标题栏的相应位置，如图 3-84 所示。

图 3-84　移动标题栏

03 单击【注释】面板上的【表格】按钮，弹出【插入表格】对话框。

04 在【插入方式】选项组中，选择【指定窗口】方式。在【列和行设置】选项组中，设置为 6 行 6 列，如图 3-85 所示。单击【确定】按钮，返回绘图区。

图 3-85　【插入表格】对话框

05 在绘图区中，为表格指定窗口。在矩形左上角单击，指定为表格的左上角点，拖动到矩形的右下角点，如图 3-86 所示。指定位置后，弹出【文字格式】编辑器。单击【确定】按钮，关闭编辑器，如图 3-87 所示。

图 3-86　为表格指定窗口

图 3-87　绘制表格

06 删除列标题和行标题。选择列标题和行标题，右击鼠标，选择【行】|【删除】命令，如图 3-88 所示，结果如图 3-89 所示。

图 3-88　删除列标题和行标题

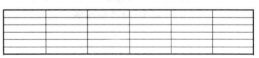

图 3-89　删除结果

07 调整表格。选择表格，对其进行夹点编辑，使其与矩形的大小相匹配，如图 3-90 所示。结果如图 3-91 所示。

图 3-90　调整表格

图 3-91　调整结果

08 合并单元格。选择左侧一列上两行的单元格，如图 3-92 所示。单击右键，选择【合并】|【全部】命令，结果如图 3-93 所示。

图 3-92　合并单元格

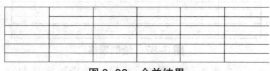

图 3-93　合并结果

09 以相同的方法，合并其他单元格，结果如图 3-94 所示。

10 调整表格。对表格进行夹点编辑。结果如图 3-95 所示。

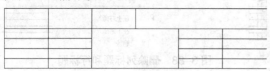

图 3-94　合并单元格

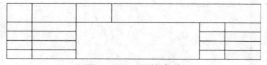

图 3-95　调整表格

3. 输入文字

01 在需要输入文字的单元格内双击左键，弹出【文字格式】对话框，单击【多行文字对正】按钮 A·，在下拉列表中选择【正中】选项，输入文字【设计单位】，如图 3-96 所示。

02 输入文字，如图 3-97 所示。完成图框的绘制。

03 调用 BLOCK/B 命令，将图框创建成块。

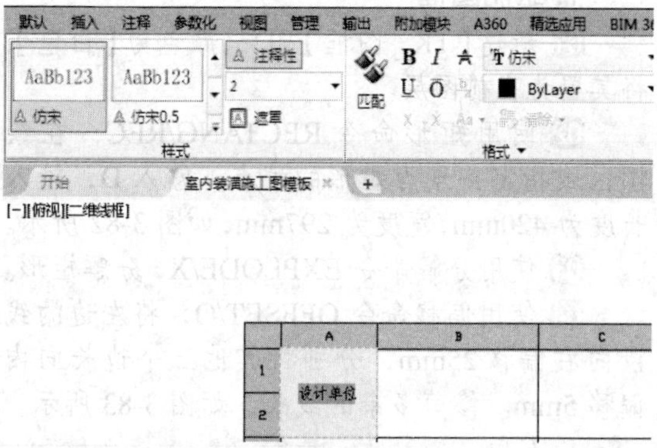

图 3-96　输入文字【设计单位】

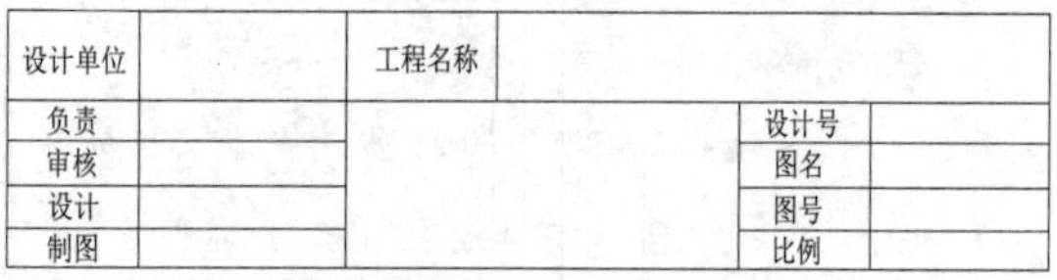

设计单位		工程名称		
负责				设计号
审核				图名
设计				图号
制图				比例

图 3-97　文字输入结果

3.2.8 绘制详图索引符号和详图编号图形

详图索引符号、详图编号也都是绘制施工图经常需要用到的图形。室内平、立、剖面图中，在需要另设详图表示的部位，标注一个索引符号，以表明该详图的位置，这个索引符号就是详图索引符号。

图 3-98 所示 a、b 为详图索引符号，图 3-98c、d 为剖面详图索引符号。详图索引符号采用细实线绘制，圆圈直径约 10mm。当详图在本张图样时，采用图 3-98 a、c 的形式；当详图不在本张图样时，采用图 3-98b、d 的形式。

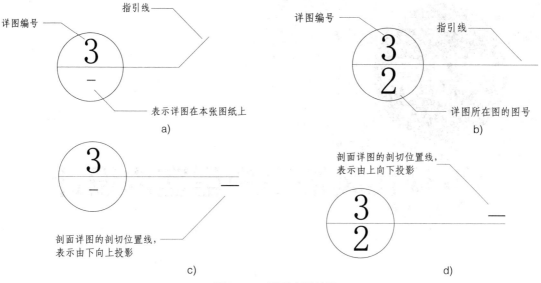

图 3-98　详图索引符号

详图的编号用粗实线绘制，圆圈直径约 14mm，如图 3-99 所示。

图 3-99　详图编号现代风格小户型室内设计

第 4 章

现代风格小户型室内设计

本 章 导 读

　　小户型是指建筑面积在 60 ㎡以下的居住空间，各个空间没有明显的区域划分，刚成家的年轻人选择小户型的居住空间比较多，如何巧妙地在有限的空间中创造最大的使用功能是小户型追求的设计理念。本章以现代风格的小户型为例讲解现代风格小户型的设计方法和施工图绘制方法，使读者掌握小户型的设计技巧。

本 章 重 点

- ✧ 小户型家居设计基础
- ✧ 调用样板新建文件
- ✧ 绘制小户型原始户型图
- ✧ 墙体改造和文字标注
- ✧ 绘制小户型平面布置图
- ✧ 绘制小户型地材图
- ✧ 绘制小户型顶棚图
- ✧ 绘制小户型立面图

4.1 小户型家居设计基础

目前房地产市场上小户型甚至超小户型的热销，给装修带来了新的课题，就是如何合理地利用居室内每一块小空间。其实无论房间多少、空间大小，每种户型都有一定的设计规律可以遵循。时下五六十甚至三四十平方米的小户型，大多为年轻人所首选，作为过渡房使用。由于这种小户型的居室面积相对来说较为狭小，在一个房间中可能包括起居、会客、烹饪、储存、学习等多种功能活动，装修时既要顾及到人们的生活需要，还不能让室内感觉很杂乱，这就需要对居室空间进行充分合理的布置。

4.1.1 隔断在现代小户型中的运用

专业设计师指出，在小户型中，卧室与客厅的隔断可以运用透明或半透明的工艺玻璃、银质边框和银色装饰条装点门幅，并配上特制硅胶玻璃密封防撞条，替代以往冰冷的水泥隔墙，在节省空间的同时，还为简洁的居室增添了时尚感和活力；而滑动门可开放可封闭的特性正适合做厨房与餐厅的隔断。烹饪时将门关上，就餐时将门打开，厨房与餐厅合为一体，亲切感强。由于厨房滑动门面积较开阔，造型上可以根据餐厅风格设计得大胆、活泼些。此外在装修时，为在极其有限的空间里挤出一些必用空间，还可以利用滑动门的分隔功能。例如，可以利用滑动门在大空间内隔出一个读书的区域或一个小婴儿室。如图4-1和图4-2所示为隔断在小户型中运用的实例。

图4-1 客厅隔断

图4-2 客厅玄关隔断

4.1.2 隔断减少油烟的扩散

时下，不少小户型项目将厨房做成了开放式，当然也有不少业主为了使空间大一些把厨房改成了开放式。但在以"爆火、大火、大油做饭香"为主要烹饪手法的中国，选择开放式厨房，就要提前考虑如何减少油烟在室内的扩散。

据设计师介绍，小户型中的开放式厨房与大户型中的还有所不同，由于空间共享，设计不好就会把家变成一个"大烟灶"，让你无处躲藏。因此，在配备大功率抽油烟机的同时，设计上还可以把厨房和餐厅的功能细分，做一个复合式厨房，就是先将厨房和餐厅连通，然后把烹饪区和其他区域分隔开，以玻璃伸缩滑轨门、折叠门或滑动门作为隔断，以便随时取用备餐区的烹饪用品。例如，厨房外带有阳台，可以将中式厨房中的灶台移到阳台靠窗位置，充分利用阳台的采光，并将原有阳台门改为两扇可以伸缩到墙体内的滑轨门，这样可以解决油烟和串味问题；在橱柜上做一个小型吧台，兼具用餐功能，一举两得，如图4-3和图4-4所示。

图4-3 推拉门隔断效果

图4-4 隔断作为吧台处理效果

4.1.3 不规则房型的设计

有些房型的设计不像以前那么方正，屋子中会出现不规则的转角。这部分不规则的空间十分令人头痛：摆放家具总是不适合，放任不管又浪费空间。很多人在装修时处理这种不规则空间往往都做一个衣柜了事。

如图 4-5 所示，这款不规则小户型的卧室以白色、米色和黑色为主色调，床头的三盏暖色调灯光营造出了温馨的氛围。整个卧室在极不协调的造型下被设计师设计得简单，整洁，温馨。

如图 4-6 所示，尖角位置安放一张三角形的卧榻，有效化解了尖角处的畸零角落，让室内线条过渡变得平缓。跟墙面做在一起的卧榻沿用墙面风格，原木的外观清爽自然，适当的靠包提升舒适度，必备的照明设置，再加上满墙的书本，打造出一个安静惬意的读书角落。边侧的一个小窗让小角落更富情韵。

图 4-5 　不规则卧室设计效果

图 4-6 　不规则房型设计效果

4.1.4 小户型书房的设计

书房是体现主人文化品位的地方。但是对于一些小户型来说，书房往往是和卧室结合在一起的，而且空间有限，很难体现文化设计的理念。但是，书房也有造型和节省空间兼顾的一箭双雕之法。在书房用木板装饰的同时依势打造出一个书桌，墙面装饰与书桌连成一体，在美化设计的基础上更加节省了空间。

在以木质感觉为装修主线的风格中，木板可以营造出一种温馨的氛围，书桌也应该体现出这种风韵。书桌之上墙面的两层隔板可以摆放各种装饰物品，还可以放书和其他物品，美观之余，也巧妙地利用了空间，如图 4-7 所示。

图 4-7 　小户型书房设计效果

4.1.5 小户型背景墙的设计

对于一般人来说，客厅的背景墙起到的仅仅是一个装饰的作用。所以许多人在装修的过程中都会为背景墙的设计煞费苦心。但是如何让过多强调装饰作用的背景墙具有一定的实用性呢？不妨试试在背景墙上打几个柜子和隔板，这些墙上的额外装饰不但美化了客厅，提升主人的品位，更可以在柜子和隔板中放置各种物品，起到实用的储藏收纳作用，巧妙地利用现有空间。

如图 4-8 所示的客厅背景墙，不仅可以使得背景墙看起来不是很空，而且可也以很好地利用背景墙，使之成为收纳型背景墙，这样可以有效地规划和整理空间。

图 4-8 　小户型背景墙设计效果

4.1.6 小户型的色调设计

小户型的居室如果设计不合理，会让房间

显得更昏暗狭小，因此色彩设计在结合自己爱好的同时，一般可选择浅色调、中间色作为家具及床罩、沙发、窗帘的基调。这些色彩因有扩散和后退性，能延伸空间，让空间看起来更大，使居室能给人以清新开朗、明亮宽敞的感受。

当整个空间有很多相对不同的色调安排时，房间的视觉效果将大大提高。但要注意，在同一空间内最好不要过多地采用不同的材质及色彩，最好以柔和亮丽的色彩为主调。厨房、卧室、客厅宜用同样色泽的墙体涂料或壁纸，可使空间显得整洁洗练。小户型还可以用采光来扩大视野，如加大窗户的尺寸或采用具有通透性或玻璃材质的家具和桌椅等，使空间变得明亮又宽敞，如图4-9所示。

图4-9 小户型色调设计展示

4.1.7 家具设计

家具是居室布置的基本要素，如何在有限的空间内使居室各功能既有分隔，又有内在联系、不产生拥挤感，这在很大程度上取决于家具的形式和尺寸。在原本狭小的空间里放置高大的家具物品会使房间显得更小，房间内摆设不能太多。在人的眼睛水平线上，尽可能不要有打眼的家具。

利用空间的死角，摆放造型简单、质感轻、小巧的家具，尤其是那些可随意组合、拆装、收纳的家具，比较适合小户型。或选用占地面积小、比较高的家具，既可以容纳大量物品，又不浪费空间。

这也体现了小户型居室放置家具的一大特色，就是向纵向发展。如选择高脚的床具，这样一来可将床面抬高，不知不觉中增加了床面以下的可利用空间。电脑对于年轻人来说，是必不可少的学习和办公用具，但是在小居室中既要放下电脑桌，还要再添一个大书架或书柜就显得有些拥挤了，因此要选择具有集纳作用

的整体书房。

如果房间小，又希望有自己的独立空间，那么在居室中采用隔屏、滑轨拉门或采用可移动家具来取代原有的密闭隔断墙，使墙变成活的，同时使整体空间具有通透感，如图4-10所示。

图4-10 小户型家具设计展示

4.1.8 收纳设计

家庭收纳总是有待于更好的解决方案，而对于小空间来说，更要以收纳配置为设计的重点。将空间充分利用，反而让不好的空间格局变得有特色起来，可考虑以下8个方法。

1. 向上发展

如果房屋的高度够高，可利用其多余的高度隔出天花板夹层，加上折叠梯作为储藏室之用。挑高的房子更可做出夹层楼板，多出一至两间的房间。衣柜在卧室里成为最主要的收纳用具，推拉门的使用也节省了空间。

2. 往下争取

利用复式、高架地板之阶梯处设计为抽屉、鞋柜等。将床的高度提高，床下的空间就可设计抽屉、矮柜。利用小孩双层高架床的床下设置书桌、书架、玩具柜、衣柜等。沙发椅座底下也可加以利用。对于小户型来说，区域的划分可能并不清晰，公共收纳区要进行合理规划。

3. 重叠使用

使用抽屉床、可拉式桌板、可拉式餐台、双层柜、抽屉柜等家具，充分利用空间的净高，增加房间的使用面积。靠墙摆放的餐柜不仅是餐厅的收纳场所，而且也能成为厨房的延伸。

4. 死角活用

活用不起眼的死角，往往会有令人出乎意料的效果。楼梯踏板可做成活动板，利用台阶做成抽屉，作为储藏柜用。此外，楼梯间也可

充分发挥空间利用的功效，靠墙的一侧可作为展示柜，楼梯下方则可设计成架子及抽屉，具收纳的功能。

5. 透明玻璃储物柜的使用

对于小户型（小户型装修效果图）来说，纯净而简约（简约装修效果图）的餐厅（餐厅装修效果图）风格是个不错的选择，可以让餐厅显得更加明亮宽阔。透明的玻璃储物柜则可增加纯净简约的效果。

6. 挖出一个大型收纳壁龛

壁龛是一个把硬装饰和软装饰相结合的设计理念，它是室内设计的点睛之笔，运用于小户型。客厅可用作收纳之用。不过，壁龛设计要考虑到室内墙身结构的安全问题。

7. 多层搁架设计

搁架是拓展小户型空间最简单的方法，多层搁架的设计可以成为家居收纳的好帮手。

8. 多功能房间

不少家庭都会把次卧打造成客房和家庭工作室两重功能。建议选择如彩色蜡笔画般柔和的色调，以及复合地板和多功用的家具来实现，如图 4-11 所示。

图 4-11 小户型收纳设计展示

4.2 调用样板新建文件

本书第 3 章创建了室内装潢施工图样板，该样板已经设置了相应的图形单位、样式、图层和图块等，原始户型图可以直接在此样板的基础上进行绘制。

01 调用 NEW【新建】命令，打开【选择样板】对话框，选择【室内装潢施工图】模板，如图 4-13 所示。

图 4-12 小户型空间分割

图 4-13 【选择样板】对话框

02 单击【打开】按钮，以样板创建图形，新图形中包含了样板中创建的图层、样式和图块等内容。

03 调用 QSAVE【保存】命令，打开【图形另存为】对话框，在【文件名】框中输入文件名，单击【保存】按钮保存图形。

4.3 绘制小户型原始户型图

设计师在现场实地量房之后需要将测量结果用图纸表示出来，包括房型结构、空间关系、尺寸、层高、门窗位置和高度、管道分布等，这是进行室内装潢设计绘制的第一张图，即原始户型图。

原始户型图由墙体、预留门洞、窗、柱子、标高和尺寸标注等图形元素组成。墙体是原始户型图的主体，同时也是住宅各功能空间划分的主要依据。

在绘制原始户型图时，一般先绘制墙体图形，之后再绘制门、窗和楼梯等毛坯房固定设施。

如图 4-14 所示为本例小户型绘制完成的原始户型图，下面讲解绘制方法。

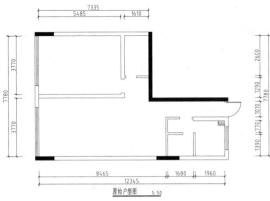

图 4-14　小户型原始户型图

4.3.1 绘制墙体

01 在【图层】面板下拉表中选择【QT_墙体】图层为当前图层，如图 4-15 所示。

图 4-15　选择墙体图层

02 调用 PLINE/PL 命令，绘制外墙轮廓线，命令选项如下：

命令：PLINE↙

// 调用多段线命令

指定起点：

// 任意拾取一点作为多段线的起点

当前线宽为 0.0000

指定下一个点或 [圆弧 (A)/ 半宽 (H)/ 长度 (L)/ 放弃 (U)/ 宽度 (W)]: 7335↙

// 水平向右移动光标配合对象捕捉追踪输入 7335，确定多段线第二点

指定下一点或 [圆弧 (A)/ 闭合 (C)/ 半宽 (H)/ 长度 (L)/ 放弃 (U)/ 宽度 (W)]: 4250↙

// 垂直向下移动光标定位到 90°极轴追踪线上，输入 4250，确定多段线第三点

指定下一点或 [圆弧 (A)/ 闭合 (C)/ 半宽 (H)/ 长度 (L)/ 放弃 (U)/ 宽度 (W)]: 5010↙

// 水平向右移动光标，当移动到 0°极轴追踪线上时输入 5010，确定多段线第四点

指定下一点或 [圆弧 (A)/ 闭合 (C)/ 半宽 (H)/ 长度 (L)/ 放弃 (U)/ 宽度 (W)]: 3530↙

// 垂直向下移动光标定位到 90°极轴追踪线上，输入 3530，确定多段线第五点

指定下一点或 [圆弧 (A)/ 闭合 (C)/ 半宽 (H)/ 长度 (L)/ 放弃 (U)/ 宽度 (W)]: 12345↙

// 水平向左移动光标，当出现 180°极轴追踪线时输入 12345，确定多段线第六点

指定下一点或 [圆弧 (A)/ 闭合 (C)/ 半宽 (H)/ 长度 (L)/ 放弃 (U)/ 宽度 (W)]:7780↙

// 垂直向上移动光标定位到 90°极轴追踪线上，输入 7780，并按 Enter 键，结果如图 4-16 所示

03 调用 OFFSET/O 命令，将绘制的多段线向外偏移 240mm，得到墙体厚度，命令选项如下：

命令 :OFFSET↙

// 调用 OFFSET 命令

当前设置：删除源=否　图层=源 OFFSETGAPTYPE=0

指定偏移距离或 [通过 (T)/ 删除 (E)/ 图层 (L)]〈通过〉: 240↙

// 输入偏移的距离 240

选择要偏移的对象，或 [退出 (E)/ 放弃 (U)]〈退出〉:

// 单击多段线向外偏移，即可得到外墙体，如图 4-17 所示

04 使用相同的方法绘制其他内部墙体，结果如图 4-18 所示。

图 4-16　绘制多段线

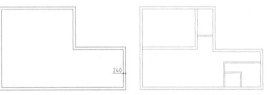

图 4-17　偏移多段线　　图 4-18　绘制内部墙体

4.3.2 修剪墙体

01 调用 EXPLODE/X 命令，分解多段线，命令选项如下：

命令 :EXPLODE↵
// 调用 EXPLODE 命令
选择对象 : 找到 1 个
// 选择墙线
选择对象 :↵
// 按 Enter 键或空格键结束选择，墙体线被分解成独立的线段

02 多段线分解之后，即可使用 TRIM/TR 命令进行修剪，命令选项如下：

命令 :TRIM↵
// 调用 TRIM 命令
当前设置 : 投影 =UCS，边 = 无
选择剪切边 ...
选择对象或 < 全部选择 >:↵
// 按 Enter 键
选择要修剪的对象，或按住 Shift 键选择要延伸的对象，或
[栏选 (F)/ 窗交 (C)/ 投影 (P)/ 边 (E)/ 删除 (R)/ 放弃 (U)]:
// 单击需要修剪的线段，即可修剪掉多余的线段
选择要修剪的对象，或按住 Shift 键选择要延伸的对象，或
[栏选 (F)/ 窗交 (C)/ 投影 (P)/ 边 (E)/ 删除 (R)/ 放弃 (U)]:
// 继续单击需要修剪的线段，结果如图 4-19 所示

03 调整墙体线。如图 4-20 所示为墙体调整前后的对比，调用 LINE/L 命令和 TRIM/TR 命令，对墙体进行调整。

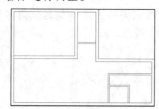

图 4-19　修剪墙体

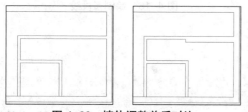

图 4-20　墙体调整前后对比

4.3.3 标注尺寸

01 在【注释】面板的标注样式下拉列表中选择【室内标注样式】为当前标注样式，如图 4-21 所示。

图 4-21　设置当前标注样式

02 在状态栏右侧设置当前注释比例为 1:100，设置【BZ_ 标注】图层为当前图层，如图 4-22 所示。

03 调用 RECTANG/REC 命令绘制标注辅助图形，命令选项如下：

命令 :RECTANG↵
// 调用 RECTANG 命令
指定第一个角点或 [倒角 (C)/ 标高 (E)/ 圆角 (F)/ 厚度 (T)/ 宽度 (W)]:
// 任意拾取一点作为矩形的第一个角点
指定另一个角点或 [面积 (A)/ 尺寸 (D)/ 旋转 (R)]:
// 在任意位置单击光标，将墙体框在矩形中，如图 4-23 所示

图 4-22　设置注释比例

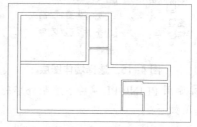

图 4-23　绘制矩形

04 在命令行中输入 DIM 命令并按 Enter 键，调用线性标注命令，命令选项如下：

命令 : DIM↵
// 调用 DIM 命令
指定第一个延伸线原点或 < 选择对象 >:
// 将鼠标放置在左侧内墙体下端端点，鼠标垂直向下移动至矩形上，并单击鼠标，如图 4-24 所示
指定第二条延伸线原点 :
// 水平向右移动至第二条内墙体下端的端点，并垂直向下移动至矩形上，如图 4-25 所示

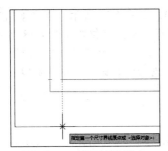

图 4-24　捕捉墙体端点

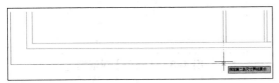

图 4-25　捕捉另一条墙体线端点

指定尺寸线位置或
　//单击鼠标向下移动鼠标，确定尺寸线位置
[多行文字 (M)/ 文字 (T)/ 角度 (A)/ 水平 (H)/
　垂直 (V)/ 旋转 (R)]:
标注文字 = 8465
　//系统自动退出命令，第一个尺寸完成，如图 4-26 所示

05 使用相同的方法，标注其他尺寸，标注后删除前面绘制的矩形，结果如图 4-27 所示。

图 4-26　标注第一个尺寸

图 4-27　标注尺寸

4.3.4　绘制承重墙

01 调用 LINE/L 命令，绘制线段，如图 4-28 所示。

图 4-28　绘制线段

02 单击【绘图】面板中的【图案填充】按钮，输入 T【设置】选项，打开【图案填充和渐变色】对话框，参数设置如图 4-29 所示，在承重墙轮廓内单击鼠标指定填充区域，如图 4-30 所示，按右键确认填充区域，返回到对话框，选择填充图案为【SOLID】，单击【确定】按钮完成填充，如图 4-31 所示。

图 4-29　【图案填充和渐变色】对话框

03 调用 LINE/L 命令、OFFSET/O 命令和 HATCH/H 命令，绘制其他承重墙，结果如图 4-32 所示。

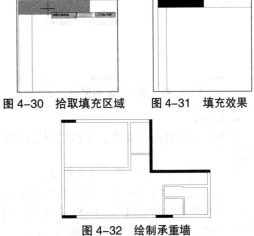

图 4-30　拾取填充区域　　图 4-31　填充效果

图 4-32　绘制承重墙

4.3.5 绘制门窗

毛坯房一般都预留了门洞,所以在绘制原始户型图时,需要将这些门洞的位置和大小准确地表达出来。

1. 开门洞和窗洞

01 设置【QT_墙体】图层为当前图层。

02 调用 OFFSET/O 命令,偏移如图 4-33 箭头所示墙体。

03 使用夹点功能,延长线段至另一侧墙体,如图 4-34 所示。

04 调用 TRIM/TR 命令,修剪出门洞,效果如图 4-35 所示。

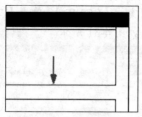

图 4-33 偏移线段

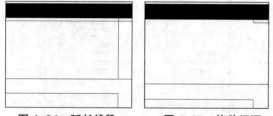

图 4-34 延长线段　　　图 4-35 修剪门洞

05 使用同样的方法绘制其他门洞和窗洞,结果如图 4-36 所示。

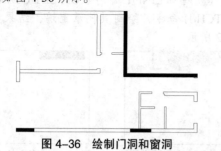

图 4-36 绘制门洞和窗洞

2. 绘制门

下面以入口处的门为例,介绍门图块的调用方法。

01 设置【M_门】图层为当前图层。

02 调用 INSERT/I 命令,打开【插入】对话框,在【名称】栏中选择【门(1000)】,设置【X】轴方向缩放比例为 0.96(门宽为 960),旋转角

度为 -270,如图 4-37 所示。单击【确定】按钮关闭对话框,将门定位在如图 4-38 所示位置。

03 插入的门开启方向不对,调用 MIRROR/MI 命令,对门进行镜像,如图 4-39 所示。

图 4-37 【插入】对话框

3. 绘制窗

01 设置【C_窗】图层为当前图层。

02 调用 LINE/L 命令,绘制线段,如图 4-40 所示。

03 调用 OFFSET/O 命令,对线段进行偏移,偏移距离为 80mm,偏移 3 次,如图 4-41 所示。

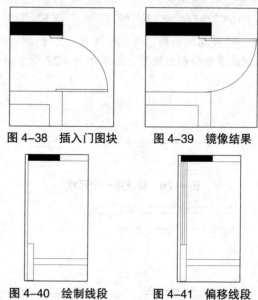

图 4-38 插入门图块　　　图 4-39 镜像结果

图 4-40 绘制线段　　　图 4-41 偏移线段

04 使用相同的方法绘制其他窗,结果如图 4-42 所示。

图 4-42 绘制窗

4.3.6 插入图名

调用 INSERT/I 命令，插入图名，命令选项如下：

命令 :INSERT↙

// 调用 INSERT 命令

指定插入点或 [基点 (B)/ 比例 (S)/ 旋转 (R)]:

// 在原始户型图的下方拾取一点作为插入点

输入属性值

请输入比例：< 比例 >: 1:100↙

// 输入绘制原始户型图时所用的比例

请输入图名：< 图名 >: 原始户型图↙

// 设置图的名称为 "原始户型图"，效果如图 4-43 所示

图 4-43　插入图名

4.3.7 绘制管道

最后绘制厨房的管道图形，完成本例小户型原始户型图的绘制。

4.4 墙体改造和文字标注

在进行家居装修时，很多住户都会对房屋墙体进行一些改造。以便增强房间的功能性。本例对小户型内部的墙体都进行了改造，如图 4-44 和图 4-45 所示为改造前后的对比，下面讲解墙体改造的绘制方法。

图 4-44　墙体改造前

图 4-45　墙体改造后

1. 墙体改造

01 设置【QT_ 墙体】图层为当前图层。

02 调用 LINE/L 命令，绘制如图 4-46 所示的线段。

03 调用 TRIM/TR 命令，修剪线段左侧的墙体，如图 4-47 所示。

04 删除小户型其他内部墙体，并使用夹点功能封闭墙体，结果如图 4-48 所示。

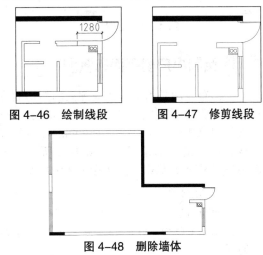

图 4-46　绘制线段　　　图 4-47　修剪线段

图 4-48　删除墙体

2. 文字标注

01 单击【注释】面板上的【多行文字】按钮 **A**，在需要标注文字的位置画一个框，弹出【文字编辑器】选项卡，如图 4-49 所示，输入文字内容【厨房】，如图 4-50 所示，单击【确定】按钮。

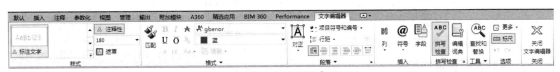

图 4-49　【文字编辑器】选项卡

02 使用同样的方法标注其他房间名称，结果如图 4-51 所示。

图 4-50　输入文字

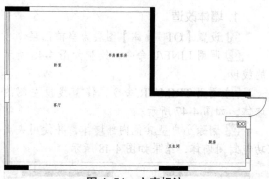

图 4-51　文字标注

4.5　绘制小户型平面布置图

平面布置图是用平行于地坪面的剖切面将建筑物剖切后，移去上部分而形成的正投影图，通常剖切面选择在距地坪面 1500mm 左右的位置或略高于窗台的位置。如图 4-52 所示为本例小户型平面布置图，下面讲解绘制方法。

1. 复制图形

平面布置图可在原始户型图的基础上进行绘制，调用 COPY/CO 命令，复制小户型原始户型图。

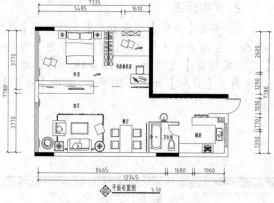

图 4-52　小户型平面布置图

2. 绘制衣柜和装饰柜

01 设置【JJ_家具】图层为当前图层。

02 调用 PLINE/PL 命令，绘制衣柜轮廓，

如图 4-53 所示。

03 调用 LINE/L 命令和 OFFSET/O 命令，绘制挂衣杆，如图 4-54 所示。

04 调用 RECTANG/REC 命令，绘制尺寸为 250mm×600mm 的矩形，表示装饰柜的轮廓，如图 4-55 所示。

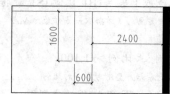

图 4-53　绘制衣柜轮廓

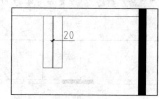

图 4-54　绘制挂衣杆

图 4-55　绘制矩形

05 调用 LINE/L 命令，在矩形中绘制对角线，表示是到顶的，如图 4-56 所示。

06 使用同样的方法绘制另一个装饰柜，如图 4-57 所示。

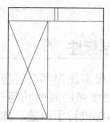

图 4-56　绘制对角线

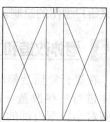

图 4-57　绘制装饰柜

3. 绘制珠帘

01 调用 CIRCLE/C 命令，绘制圆，命令选项如下：

命令:CIRCLE↙

// 调用 CIRCLE 命令

指定圆的圆心或 [三点 (3P)/ 两点 (2P)/ 切点、切点、半径 (T)]:

// 在两个装饰柜之间拾取一点作为圆心

指定圆的半径或 [直径 (D)]: 20↙

// 输入圆的半径，得到一个半径为 20 的圆，如图 4-58 所示

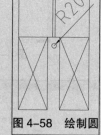

图 4-58　绘制圆

02 调用 COPY/CO 命令, 对圆进行复制, 命令选项如下:

命令 :COPY↙

// 调用 COPY 命令

选择对象 : 找到 1 个

// 选择圆图形

选择对象 :↙

// 按 Enter 键结束对象选择

当前设置 : 复制模式 = 多个

指定基点或 [位移 (D)/ 模
式 (O)] < 位移 >:

// 拾取圆作为移动基点

图 4-59 复制圆

指定第二个点或 < 使用第一个点作为位移 >:

// 向下移动, 在适当位置拾取一点确定副本位置

指定第二个点或 [退出 (E)/ 放弃 (U)] < 退出 >:

// 继续向下移动复制圆, 结果如图 4-59 所示

4. 绘制地台

调用 LINE/L 命令, 以衣柜的端点为起点绘制线段, 表示地台, 效果如图 4-60 所示。

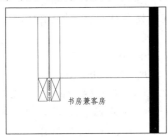

图 4-60 绘制线段

5. 绘制装饰柜

调用 RECTANG/REC 命令、LINE/L 命令和 COPY/CO 命令, 绘制装饰柜, 如图 4-61 所示。

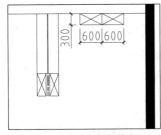

图 4-61 绘制装饰柜

6. 绘制书桌

调用 RECTANG/REC 命令, 绘制尺寸为 610mm×1200mm 的矩形, 如图 4-62 所示。

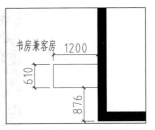

图 4-62 绘制书桌

7. 绘制电视柜

01 调用 PLINE/PL 命令, 绘制多段线表示电视柜, 如图 4-63 所示。

02 调用 LINE/L 命令, 在多段线内绘制线段, 如图 4-64 所示。

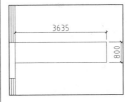 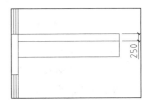

图 4-63 绘制电视柜　　　图 4-64 绘制线段

8. 绘制窗帘盒和珠帘

01 调用 LINE/L 命令, 绘制线段表示窗帘盒, 如图 4-65 所示。

02 由于窗帘盒被遮挡, 所以需要用虚线表示, 选择线段, 在【特性】面板线型列表框中选择 ⎯ ⎯ ACAD_ISO03... ▾ 线型, 效果如图 4-66 所示。

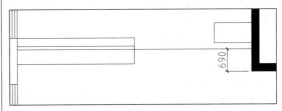

图 4-65 绘制线段

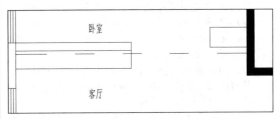

图 4-66 设置线型

03 调用 CIRCLE/C 和 COPY/CO 命令, 绘制珠帘, 如图 4-67 所示。

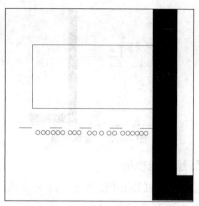

图 4-67　绘制珠帘

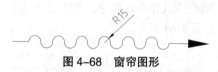

图 4-68　窗帘图形

9. 绘制窗帘

01 窗帘平面图形如图 4-68 所示，主要使用 PLINE/PL 命令绘制，具体操作如下：

```
命令 :PLINE↙
指定起点 :
// 在任意位置拾取一点，确定多段线的起点
当前线宽为 0.0000
指定下一个点或 [ 圆弧 (A)/ 半宽 (H)/ 长度 (L)/
放弃 (U)/ 宽度 (W)]:// 向右移动光标到 0° 极
轴追踪线上，在适当位置拾取一点，确定
多段线的第二点
指定下一个点或 [ 圆弧 (A)/ 半宽 (H)/ 长度 (L)/
放弃 (U)/ 宽度 (W)]:A↙
// 选择"圆弧 (A)"选项
指定圆弧的端点或
[ 角度 (A)/ 圆心 (CE)/ 方向 (D)/ 半宽 (H)/ 直线
(L)/ 半径 (R)/ 第二个点 (S)/ 放弃 (U)/ 宽度
(W)]:A↙
// 选择"角度 (A)"选项
指定包含角 :180↙
// 设置圆弧角度为 180°
指定圆弧的端点或 [ 圆心 (CE)/ 半径 (R)]:30↙
// 向右移动光标到 0° 极轴追踪线上，输入 30，并按
Enter 键，确定圆弧端点，如图 4-69 所示
指定圆弧的端点或
[ 角度 (A)/ 圆心 (CE)/ 闭合 (CL)/ 方向 (D)/ 半
宽 (H)/ 直线 (L)/ 半径 (R)/ 第二个点 (S)/ 放
弃 (U)/ 宽度 (W)]:30↙
// 保持光标在 0° 极轴追踪线上不变，输入 30，按 Enter
键，确定第二个圆弧端点
……　 // 重复上述操作，绘制出若干个圆弧，如图
4-70 所示
```

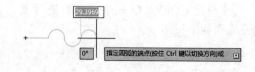

图 4-69　确定圆弧端点

图 4-70　绘制圆弧

```
指定圆弧的端点或
[ 角度 (A)/ 圆心 (CE)/ 闭合 (CL)/ 方向 (D)/ 半
宽 (H)/ 直线 (L)/ 半径 (R)/ 第二个点 (S)/ 放
弃 (U)/ 宽度 (W)]:L↙
// 选择"直线 (L)"选项
指定下一点或 [ 圆弧 (A)/ 闭合 (C)/ 半宽 (H)/
长度 (L)/ 放弃 (U)/ 宽度 (W)]:
// 向右移动光标到 0° 极轴追踪线上，在适当的位置拾
取一点，如图 4-71 所示
指定下一点或 [ 圆弧 (A)/ 闭合 (C)/ 半宽 (H)/
长度 (L)/ 放弃 (U)/ 宽度 (W)]:W↙
// 选择"宽度 (W)"选项↙
指定起点宽度 <0.0000>:20
指定端点宽度 <10.0000>:0.1↙
// 分别设置多段线起点宽为 20mm，端点宽为 0.1mm
指定下一点或 [ 圆弧 (A)/ 闭合 (C)/ 半宽 (H)/
长度 (L)/ 放弃 (U)/ 宽度 (W)]:
// 在适当的位置拾取一点，完成窗帘绘制，结果如图
4-68 所示
指定下一点或 [ 圆弧 (A)/ 闭合 (C)/ 半宽 (H)/
长度 (L)/ 放弃 (U)/ 宽度 (W)]:↙
// 按空格键退出命令
```

02 选择窗帘图形，调用 MOVE/M 命令，将窗帘图形移动到窗帘盒内，命令选项如下：

```
命令 : MOVE↙
// 调用 MOVE 命令
找到 1 个
// 选择窗帘图形
指定基点或 [ 位移 (D)] < 位移 >: 指定第二个
点或 < 使用第一个点作为位移 >:// 拾取窗
帘的端点，如图 4-71 所示，将光标移动到
窗帘盒的下方，单击鼠标，结果如图 4-72
所示
```

图 4-71　指定多段线端点

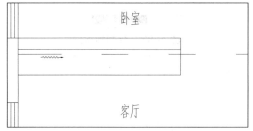

图 4-72　移动窗帘

03 调用 COPY 命令，将窗帘图形复制到卧室窗户右侧，如图 4-73 所示。

04 调用 ROTATE/RO 命令，对窗帘进行旋转，命令选项如下：

命令 :ROTATE↵

// 调用 ROTATE 命令

UCS 当前的正角方向：ANGDIR= 逆时针
　　ANGBASE=0

选择对象 : 找到 1 个↵

// 选择刚才绘制的窗帘图形

选择对象 :↵

// 按 Enter 键结束对象选择

指定基点 :

// 捕捉并单击窗帘的端点作为旋转的中心点

指定旋转角度，或 [复制 (C)/ 参照 (R)] <0>:
　　-90↵

// 输入旋转角度 -90°，效果如图 4-74 所示

05 调用 MIRROR/MI 命令，通过镜像得到另一侧的窗帘图形，如图 4-75 所示。

06 调用 COPY/CO 命令，复制窗帘，得到客厅的窗帘，效果如图 4-76 所示。

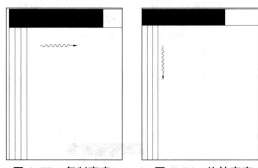

图 4-73　复制窗帘　　　　图 4-74　旋转窗帘

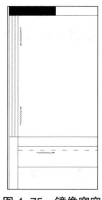

图 4-75　镜像窗帘　　　　图 4-76　复制窗帘

10. 插入标高

客厅和书房兼客房地面都抬高了 100mm 和 200mm，需要对地面进行标高标注。

01 调用 INSERT/I 命令，插入标高图块，命令选项如下：

命令 :INSERT↵

// 调用 INSERT 命令

指定插入点或 [基点 (B)/ 比例 (S)/ 旋转 (R)]:

// 按 Enter 键

输入属性值

请输入标高 : <0.000>: +0.100↵

// 输入地面抬高的高度，如图 4-77 所示

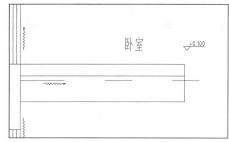

图 4-77　插入标高

02 使用同样的方法标注其他标高，结果如图 4-78 所示。

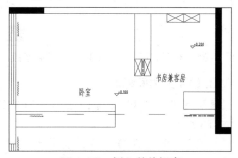

图 4-78　插入其他标高

11. 绘制餐桌

调用 PLINE/PL 命令，绘制多段线表示餐桌，效果如图 4-79 所示。

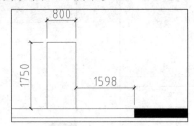

图 4-79　绘制餐桌

12. 绘制屏风隔断

01 调用 OFFSET/O 命令，绘制辅助线，如图 4-80 所示。

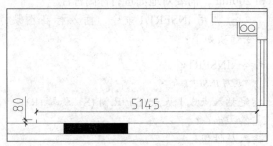

图 4-80　绘制辅助线

02 调用 RECATANG/REC 命令，以辅助线的交点为矩形的第一个角点，绘制尺寸为 40mm×1830mm 的矩形，然后删除辅助线，如图 4-81 所示。

03 调用 LINE/L 命令和 OFFSET/O 命令，在矩形内绘制线段，如图 4-82 所示。

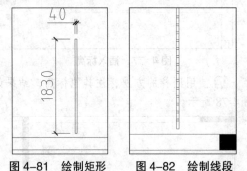

图 4-81　绘制矩形　　　图 4-82　绘制线段

13. 绘制卫生间隔断

01 调用 PLINE/PL 命令，绘制隔断轮廓，如图 4-83 所示。

02 调用 OFFSET/O 命令，将隔断向内偏移 20mm，如图 4-84 所示。

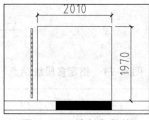

图 4-83　绘制多段线

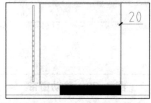

图 4-84　偏移多段线

03 调用 RECTANG/REC 命令，绘制边长为 50mm 的矩形，并移动到相应的位置，如图 4-85 所示。

04 调用 COPY/CO 命令，对矩形进行复制，如图 4-86 所示。

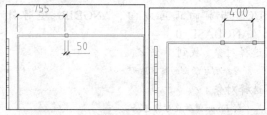

图 4-85　绘制矩形　　　图 4-86　复制矩形

05 调用 TRIM/TR 命令，对矩形与隔断相交的位置进行修剪，如图 4-87 所示。

06 调用 LINE/L 命令和 TRIM/TR 命令，绘制门洞，效果如图 4-88 所示。

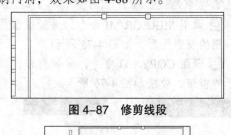

图 4-87　修剪线段

图 4-88　绘制门洞

14. 绘制门

调用 INSERT/I 命令,插入卫生间的门图块,效果如图 4-89 所示。

图 4-89 插入门

15. 绘制橱柜

调用 PLINE/PL 命令,绘制橱柜台面,如图 4-90 所示。

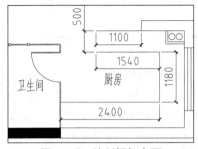

图 4-90 绘制橱柜台面

16. 绘制墙面造型

01 调用 LINE/L 命令,绘制线段,如图 4-91 所示。

02 调用 OFFSET/O 命令,将线段向右侧偏移,如图 4-92 所示。

03 调用 ARC/A 命令,绘制圆弧,命令选项如下:

> 命令 :ARC↙
> // 调用绘制圆弧命令
> 指定圆弧的起点或 [圆心 (C)]:
> // 捕捉左侧线段顶点,确定圆弧起点
> 指定圆弧的第二个点或 [圆心 (C)/ 端点 (E)]:from↙
> 基点 : m2p↙
> // 输入 "m2p",设置当前捕捉为 "两点之间的中点"
> 中点的第一点 : 中点的第二点 :< 偏移 >:
> // 分别拾取两侧线段的顶点,系统将自动选取这两个点的中点作为圆弧的第二个点
> 指定圆弧的端点 : 40↙
> // 垂直向下移动光标,输入 32,确定圆弧端点,然后删除右侧线段,如图 4-93 所示

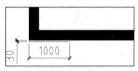

图 4-91 绘制线段

图 4-92 偏移线段　　　图 4-93 绘制圆弧

04 调用 COPY/CO 命令,对圆弧和线段进行复制,效果如图 4-94 所示。

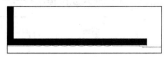

图 4-94 复制圆弧

17. 插入图块

从配套资源 "第 4 章 \ 家具图例 .dwg" 文件中调出床、床头柜、抱枕、衣架、电视、电脑、植物、沙发组、餐椅、洗手盆、浴缸、座便器、洗菜盆、吧椅和燃气灶等图块插入,完成后的效果如图 4-95 所示,平面布置图绘制完成。

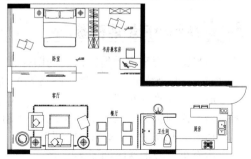

图 4-95 插入图块

18. 插入立面指向符号

立面指向符是立面图的一个识别符号,在第 3 章已经介绍了立面指向符号的绘制方法,并将立面指向符号创建成块,这里只需调用 INSERT 命令,将立面指向符号插入到图名右侧,命令选项如下:

> 命令 : INSERT↙
> // 调用 INSERT 命令
> 指定插入点或 [基点 (B)/ 比例 (S)/ 旋转 (R)]:
> // 在图名右侧位置拾取一点作为插入点
> 输入属性值
> 请输入立面指向符号 <A>:B
> // 输入立面编号,结果如图 4-96 所示

继续调用 INSERT 命令，插入立面指向符号，效果如图 4-97 所示。

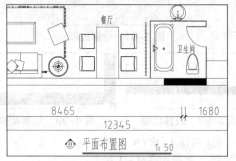

图 4-96　插入立面指向符号

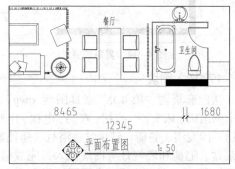

图 4-97　插入立面指向符号效果

4.6　绘制小户型地材图

地材图是用来表示地面做法的图样，包括地面铺设材料的形式（如分格、图案等）。地材图形成方法与平面布置图相同，不同的是地材图不需要绘制家具，只需要绘制地面所使用的材料和固定于地面的设备与设施图形。

本例小户型地材图如图 4-98 所示。使用的地面材料有大理石、马赛克和地毯，下面讲解绘制方法。

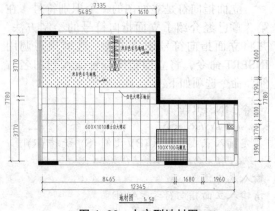

图 4-98　小户型地材图

1. 复制图形

地材图可以在平面布置图的基础上进行绘制，因为地材图需要用到平面布置图中的墙体等相关图形。调用 COPY/CO 命令，复制小户型平面布置图，选择所有与地材图无关的图形（如家具和陈设），按 Delete 键将其删除，由于某些固定于地面的隔断、设备和衣柜等所在的位置不需要铺设地面材料，所以在地材图中将其保留，结果如图 4-99 所示。

图 4-99　整理图形

2. 绘制门槛线

01 设置【DM_地面】图层为当前图层。

02 调用 LINE/L 命令，绘制门槛线，封闭填充图案区域，如图 4-100 所示。

图 4-100　绘制门槛线

3. 绘制地台

调用 PLINE/PL 命令和 LINE/L 命令，绘制地台，如图 4-101 所示。

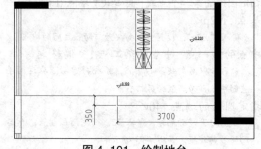

图 4-101　绘制地台

4. 标注地面材料

01 调用 MTEXT/MT 命令，标注地面材料名称，结果如图 4-102 所示。

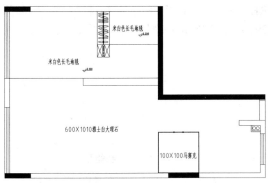

图 4-102 标注地面名称

02 调用 MLEADER/MLD 命令，标注地台地面材料名称，如图 4-103 所示。

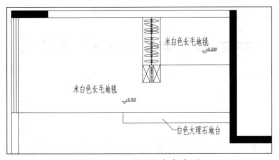

图 4-103 标注地台名称

5. 绘制客厅和厨房地面材料图例

客厅和厨房的地面材料均为 600mm×1040mm 雅士白大理石，这种地面做法可使用 LINE/L 命令和 OFFSET/O 命令绘制。

01 调用 LINE/L 命令，绘制如图 4-104 所示线段。

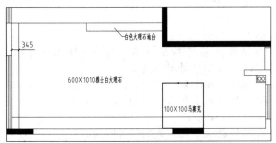

图 4-104 绘制线段

02 调用 OFFSET/O 命令，将线段进行偏移，如图 4-105 所示。

03 调用 TRIM/TR 命令，对地面进行修剪，效果如图 4-106 所示。

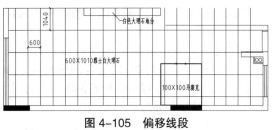

图 4-105 偏移线段

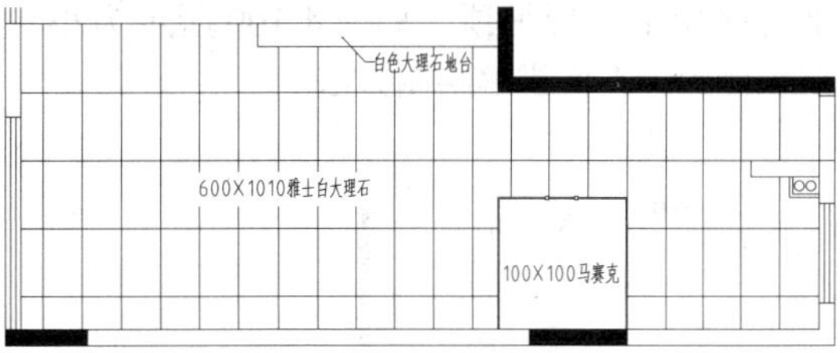

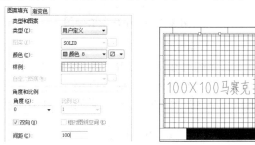

图 4-106 修剪线段

6. 绘制卫生间地面材料图例

卫生间的地面材料用 100mm×100mm 马赛克，调用 HATCH/H 命令，对卫生间区域填充"用户定义图案"，填充参数和效果如图 4-107 所示。

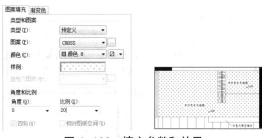

图 4-107 填充参数和效果

7. 绘制卧室、书房兼客房地面材料图例

卧室、书房兼客房地面材料为地毯，直接填充图案即可，填充参数和效果如图 4-108 所示，完成小户型地材图的绘制。

图 4-108 填充参数和效果

4.7 绘制小户型顶棚图

顶棚是指建筑空间上的覆盖层。顶棚图是用假想水平剖切面从窗台上方把房屋剖开，移去下面的部分后，向顶棚方向正投影所生成的图形。

顶棚图主要用于表示顶棚造型和灯具布置，同时也可反映室内空间组合的标高关系和尺寸等。其主要内容包括各种装饰图形、灯具、说明文字、尺寸和标高等。

本例现代风格小户型的吊顶比较简洁，大部分采用了矩形吊顶，如图 4-109 所示为小户型顶棚图，下面讲解绘制方法。

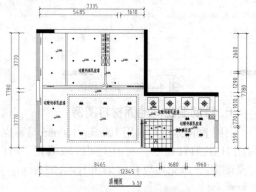

图 4-109　小户型顶棚图

1. 复制图形

顶棚图可在平面布置图的基础上绘制，调用 COPY/CO 命令，复制小户型平面布置图，删除与顶棚图无关的图形，效果如图 4-110 所示。

图 4-110　整理图形

2. 绘制墙体线

根据顶棚图形成原理，水平剖切面在门的位置，顶棚图中的门图形需要将门梁内外边缘表示出来，门页和开启方向可以省略，调用 LINE 命令，绘制线段连接门洞，如图 4-111 所示。

图 4-111　绘制墙体线

3. 绘制吊顶造型

01 设置【DD_吊顶】图层为当前图层。

02 绘制厨房吊顶。调用 RECTANG/REC 命令，在厨房位置绘制一个尺寸为 2950mm×2280mm 的矩形，如图 4-112 所示。

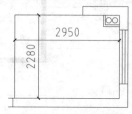

图 4-112　绘制矩形

03 绘制过道吊顶。调用 OFFSET/O 命令，绘制辅助线，如图 4-113 所示。

04 调用 RECTANG/REC 命令，以辅助线的交点为矩形的第一个角点，绘制边长为 800mm 的矩形，删除辅助线，如图 4-114 所示。

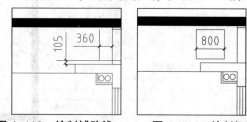

图 4-113　绘制辅助线　　　图 4-114　绘制矩形

05 调用 ARRAY/AR 命令，对所绘制的矩形进行阵列复制，命令行提示如下：

命令：ARRAY↵
　　// 调用阵列命令
选择对象：找到 1 个
　　// 选择所绘制的矩形
选择对象：输入阵列类型 [矩形 (R)/路径 (PA)/极轴 (PO)] < 极轴 >: R↵
　　// 选择矩形阵列方式
类型 = 矩形　关联 = 是
为项目数指定对角点或 [基点 (B)/角度 (A)/计数 (C)] < 计数 >: C↵
　　// 选择计数选项
输入行数或 [表达式 (E)] <4>: 1↵
　　// 输入行数为 1
输入列数或 [表达式 (E)] <4>: 4↵
　　// 输入列数为 4
指定对角点以间隔项目或 [间距 (S)] < 间距 >: S↵
　　// 选择间距选项
指定列之间的距离或 [表达式 (E)] <1331.9625>: -1200↵
　　// 指定列之间的距离为 -1200

按 Enter 键接受或 [关联 (AS)/ 基点 (B)/ 行 (R)/
列 (C)/ 层 (L)/ 退出 (X)]< 退出 >:↙

// 按 Enter 键结束绘制，阵列结果如图 4-115 所示

06 调用 LINE/L 命令，绘制窗帘盒，如图
4-116 所示。

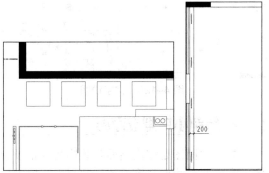

图 4-115　矩形阵列　图 4-116　绘制窗帘盒

07 绘制客厅吊顶。调用 RECTANG/REC
命令，绘制尺寸为 4800mm×3010mm 的矩形，
并移动到相应的位置，如图 4-117 所示。

08 调用 OFFSET/O 命令，将矩形向外偏移
100，设置为虚线表示灯带，如图 4-118 所示。

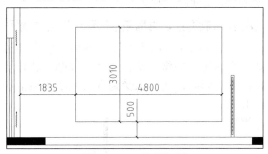

图 4-117　绘制矩形

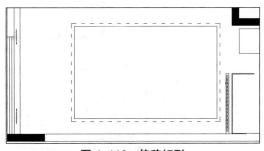

图 4-118　偏移矩形

09 绘制卧室和书房兼客房吊顶。调用
LINE/L 命令和 OFFSET/O 命令，绘制如图
4-119 所示的吊顶造型。

10 调用 FILLET/F 命令，对线段进行圆角，
命令选项如下：

命令 :FILLET↙

// 调用 FILLET 命令

当前设置 : 模式 = 修剪，半径 = 250.0000

选择第一个对象或 [放弃 (U)/ 多段线 (P)/ 半
径 (R)/ 修剪 (T)/ 多个 (M)]: r↙

指定圆角半径 <250.0000>: 250↙

// 设置圆角半径为 250mm

选择第一个对象或 [放弃 (U)/ 多段线 (P)/ 半
径 (R)/ 修剪 (T)/ 多个 (M)]:

选择第二个对象，或按住 Shift 键选择要应用
角点的对象 :

// 依次单击要圆角的线段，得到圆角结果如图 4-120 所示

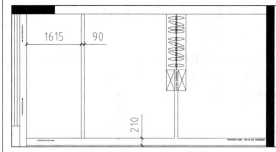

图 4-119　绘制吊顶造型

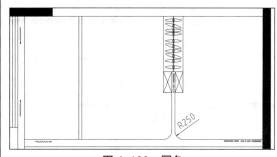

图 4-120　圆角

11 调用 OFFSET/O 命令，将圆角后的线
段进行偏移，效果如图 4-121 所示。

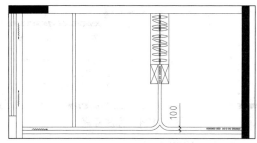

图 4-121　偏移

12 绘制卫生间吊顶。调用 HATCH 命令，
输入 T【设置】选项，对卫生间区域填充【用
户定义】图案，填充参数和效果如图 4-122 所示。

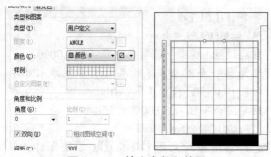

图 4-122　填充参数和效果

4. 布置灯具

打开配套资源中"第 4 章 \ 家具图例 .dwg"文件，将文件中的灯具图形复制到小户型顶棚图中，完成后的效果如图 4-123 所示。

5. 标注标高

调用 INSERT/I 命令，插入【标高】图块标注标高，效果如图 4-124 所示。

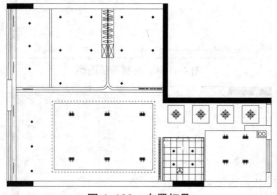

图 4-123　布置灯具

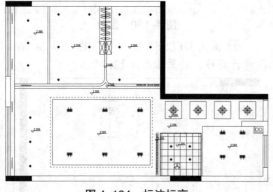

图 4-124　标注标高

6. 文字说明

调用 MLEADER/MLD 和 MTEXT/MT 命令，标注顶棚材料说明，完成后的效果如图4-125 所示，小户型顶棚图绘制完成。

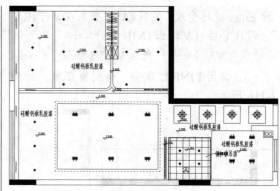

图 4-125　文字说明

4.8　绘制小户型立面图

施工立面图是室内墙面与装饰物的正投影图，它表明了墙面装饰的式样及材料、位置尺寸，墙面与门、窗、隔断的高度尺寸，墙与顶、地的衔接方式等。

立面图是装饰细节的体现，家居装饰风格在立面图中将得到充分的体现。本节分别以客厅、书房兼客房、过道和厨房立面为例，介绍现代风格立面图的画法。

4.8.1　绘制客厅、书房兼客房和过道 B 立面图

如图 4-126 所示为客厅、书房兼客房和过道 B 立面图，墙纸、珠帘和珠帘隔断、软包墙面和镜面墙面，使人感受到现代风格的简洁和实用。

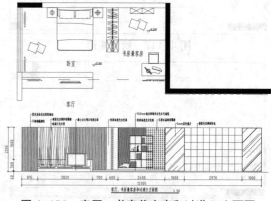

图 4-126　客厅、书房兼客房和过道 B 立面图

1. 复制图形

调用 COPY/CO 命令，复制小户型平面布置图上 B 立面的平面部分。

2. 绘制立面轮廓线

01 设置【LM_立面】图层为当前图层。

02 调用 LINE/L 命令，绘制 B 立面墙体的投影线，如图 4-127 所示。

03 继续调用 LINE/L 命令，在投影线下方绘制一条水平线段表示地面，如图 4-128 所示。

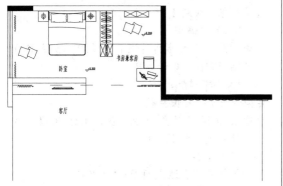

图 4-127 绘制墙体投影线

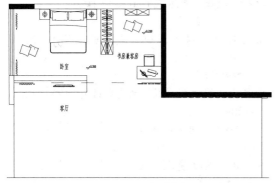

图 4-128 绘制地面

04 调用 OFFSET/O 命令，向上偏移地面，得到标高为 2200mm 的顶面，如图 4-129 所示。

05 调用 TRIM/TR 命令，修剪得到 B 立面外轮廓，并将线段转换至"QT_墙体"图层，如图 4-130 所示。

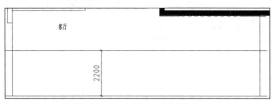

图 4-129 绘制顶面轮廓

图 4-130 修剪 B 立面外轮廓

3. 绘制电视柜

01 设置【LM_立面】图层为当前图层。

02 调用 PLINE/PL 命令，绘制多段线，如图 4-131 所示。

03 调用 RECTANG/REC 命令，绘制尺寸为 800mm×20mm 的矩形，并设置为虚线，如图 4-132 所示。

04 调用 CIRCLE/C 命令，在矩形的中间位置绘制半径为 15mm 的圆，如图 4-133 所示。

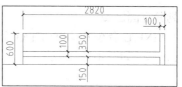

图 4-131 绘制多段线

图 4-132 绘制矩形　　图 4-133 绘制圆

05 调用 COPY/CO 命令，对矩形和圆进行复制，效果如图 4-134 所示。

图 4-134 复制矩形和圆

4. 绘制地台

调用 PLINE/PL 命令，绘制地台，如图 4-135 所示。

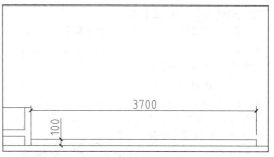

图 4-135 绘制地台

5. 绘制踢脚线

调用 LINE/L 命令，绘制踢脚线，如图 4-136 所示。

图 4-136　绘制踢脚线

6. 划分立面区域

调用 LINE/L 命令和 OFFSET/O 命令，为立面划分区域，如图 4-137 所示。

图 4-137　划分立面

7. 绘制珠帘隔断

01 调用 OFFSET/O 命令，偏移线段，如图 4-138 所示。

02 调用 LINE/L 命令，绘制如图 4-139 所示的线段。

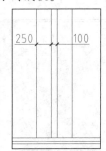

图 4-138　偏移线段

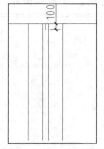

图 4-139　绘制线段

03 调用 ELLIPSE/EL 命令，绘制珠帘，命令选项如下：

命令：ELLIPSE↵

　　// 调用 ELLIPSE

指定椭圆的轴端点或 [圆弧 (A)/ 中心点 (C)]:

　　// 拾取线段的端点作为椭圆的端点

指定轴的另一个端点：65↵

　　// 向下移动光标定位到 270° 极轴追踪线上，输入椭圆长轴尺寸 65

指定另一条半轴长度或 [旋转 (R)]：17↵

　　// 水平向右移动光标，输入 17，确定椭圆另一条半轴长度，如图 4-140 所示

图 4-140　绘制椭圆

04 调用 ARRAY/AR 命令，对绘制的椭圆进行阵列，命令行提示如下：

命令：ARRAY↵

　　// 调用阵列命令

选择对象：找到 1 个

　　// 选择绘制的椭圆

选择对象：输入阵列类型 [矩形 (R)/ 路径 (PA)/ 极轴 (PO)] < 矩形 >:R↵

　　// 输入 "R" 选择矩形阵列

类型 = 矩形　关联 = 是

为项目数指定对角点或 [基点 (B)/ 角度 (A)/ 计数 (C)] < 计数 >:C↵

　　// 选择计数选项

输入行数或 [表达式 (E)] <4>: 20↵

　　// 输入行数为 20

输入列数或 [表达式 (E)] <4>: 1↵

　　// 输入列数为 1

指定对角点以间隔项目或 [间距 (S)] < 间距 >:S↵

　　// 选择间距选项

指定行之间的距离或 [表达式 (E)] <125.2835>: -100↵

　　// 输入行之间的距离为 -100

按 Enter 键接受或 [关联 (AS)/ 基点 (B)/ 行 (R)/ 列 (C)/ 层 (L)/ 退出 (X)] < 退出 >:↵

　　// 按 Enter 键结束绘制，阵列结果如图 4-141 所示

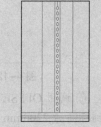

图 4-141　矩形阵列

8. 绘制床垫

调用 LINE/L 命令，绘制线段表示床垫，如图 4-142 所示。

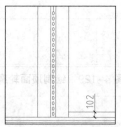

图 4-142　绘制线段

9. 绘制书架

01 调用 PLINE/PL 命令，绘制书架轮廓，如图 4-143 所示。

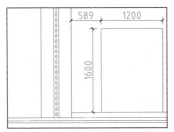

图4-143 绘制书架轮廓

02 调用 LINE/L 命令和 OFFSET/O 命令，绘制线段，如图 4-144 所示。

03 继续调用 LINE/L 命令和 OFFSET/O 命令，细化书架，如图 4-145 所示。

04 调用 COPY/CO 命令，复制珠帘，结果如图 4-146 所示。

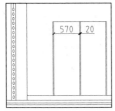 

图4-144 绘制线段　　图4-145 细化书架

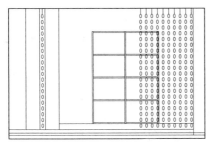

图4-146 复制珠帘

10. 绘制镜片

01 调用 RECTANG/REC 命令，绘制镜片轮廓，如图 4-147 所示。

02 调用 OFFSET/O 命令，将矩形向内偏移 10mm，如图 4-148 所示。

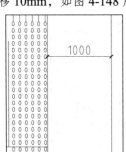 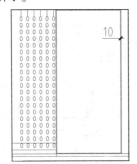

图4-147 绘制镜片轮廓　　图4-148 偏移矩形

03 调用 HATCH/H 命令，在矩形内填充【AR-RROOF】图案，填充参数和效果如图 4-149 所示。

 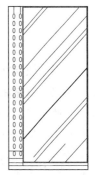

图4-149 填充参数和效果

04 调用 COPY/CO 命令，对镜片进行复制，得到右侧同样造型的图案，如图 4-150 所示。

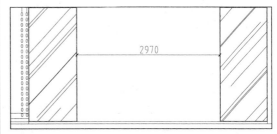

图4-150 复制镜片

11. 绘制软包

调用 LINE/L 命令和 OFFSET/O 命令，绘制软包造型，如图 4-151 所示。

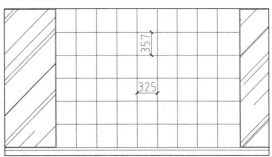

图4-151 绘制软包

12. 插入图块

按 Ctrl+O 快捷键，打开配套资源提供的"第 4 章\家具图例 .dwg"文件，选择其中的电视、纱帘、抱枕、装饰品和书籍等图块，将其复制至立面区域，并对图形相交的位置进行修剪，结果如图 4-152 所示。

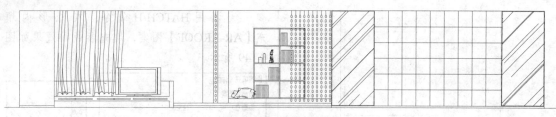

图 4–152　插入图块

当图块与立面图形重叠时，应修剪被遮挡的图形，以体现前后的层次关系。

13. 填充墙面

调用 HATCH/H 命令，对 B 立面墙面填充【ANSI32】图案，填充效果如图 4-153 所示。

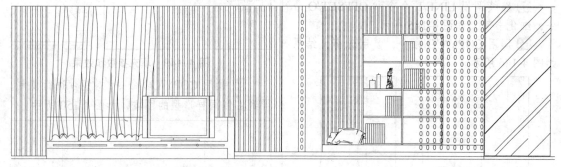

图 4–153　填充墙面

14. 标注尺寸和材料说明

01 设置【BZ- 标注】图层为当前图层。设置当前注释比例为 1：50。

02 调用 DIM 命令，标注尺寸，本图应在垂直方向和水平方向分别进行标注，标注结果如图 4-154 所示。

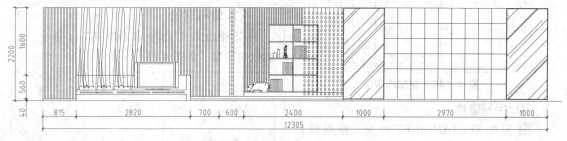

图 4–154　尺寸标注

03 调用 MLEADER/MLD 命令进行材料标注，标注结果如图 4-155 所示。

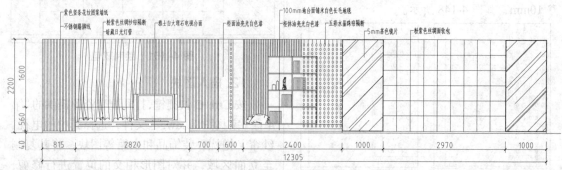

图 4–155　文字标注

15. 插入图名

调用 INSERT 命令，插入【图名】图块，设置 B 立面图名称为"客厅、书房兼客房和过道 B 立面图"，客厅、书房兼客房和过道 B 立面图绘制完成。

4.8.2 绘制厨房 B 立面图

厨房 B 立面图主要表达了吧台、酒架和橱柜的装饰做法、尺寸和材料等，如图 4-156 所示。下面讲解绘制方法。

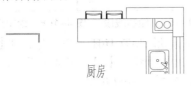

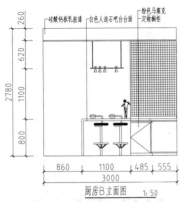

图 4-156 厨房 B 立面图

1. 复制图形

调用 COPY/CO 命令，复制小户型平面布置图上厨房 B 立面的平面部分。

2. 绘制立面基本轮廓

01 设置【QT_墙体】图层为当前图层。

02 调用 RECTANG/REC 命令，绘制尺寸为 3000mm×2780mm 的矩形表示立面的外轮廓，如图 4-157 所示。

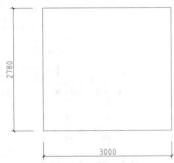

图 4-157 绘制矩形

3. 绘制橱柜

01 设置"LM_立面"图层为当前图层。

02 调用 LINE/L 命令和 OFFSET/O 命令，绘制橱柜基本轮廓，如图 4-158 所示。

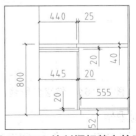

图 4-158 绘制橱柜基本轮廓

03 调用 LINE/L 命令，绘制折线，表示柜门开启方向，并将线段设置为虚线，如图 4-159 所示。

04 绘制柜门转角造型。调用 PLINE 命令，绘制多段线，如图 4-160 所示。

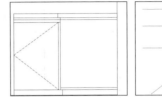

图 4-159 绘制折线　　图 4-160 绘制多段线

05 调用 FILLET/F 命令，对多段线进行圆角，圆角半径为 1.5mm，如图 4-161 所示。

06 调用 RETANG/REC 命令，绘制矩形，如图 4-162 所示。

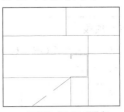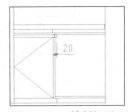

图 4-161 圆角　　图 4-162 绘制矩形

4. 绘制吧台

01 调用 PLINE/PL 命令，绘制多段线，如图 4-163 所示。

图 4-163 绘制多段线

02 调用 OFFSET/O 命令，将多段线向内偏移 40mm，如图 4-164 所示。

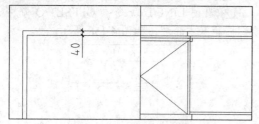

图 4-164　偏移多段线

5. 绘制酒架

01 调用 LINE/L 命令和 OFFSET/O 命令，绘制线段，如图 4-165 所示。

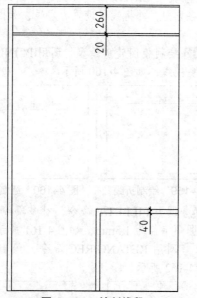

图 4-165　绘制线段

02 调用 RECTANG/REC 命令和 COPY/CO 命令，绘制酒架，如图 4-166 所示。

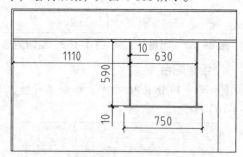

图 4-166　绘制酒架

6. 绘制墙面

01 调用 LINE/L 命令，绘制如图 4-167 所示的线段。

02 调用 LINE/L 命令和 FILLET/F 命令，绘制挡板造型，如图 4-168 所示。

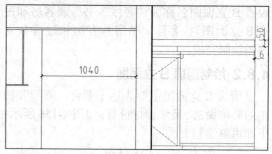

图 4-167　绘制线段　　图 4-168　绘制挡板造型

03 调用 HATCH/H 命令，输入 T【设置】选项，对墙面填充【用户定义】图案，填充参数和效果如图 4-169 所示。

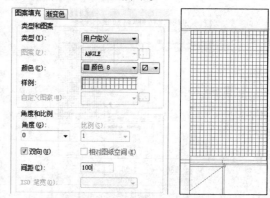

图 4-169　填充参数和效果

7. 插入图块

从图库中插入酒杯、吧椅和装饰品等图形，将其复制至立面区域，结果如图 4-170 所示。

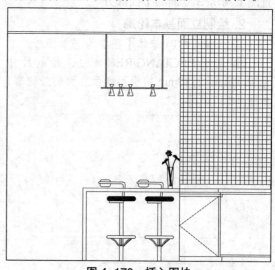

图 4-170　插入图块

8. 标注尺寸和材料说明

01 设置【BZ-标注】为当前图层。设置当前注释比例为 1:50。

02 调用 DIM 命令，标注尺寸，本图应该在垂直方向和水平方向分别进行标注，标注结果如图 4-171 所示。

03 调用 MLRADER/MLD 命令进行材料标注，标注结果如图 4-172 所示。

4.8.3 绘制卧室 A 立面图

如图 4-173 所示为卧室 A 立面图，下面讲解绘制方法。

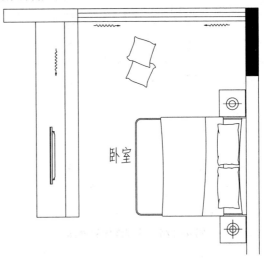

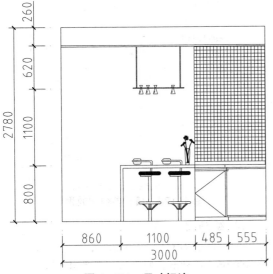

图 4-171　尺寸标注

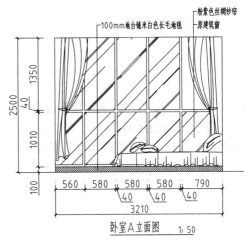

图 4-173　卧室 A 立面图

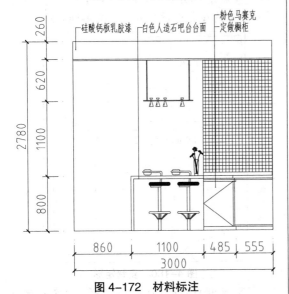

图 4-172　材料标注

9. 插入图名

调用 INSERT/I 命令，插入【图名】图块，设置名称为"厨房 B 立面图"。厨房 B 立面图绘制完成。

1. 复制图形

调用 COPY/CO 命令，复制平面布置图上卧室 A 立面的平面部分，并对图形进行旋转。

2. 绘制 A 立面基本轮廓

01 设置"LM_立面"图层为当前图层。

02 调用 LINE/L 命令，应用投影法绘制卧室 A 立面左侧和右侧轮廓线以及地面，结果如图 4-174 所示。

03 调用 OFFSET/O 命令，向上偏移地面线 2500mm，得到顶面，如图 4-175 所示。

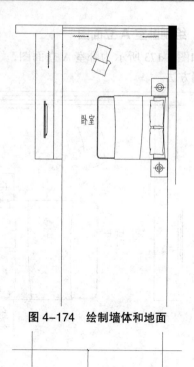

图 4-174　绘制墙体和地面

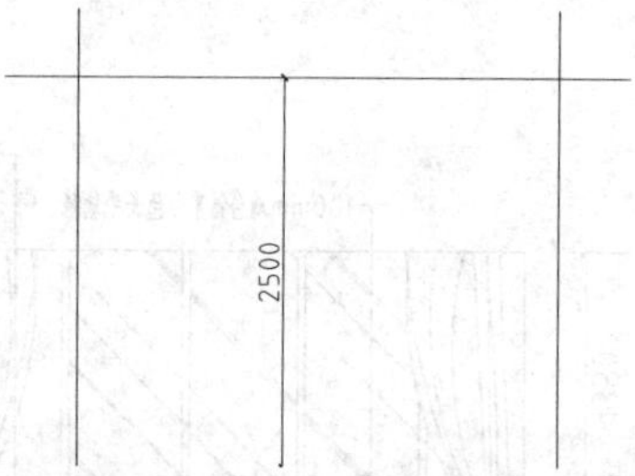

图 4-175　绘制顶面

04 调用 TRIM/TR 命令，修剪出 A 立面外轮廓线，并转换至"QT_墙体"图层，结果如图 4-176 所示。

图 4-176　修剪线段

3. 绘制地台

01 调用 LINE/L 命令，绘制线段，如图 4-177 所示。

图 4-177　绘制线段

02 调用 HATCH 命令，输入 T【设置】选项，对线段下方填充【ANSI31】图案，填充参数和效果如图 4-178 所示。

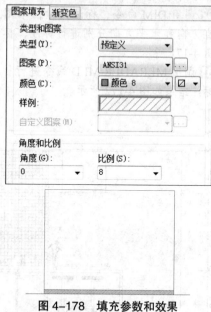

图 4-178　填充参数和效果

4. 绘制窗

01 调用 RECTANG/REC 命令，绘制尺寸为 580mm×1350mm 的矩形，如图 4-179 所示。

02 调用 COPY/CO 命令，对矩形进行复制，并对多余的线段进行修剪，如图 4-180 所示。

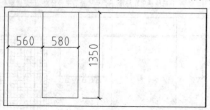

图 4-179　绘制矩形

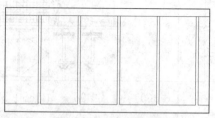

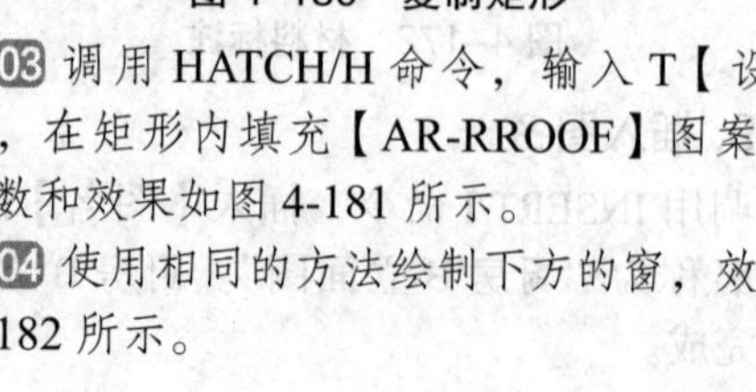

图 4-180　复制矩形

03 调用 HATCH/H 命令，输入 T【设置】选项，在矩形内填充【AR-RROOF】图案，填充参数和效果如图 4-181 所示。

04 使用相同的方法绘制下方的窗，效果如图 4-182 所示。

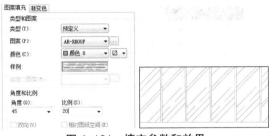

图 4-181 填充参数和效果

图 4-182 绘制窗

5. 插入图块

从图库中插入床、窗帘和枕头等图形，将其复制至立面区域，并进行修剪，效果如图 4-183 所示。

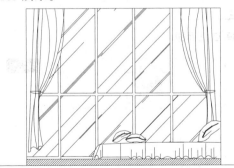

图 4-183 插入图块

6. 标注尺寸和文字说明

使用前面所学方法标注尺寸和材料说明，完成后的结果如图 4-184 所示。

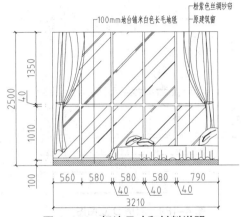

图 4-184 标注尺寸和材料说明

4.8.4 绘制其他立面图

客厅和餐厅 D 立面图、卫生间 A 立面图、厨房和卫生间 D 立面图和书房兼客房 A 立面图如图 4-185、图 4-186、图 4-187、图 4-188 和图 4-189 所示，其绘制方法比较简单，请读者参考前面讲解的方法进行绘制。

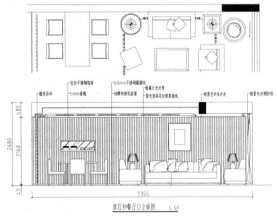

图 4-185 客厅和餐厅 D 立面图

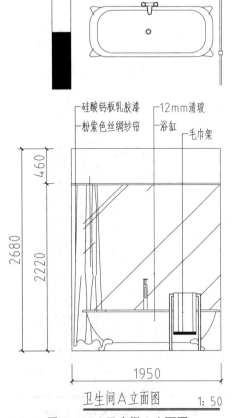

图 4-186 卫生间 A 立面图

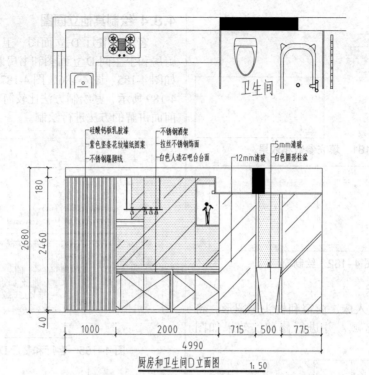

厨房和卫生间D立面图 1:50

图 4-187 厨房和卫生间 D 立面图

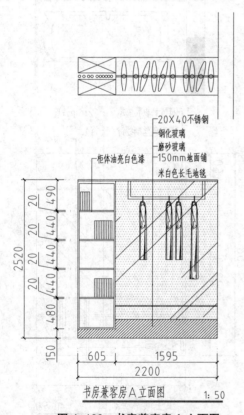

书房兼客房A立面图 1:50

图 4-188 书房兼客房 A 立面图

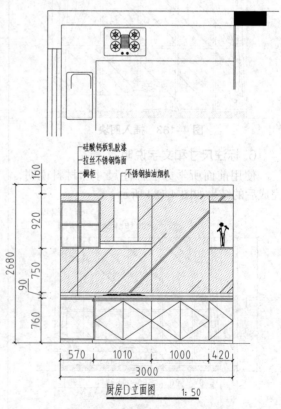

厨房D立面图 1:50

图 4-189 厨房 D 立面图

第 5 章

日式风格两居室室内设计

本章导读

　　日式风格讲究空间的流动与分隔，流动归为一室，分隔则分为几个功能空间。传统的日式风格将自然界的材质大量用于室内色装饰中，以淡雅节制、深邃禅意为境界，重视居住空间的实际功能。

本章重点

◇ 日式风格概述

◇ 调用样板新建文件

◇ 绘制两居室原始户型图

◇ 墙体改造

◇ 绘制两居室平面布置图

◇ 绘制两居室地材图

◇ 绘制两居室顶棚图

◇ 绘制两居室立面图

5.1 日式风格概述

日式风格的特点是淡雅和间接，一般采用清晰的线条，使居室的布置给人带来优雅、干净、有较强的几何立体感，如图5-1所示。

5.1.1 日式风格设计要素

● 墙壁饰面材料一般采用浅色素面暗纹壁纸饰面，顶面饰面材料一般采用深色的木纹顶纸饰面。

● 可采用实木装饰吊顶，体现出典雅、华贵的特色。还可以采用一种颇有新意的饰材竹席进行吊顶，营造出自然、朴实的风格。

● 家具常用材料有山毛榉、桦木、柏木、杉木、松木、胡桃木、紫檀、桃花芯木和香枝木等。

5.1.2 日式风格特点

日式风格的一个重要特点是它的自然性。它常以自然界的材料作为装饰材料，采用木、竹、树皮、草、泥土、石等，既讲究材质的选用和结构的合理性，又充分地展示其天然的材质之美，木造部分只单纯地刨出木料的本色，再以镀金或铜的用具加以装饰，体现人与自然的融合。日式客厅以平淡节制、清雅脱俗为主；造型以直线为主，线条比较简洁，一般不多加繁琐的装饰，更重视实际的功能，如图5-2所示。

图 5-1　日式风格

图 5-2　日式风格

5.2 调用样板新建文件

本书第3章创建了室内装潢施工图样板，该样板已经设置了相应的图形单位、样式、图层和图块等，原始户型图可以直接在此样板的基础上进行绘制。

01 调用 NEW【新建】命令，打开【选择样板】对话框，选择【室内装潢施工图】模板，如图5-3所示。

图 5-3　【选择样板】对话框

02 单击【打开】按钮，以样板创建图形，新图形中包含了样板中创建的图层、样式和图块等内容。

03 调用 QSAVE【保存】命令，打开【图形另存为】对话框，在【文件名】框中输入文件名，单击【保存】按钮保存图形。

5.3 绘制两居室原始户型图

如图5-4所示为本例两居室原始户型图，下面讲解绘制方法。

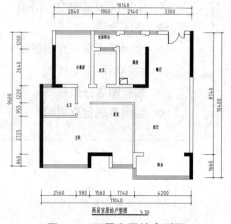

图 5-4　两居室原始户型图

5.3.1 绘制轴线

如图 5-5 所示为绘制完成的轴网，下面讲解绘制方法。

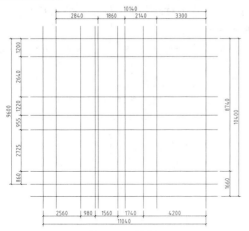

图 5-5 轴网

01 设置【ZX_ 轴线】图层为当前图层。

02 调用 LINE/L 命令，在图形窗口中绘制长度为 12000mm（略大于原始平面尺寸）的水平线段，确定水平方向尺寸范围如图 5-6 所示。

03 调用 LINE/L 命令，在如图 5-7 所示位置绘制长约 11000 的垂直线段，确定垂直方向尺寸范围。

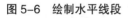

图 5-6 绘制水平线段

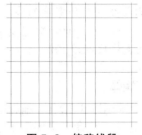

图 5-7 绘制垂直线段

04 调用 OFFSET/O 命令，根据如图 5-5 所示尺寸，依次向右偏移上开间、下开间墙体的垂直轴线和依次向上偏移上进深、下进深墙体水平轴线，结果如图 5-8 所示。

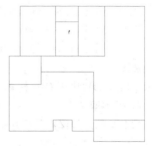

图 5-8 偏移线段

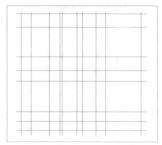

图 5-9 绘制辅助矩形

5.3.2 标注尺寸

01 设置【BZ_ 标注】图层为当前图层，设置当前注释比例为 1:100。

02 调用 RECTANG/REC 命令，绘制一个矩形，将轴线框在矩形内，如图 5-9 所示。

03 调用 DIM 命令，标注尺寸，然后删除矩形，结果如图 5-10 所示。

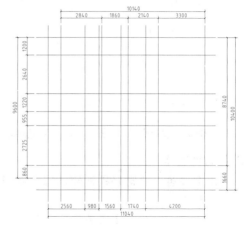

图 5-10 标注尺寸

5.3.3 修剪轴线

绘制的轴网需要修剪成墙体结构，以方便将来使用多线命令绘制墙体图形。修剪轴线可使用 TRIM/TR 命令，也可使用拉伸夹点法。轴网修剪后的效果如图 5-11 所示。这里介绍如何使用拉伸夹点法。

图 5-11 修剪轴线

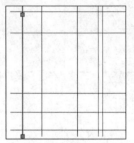

| 图 5-12　选择线段 | 图 5-13　拉伸线段 |

01 选择最左侧垂直线段，如图 5-12 所示，单击选择线段下端的夹点，垂直向上移动光标到尺寸 860mm 的轴线下端，当出现"交点"捕捉标记时单击鼠标，如图 5-13 所示，确定线段端点的位置，如图 5-14 所示。

02 使用拉伸夹点法修剪轴线，完成后的效果如图 5-15 所示。

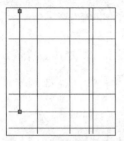

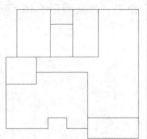

| 图 5-14　确定线段端点 | 图 5-15　修剪轴线 |

5.3.4　绘制墙体

使用多线可以非常轻松地绘制墙体图形，具体操作步骤如下：

01 设置【QT_墙体】图层为当前图层。

02 调用 MLINE/ML 命令，命令选项如下：

```
命令 :MLINE↙
    // 调用 MLINE 命令
当前设置：对正 = 上，比例 = 1.00，样式 =
STANDARD
指定起点或 [ 对正 (J)/ 比例 (S)/ 样式 (ST)]: S↙
    // 选择"比例 (S)"选项
输入多线比例 <1.00>: 240↙
    // 按照墙体厚度，设置多线比例为 240
当前设置：对正 = 上，比例 = 240.00，样式 =
STANDARD
指定起点或 [ 对正 (J)/ 比例 (S)/ 样式 (ST)]: J↙
    // 选择"对正 (J)"选项
输入对正类型 [ 上 (T)/ 无 (Z)/ 下 (B)]< 上 >: z↙
    // 选择"无 (Z)"选项
```

```
当前设置：对正 = 无，比例 = 240.00，样式 =
STANDARD// 捕捉并单击左上角的轴线交
点为多线的起点，如图 5-16 所示
指定起点或 [ 对正 (J)/ 比例 (S)/ 样式 (ST)]:
指定下一点 :
    // 捕捉并单击右上角的轴线交点为多线的第二个端点，
    如图 5-17 所示
指定下一点或 [ 放弃 (U)]:
    // 继续指定多线端点，绘制外墙体如图 5-18 所示
```

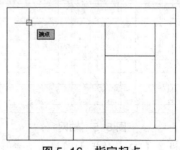

图 5-16　指定起点

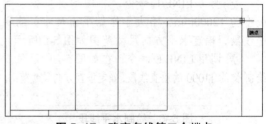

图 5-17　确定多线第二个端点

03 调用 MLINE/ML 命令，绘制其他墙线，如图 5-19 所示。

| 图 5-18　绘制外墙体 | 图 5-19　绘制内墙体 |

技巧

如果需要绘制其他宽度的墙体，重新设置多线的比例即可，如绘制宽度 120mm 的墙体就设置多线比例为 120。

5.3.5　修剪墙体

本节介绍调用 MLEDIT（编辑多线）命令修剪墙线的方法，该命令主要用于编辑多线相

交或相接部分。例如，多线与多线之间的边与
断开位置。下面介绍编辑多线的方法。

01 在命令行中输入 MLEDIT，并按 Enter
键，打开如图 5-20 所示的【多线编辑工具】对
话框，该对话框第一列用于处理十字交叉的多
线；第二列用于处理 T 形交叉的多线；第三列
用于处理角点连接和顶点；第四列用于处理多
线的剪切和结合。单击第一行第三列的【角点
结合】样例图标，然后按系统提示进行如下操作：

命令 :MLEDIT↙

    // 调用 MLEDIT 命令

选择第一条多线 :

选择第二条多线 :

    // 分别单击选择如图 5-21 所示左侧虚线框内的多线，
    得到的修剪效果如图 5-22 所示

选择第一条多线 或 [放弃 (U)]:↙

    // 按 Enter 键退出命令，或继续单击要修剪的多线

图 5-20 【多线编辑工具】对话框

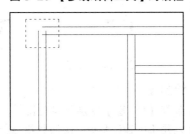

图 5-21 修剪虚线框内的多线

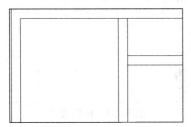

图 5-22 修剪结果

使用 MLEDIT 命令编辑多线时，确定多
线没有使用 EXPLODE 命令分解。

02 调用 MLEDIT 命令，在【多线编辑工
具】对话框中选择第二列第二行的【T 形打开】
样例图标，然后分别单击如图 5-23 所示虚线框
内的多线（先单击水平多线，再单击垂直多线），
得到的修剪效果如图 5-24 所示。

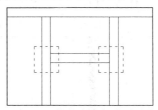

图 5-23 修剪虚线框内的线段

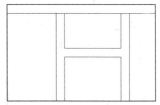

图 5-24 T 形打开方式修剪

03 使用其他编辑方法修剪墙线，得到结果
如图 5-25 所示。

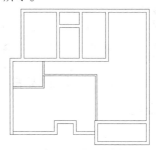

图 5-25 修剪墙体

在使用 MLINE/ML 命令绘制墙体的过程
中，可能会遇到不同宽度的墙体不能对齐的问
题，如图 5-26 所示，此时可以在分解墙体多线
后使用 MOVE/M 命令手动将墙体线对齐。

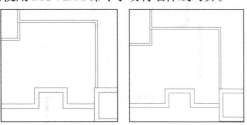

图 5-26 对齐墙体

5.3.6 绘制承重墙

在平面图中表示出承重墙的位置是很有必要的，这对墙体的改造具有重要的参考价值。承重墙可使用填充的实体表示。

承重墙可使用实体填充图案表示，下面介绍承重墙的绘制方法。

01 调用 LINE/L 命令，在承重墙上绘制线段得到一个闭合的区域，如图 5-27 所示。

02 调用 HATCH/H 命令，在承重墙内填充【SOLID】图案，填充效果如图 5-28 所示。

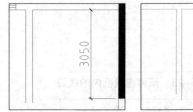

图 5-27　绘制线段　　图 5-28　填充承重墙

03 使用相同的方法绘制其他承重墙，结果如图 5-29 所示。

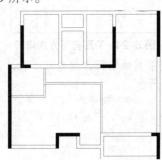

图 5-29　绘制其他承重墙

5.3.7 绘制门窗

1. 开门洞

先使用 OFFSET/O 命令偏移墙体线，绘制出洞口边界线，然后使用 TRIM/TR 命令修剪出门洞，效果如图 5-30 所示。

图 5-30　开门洞

2. 绘制双开门

01 调用 INSERT/I 命令，插入门图块，如图 5-31 所示。

02 调用 MIRROR/MI 命令，镜像复制出另一扇门，并将门缩小，效果如图 5-32 所示。

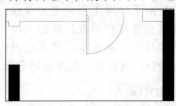

图 5-31　插入门图块

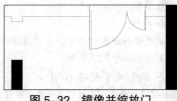

图 5-32　镜像并缩放门

3. 开窗洞

开窗洞的方法与开门洞的方法基本相同，这里就不再详细地讲解了，效果如图 5-33 所示。

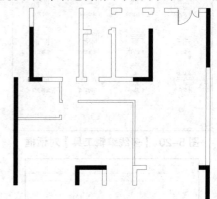

图 5-33　开窗洞

4. 绘制窗

01 设置【C_窗】图层为当前图层。

02 调用 LINE/L 命令，绘制线段连接墙体，如图 5-34 所示。

图 5-34　绘制线段

03 调用 OFFSET/O 命令，连续偏移绘制的线段3次，偏移的距离为80mm，得出窗图形，如图5-35所示。

[04] 使用上述方法绘制其他窗，效果如图5-36所示。

图5-35　偏移线段

图5-36　绘制其他窗

5. 绘制阳台

[01] 调用 PLINE/PL 命令，绘制多段线，如图5-37所示。

[02] 调用 OFFSETT/O 命令，对多段线进行偏移，效果如图5-38所示。

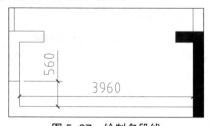

图5-37　绘制多段线

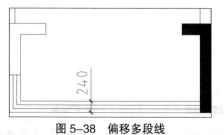

图5-38　偏移多段线

5.3.8 文字标注

单击【注释】面板中的【多行文字】按

钮 A ，或者在命令行中输入多行文字命令MTEXT/MT，标注房间名称和功能分区，结果如图5-39所示。

图5-39　文字标注

5.3.9 绘制图名和管道

调用 INSERT/I 命令插入"图名"图块。需要注意的是，应将当前注释比例设置为1:100，使之与整个注释比例相符，结果如图5-4所示。

调用 RECTANG/REC 命令、OFFSET/O 命令和 LINE/L 命令绘制下水道，两居室原始户型图绘制完成。

5.4 墙体改造

墙体改造的位置在茶室的墙体，本例是两居室空间，主卧的空间比较大，所以从主卧区域中划分出一个茶室，改造后的空间如图5-40所示，下面讲解墙体改造的绘制方法。

图5-40　改造后的空间

[01] 调用 LINE/L 命令，绘制线段，如图5-41所示。

02 调用 TRIM/TR 命令，修剪线段右侧的多余线段，效果如图 5-42 所示。

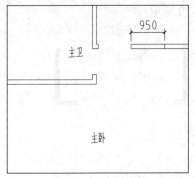

图 5-41　绘制线段

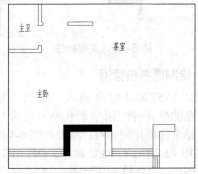

图 5-42　修剪线段

5.5　绘制两居室平面布置图

本节将采用各种方法，逐步完成日式风格两居室各空间平面布置图的绘制，绘制完成的平面布置图如图 5-43 所示。

图 5-43　两居室平面布置图

5.5.1　绘制茶室平面布置图

茶室平面布置图如图 5-44 所示，茶室设置了书架、榻榻米和实木推拉门。

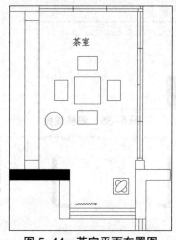

图 5-44　茶室平面布置图

1. 复制图形

平面布置图可在原始户型图的基础上进行绘制，调用 COPY/CO 命令，复制两居室原始户型图。

2. 绘制书架

01 设置【JJ_ 家具】图层为当前图层。

02 调用 LINE/L 命令，绘制线段，如图 5-45 所示。

03 调用 OFFSET/O 命令，将线段向左侧偏移 320mm，得到书架的厚度，如图 5-46 所示。

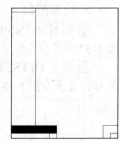

图 5-45　绘制线段

04 调用 LINE/L 命令，绘制如图 5-47 所示线段。

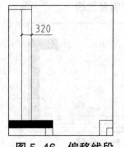

图 5-46　偏移线段

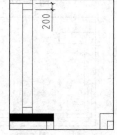

图 5-47　绘制线段

3. 绘制实木推拉门

01 调用 PLINE/PL 命令，绘制如图 5-48

所示的多段线。

02 调用 PLINE/PL 命令，绘制多段线，如图 5-49 所示。

03 调用 OFFSET/O 命令，将多段线向内偏移 120mm，如图 5-50 所示。

04 调用 LINE/L 命令和 OFFSET/O 命令，细化推拉门，如图 5-51 所示。

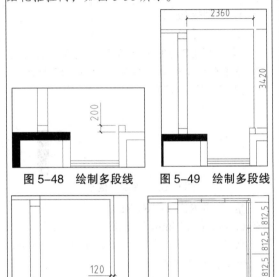

图 5-48 绘制多段线　　图 5-49 绘制多段线

图 5-50 偏移多段线　　图 5-51 细化推拉门

4. 绘制榻榻米

01 调用 RECTANG/REC 命令，绘制尺寸为 600mm×600mm 的矩形，并移动到相应的位置，如图 5-52 所示。

02 调用 RECTANG/REC 命令，绘制尺寸为 450mm×300mm 的矩形，如图 5-53 所示。

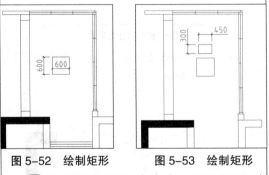

图 5-52 绘制矩形　　图 5-53 绘制矩形

03 调用 COPY/CO 命令和 ROTATE/RO 命令，对矩形进行复制和旋转，效果如图 5-54

所示。

04 调用 CIRCLE/C 命令，绘制半径为 200mm 的圆，如图 5-55 所示。

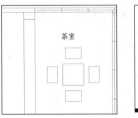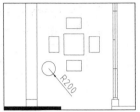

图 5-54 复制和旋转矩形　　图 5-55 绘制圆

5. 绘制窗帘

调用 PLINE//PL 命令，绘制窗帘，如图 5-56 所示。

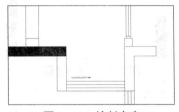

图 5-56 绘制窗帘

6. 插入图块

从本书资源中调入装饰台到茶室中，效果如图 5-44 所示。

5.5.2 绘制客厅和餐厅平面布置图

客厅和餐厅平面布置图如图 5-57 所示，餐厅设置了实木隔断、餐桌椅，客厅设置了电视柜、电视、沙发组、窗帘和通往阳台的推拉门。

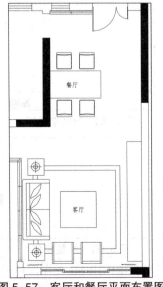

图 5-57 客厅和餐厅平面布置图

1. 绘制实木隔断

01 调用 RECTANG/REC 命令，绘制尺寸为 715mm×50mm 的矩形，如图 5-58 所示。

02 调用 COPY/CO 命令，对矩形进行复制，得到的效果如图 5-59 所示。

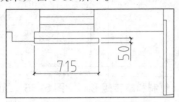

图 5-58 复制矩形

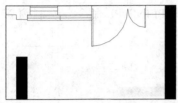

图 5-59 复制矩形

2. 绘制电视柜

调用 PLINE/PL 命令，绘制电视柜，如图 5-60 所示。

3. 绘制窗帘

01 调用 PLINE/PL 命令，绘制窗帘，如图 5-61 所示。

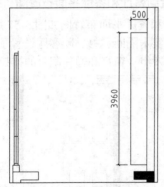

图 5-60 绘制电视柜

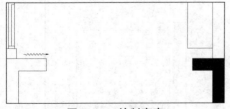

图 5-61 绘制窗帘

02 调用 MIRROR/MI 命令，对窗帘图形进行镜像，如图 5-62 所示。

图 5-62 镜像窗帘

4. 绘制推拉门

01 设置【M_门】图层为当前图层。

02 调用 LINE/L 命令在推拉门洞口内（客厅通往阳台处）绘制门槛线，如图 5-63 所示。

图 5-63 绘制门槛线

03 调用 RECTANG/REC 命令，在门槛线内绘制 50mm×775mm 的矩形，如图 5-64 所示。

04 调用 LINE/L 命令和 OFFSET/O 命令，细化矩形，如图 5-65 所示。

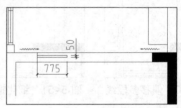

图 5-64 绘制矩形

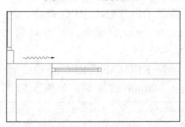

图 5-65 细化矩形

05 调用 COPY/CO 命令，对矩形进行复制，使其效果如图 5-66 所示。

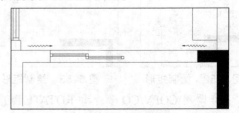

图 5-66 复制矩形

06 调用 MIRROR/MI 命令，对图形进行镜像，效果如图 5-67 所示，推拉门绘制完成。

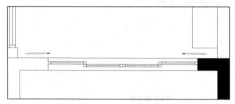

图 5-67　镜像图形

5. 插入图块

从配套资源中调入沙发组和餐桌椅到客厅和餐厅中，结果如图 5-57 所示。

5.5.3 绘制小孩房平面布置图

小孩房平面布置图如图 5-68 所示，下面讲解绘制方法。

1. 绘制门

调用 INSERT/I 命令，插入【门（1000）】图块，如图 5-69 所示。

图 5-68　小孩房平面布置图　　图 5-69　插入门图块

2. 绘制窗帘

01 调用 PLINE/PL 命令，绘制窗帘，如图 5-70 所示。

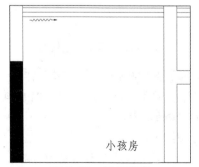

图 5-70　绘制窗帘

02 调用 MIRROR/MI 命令，将窗帘镜像到另一侧，如图 5-71 所示。

03 调用 LINE/L 命令，绘制线段，表示窗

帘盒，如图 5-72 所示。

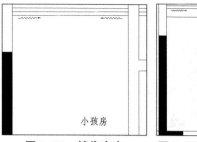 

图 5-71　镜像窗帘　　图 5-72　绘制窗帘盒

3. 绘制书桌和床沿

01 调用 OFFSET/O 偏移线，偏移距离为 600mm，得到书桌的宽度，如图 5-73 所示。

图 5-73　偏移线段　　图 5-74　划分书桌

02 调用 LINE/L 命令，划分书桌，如图 5-74 所示。

03 调用 PLINE/PL 命令，在左侧装饰柜中绘制线段，如图 5-75 所示。

04 调用 PLINE/PL 命令，绘制多段线表示床沿，如图 5-76 所示。

图 5-75　绘制线段　　图 5-76　绘制床沿

4. 绘制衣柜

01 调用 RECTANG/REC 命令，绘制尺寸为 1300mm×600mm 的矩形，表示衣柜轮廓，如图 5-77 所示。

02 调用 EXPLODE/X 命令，对矩形进行分解。

03 调用 OFFSET/O 命令，将分解后的线段向内偏移，然后对线段进行调整，效果如图 5-78 所示。

图 5-77　绘制矩形

图 5-78　偏移线段

04 调用 PLINE/PL 命令和 OFFSET/O 命令，绘制挂衣杆，如图 5-79 所示。

05 调用 RECTANG/REC 命令，绘制 35mm×500mm 的矩形，表示衣架，如图 5-80 所示。

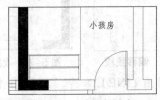

图 5-79　绘制挂衣杆

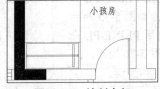

图 5-80　绘制衣架

06 调用 COPY/CO 命令和 ROTATE/RO 命令，对衣架图形进行调整，使其效果更为形象、生动，如图 5-81 所示。

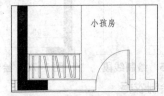

图 5-81　调整衣架图形

5. 插入图块

按 Ctrl+O 快捷键，打开配套资源提供的"第 5 章 \ 家具图例 .dwg"文件，选择其中的床垫和椅子图块，将其复制至小孩房区域，如图

5-68 所示，小孩房平面布置图绘制完成。

5.5.4　插入立面指向符号

当平面布置图绘制完成后，即可调用 INSERT 命令，插入"立面指向符"图块，并输入立面编号即可，效果如图 5-82 所示。

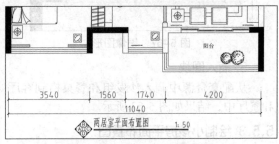

图 5-82　插入立面指向符号

5.6　绘制两居室地材图

日式风格两居室地材图如图 5-83 所示，使用了地砖、木地板、防滑砖和鹅卵石等地面材料。

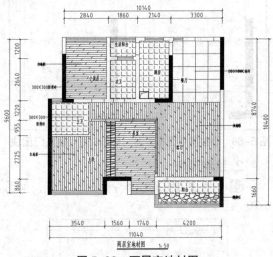

图 5-83　两居室地材图

5.6.1　绘制客厅和餐厅及过道地材图

客厅、餐厅及过道地材图如图 5-84 所示，下面讲解绘制方法。

1. 复制图形

01 地材图可以在平面布置图的基础上进行绘制，调用 COPY/CO 命令，将两居室平面布置图复制一份。

02 删除平面布置图中与地材图无关的图形，效果如图 5-85 所示。

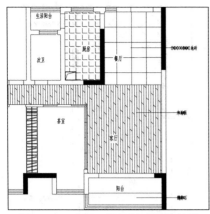

图 5-84 客厅、餐厅及过道地材图

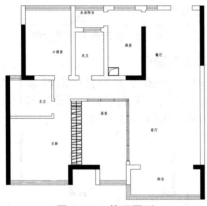

图 5-85 整理图形

2. 绘制门槛线

⓵ 设置【DM_地面】图层为当前图层。

⓶ 调用 LINE/L 命令，在门洞内绘制门槛线，效果如图 5-86 所示。

图 5-86 绘制门槛线

5.6.2 绘制地面材质图例

⓵ 调用 LINE/L 命令，绘制客厅与餐厅的分隔线，如图 5-87 所示。

图 5-87 绘制线段

⓶ 调用 HATCH/H 命令，输入 T【设置】选项，在餐厅区域填充【用户定义】图案表示地砖，填充参数和效果如图 5-88 所示。

⓷ 调用 HATCH/H 命令，输入 T【设置】选项，在客厅和过道区域填充【DOLMIT】图案，填充参数和效果如图 5-89 所示。

⓸ 填充图案后，调用 MLEADER/MLD 命令，标注客厅和餐厅地面材料名称，效果如图 5-84 所示，客厅、餐厅和过道地材图绘制完成。

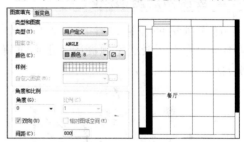

图 5-88 填充参数和效果

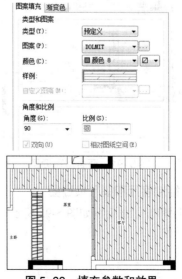

图 5-89 填充参数和效果

5.6.3 绘制茶室、主卧和小孩房地材图

本例茶室、主卧和小孩房均铺设"木地板"，其填充参数如图 5-90 所示。如果要修改地板的铺设方向，只需在"图案填充和渐变色"对话框中修改"角度"参数即可。

图 5-90　填充参数

5.7 绘制两居室顶棚图

日式风格的顶棚设计比较简单，如图 5-91 所示为本例两居室顶棚图，下面讲解绘制方法。

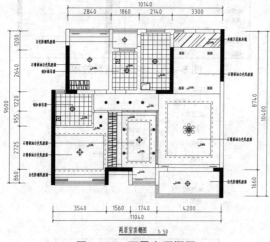

图 5-91　两居室顶棚图

5.7.1 绘制客厅和餐厅顶棚图

客厅和餐厅顶棚图如图 5-92 所示，下面讲解绘制方法。

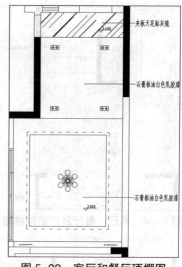

图 5-92　客厅和餐厅顶棚图

1. 复制图形

顶棚图可在平面布置图的基础上进行绘制，复制两居室平面布置图，删除与顶棚图无关的图形，如图 5-93 所示。

图 5-93　整理图形

2. 绘制墙体线

01 设置【DM_地面】图层为当前图层。

02 调用 LINE/L 命令，在门洞处绘制墙体线，如图 5-94 所示。

图 5-94　绘制墙体线

3. 绘制吊顶造型

01 设置【DD_吊顶】图层为当前图层。

02 调用 LINE/L 命令，绘制线段，如图5-95 所示。

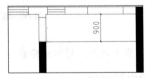

图 5-95　绘制线段

03 调用 HATCH/H 命令，输入 T【设置】选项，在线段上方填充【AR-RR00F】图案，填充参数和效果如图 5-96 所示。

图 5-96　填充参数和效果

04 调用 RECTANG/REC 命令，绘制矩形，如图 5-97 所示。

05 调用 LINE/L 命令，绘制辅助线，如图5-98 所示。

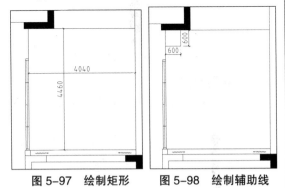

图 5-97　绘制矩形　　图 5-98　绘制辅助线

06 调用 RECTANG/REC 命令，以辅助线的交点为矩形的第一个角点，绘制尺寸为 2840mm×3310mm 矩形，删除辅助线，如图 5-99 所示。

07 调用 OFFSET/O 命令，将矩形向外偏移100，并设置为虚线，表示灯带，如图 5-100 所示。

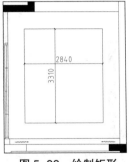

图 5-99　绘制矩形　　图 5-100　绘制灯带

4. 布置灯具

客厅和餐厅用到的灯具主要有吊灯和筒灯，布置方法如下：

01 调用 LINE/L 命令，绘制辅助线，如图5-101 所示。

02 调用灯具图形。打开配套资源中"第5章\家具图例.dwg"文件，将该文件中绘制好的灯具图例表复制到图中，如图 5-102 所示。

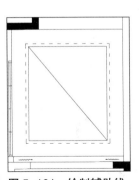

图例	名称
	水晶吊灯
	小吊灯
	吸顶灯
	方形筒灯
	方形槽小筒灯
	排气扇

图 5-101　绘制辅助线　　图 5-102　图例表

03 选择灯具图例表中的吊灯图形，调用 COPY/CO 命令，将其复制到客厅顶棚图中，注意吊灯中心点与辅助线的中点对齐，然后删除辅助线，如图 5-103 所示。

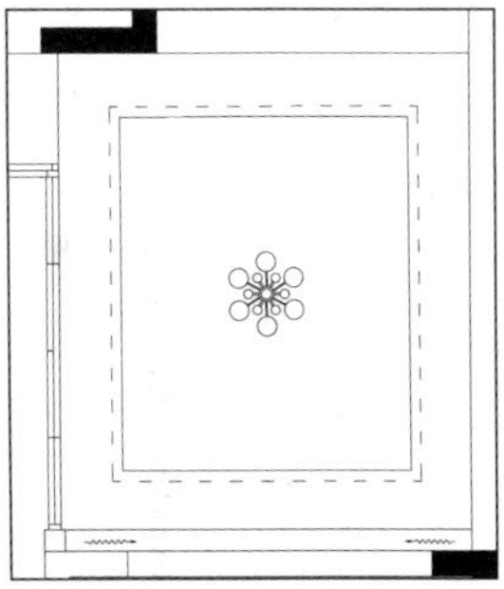

04 布置筒灯。调用 OFFSET/O 命令，绘制辅助线，如图 5-104 所示。

05 调用 COPY/CO 命令，从图例表中复制筒灯图形到辅助线的交点处，然后删除辅助线，效果如图 5-105 所示。

图 5-103　复制吊灯图形

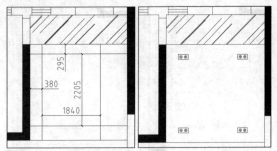

图 5-104　绘制辅助线　图 5-105　复制筒灯图形

5. 标注标高和文字说明

01 调用 INSERT/I 命令，插入标高图块，标注顶棚各位置的标高，效果如图 5-106 所示。

02 调用 MLEADER/MLD 命令，标出顶棚的材料，完成客厅和餐厅顶棚图的绘制。

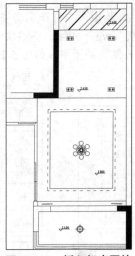

图 5-106　插入标高图块

5.7.2　绘制主卧和主卫顶棚图

主卧和主卫顶棚图如图 5-107 所示，下面讲解绘制方法。

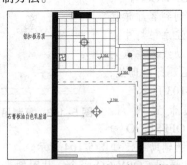

图 5-107　绘制主卧和主卫顶棚图

1. 绘制窗帘盒

调用 LINE 命令，绘制窗帘盒，如图 5-108

所示。

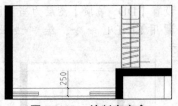

图 5-108　绘制窗帘盒

2. 绘制吊顶造型

01 调用 PLINE/PL 命令，绘制多段线，如图 5-109 所示。

02 调用 OFFSET/O 命令，将多段线向外偏移 100，并设置为虚线，表示灯带，如图 5-110 所示。

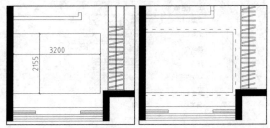

图 5-109　绘制多段线　　图 5-110　偏移多段线

3. 填充主卫吊顶图案

调用 HATCH/H 命令，在主卫区域填充"用户定义"图案，填充参数和效果如图 5-111 所示。

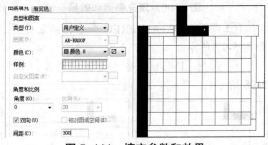

图 5-111　填充参数和效果

4. 布置灯具

01 调用 LINE/L 命令，绘制辅助线，如图 5-112 所示。

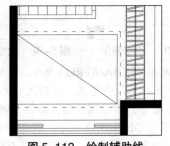

图 5-112　绘制辅助线

02 从图例表中复制小吊灯图例到辅助线的中点，然后删除辅助线，如图 5-113 所示。

03 调用 OFFSET/O 命令，绘制辅助线，如图 5-114 所示。

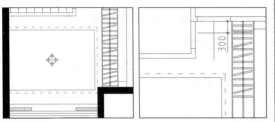

图 5-113　复制小吊灯图例　　图 5-114　绘制辅助线

04 调用 COPY/CO 命令，复制筒灯图形到辅助线的交点处，然后删除辅助线，如图 5-115 所示。

05 继续调用 COPY/CO 命令，向下复制筒灯，如图 5-116 所示。

06 调用 EXPLODE/X 命令，分解主卫填充图案。

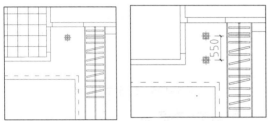

图 5-115　复制筒灯图形　　图 5-116　复制筒灯

07 调用 COPY/O 命令，复制吸顶灯和排气扇到主卫区域，如图 5-117 所示。

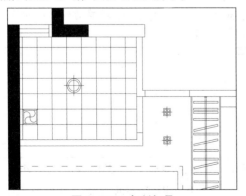

图 5-117　复制灯具

5. 插入标高

调用 INSERT/I 命令，插入【标高】图块，并设置正确的标高值，如图 5-118 所示。

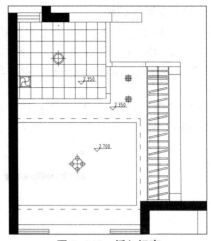

图 5-118　插入标高

6. 材料标注

调用 MLEADER/MLD 命令，标注主卧和主卫顶面材料名称，效果如图 5-107 所示。

5.8 绘制两居室立面图

本节以客厅、餐厅和茶室立面为例，介绍立面图的画法。

5.8.1 绘制客厅和餐厅 A 立面图

客厅和餐厅 A 立面图是沙发和餐桌所在的墙面，A 立面图主要表现了墙面的装饰做法、尺寸和材料等，如图 5-119 所示。

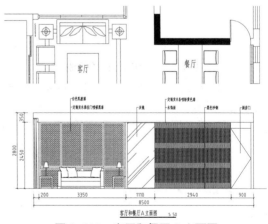

图 5-119　客厅和餐厅 A 立面图

1. 复制图形

复制两居室平面布置图上客厅和餐厅 A 立面图的平面部分，并对图形进行旋转。

2. 绘制立面外轮廓

01 设置【LM_立面】图层为当前图层。

02 调用 LINE/L 命令，从客厅和餐厅平面布置图中绘制出左右墙体的投影线，如图 5-120 所示。

03 调用 PLINE/PL 命令，绘制地面轮廓线，如图 5-121 所示。

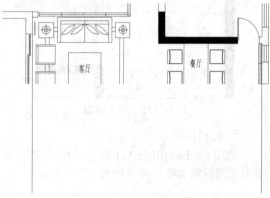

图 5-120 绘制墙体投影线

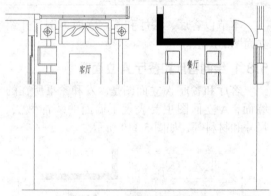

图 5-121 绘制地面轮廓线

04 调用 LINE/L 命令，绘制顶棚底面，如图 5-122 所示。

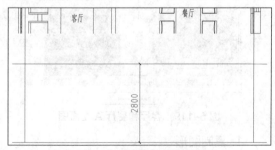

图 5-122 绘制顶棚底面

05 调用 TRIM/TR 命令或使用夹点功能，修剪得到 A 立面外轮廓，并将轮廓线转换至【QT_墙体】图层，如图 5-123 所示。

图 5-123 修剪立面外轮廓

3. 绘制吊顶

调用 PLINE/PL 命令，绘制吊顶造型，如图 5-124 所示。

图 5-124 绘制吊顶造型

4. 划分立面区域

调用 LINE/L 命令和 OFFSET/O 命令，划分立面区域，如图 5-125 所示。

图 5-125 划分立面区域

5. 绘制实木推拉门

01 调用 RECTANG/REC 命令，绘制尺寸为 812.5mm×1650mm 的矩形，如图 5-126 所示。

02 调用 RECTANG/REC 命令，绘制尺寸为 50mm×50mm 的矩形，并移动到相应的位置，如图 5-127 所示。

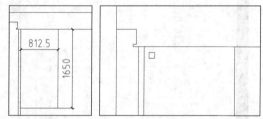

图 5-126 绘制矩形 图 5-127 绘制矩形

03 调用 ARRAY/AR 命令，对矩形进行阵列，命令行提示如下：

```
命令 : ARRAY↵
    // 调用阵列命令
选择对象 : 指定对角点 : 找到 1 个
    // 选择所绘制的矩形
```

选择对象：输入阵列类型 [矩形 (R)/ 路径 (PA)/
极轴 (PO)] < 矩形 >: R↵

// 选择矩形阵列方式

类型 = 矩形 关联 = 是

为项目数指定对角点或 [基点 (B)/ 角度 (A)/
计数 (C)] < 计数 >: C↵

// 选择计数选项

输入行数或 [表达式 (E)] <4>: 21↵

// 输入行数为 21

输入列数或 [表达式 (E)] <4>: 10↵

// 输入列数为 10

指定对角点以间隔项目或 [间距 (S)] < 间距 >: S↵

// 选择间距选项

指定行之间的距离或 [表达式 (E)] <75>: -75↵

// 输入行之间的距离

指定列之间的距离或 [表
达式 (E)] <75>: 75↵

// 输入列之间的距离

按 Enter 键接受或 [关联
(AS)/ 基点 (B)/ 行 (R)/
列 (C)/ 层 (L)/ 退出 (X)]
< 退出 >: ↵

*// 按 Enter 键结束绘制，阵
列结果如图 5-128 所示*

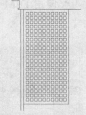

图 5-128 阵列结果

04 调用 LINE/L 命令和 OFFSET/O 命令，绘制线段，如图 5-129 所示。

05 调用 RECTANG/REC 命令和 COPY/CO 命令，绘制下方的推拉门造型，如图 5-130 所示。

06 调用 COPY/CO 命令，对推拉门进行复制，效果如图 5-131 所示。

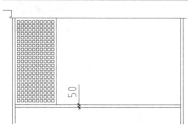

图 5-129 绘制线段

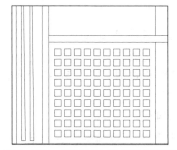

图 5-130 绘制下方的推拉门造型

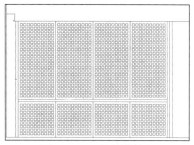

图 5-131 复制推拉门

6. 绘制过道墙面

01 调用 LINE/L 命令和 OFFSET/O 命令，绘制线段，如图 5-132 所示。

02 调用 HATCH/H 命令，输入 T【设置】选项，对墙面填充【AR-RROOF】图案，填充参数和效果如图 5-133 所示。

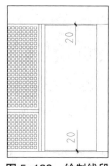

图 5-132 绘制线段

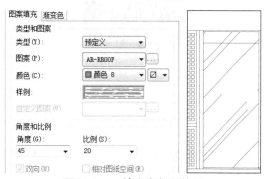

图 5-133 填充参数和效果

7. 绘制餐桌所在墙面造型

01 调用 LINE/L 命令和 OFFSET/O 命令，绘制垂直线段，如图 5-134 所示。

02 调用 LINE/L 命令和 OFFSET/O 命令，绘制水平线段，如图 5-135 所示。

03 调用 HATCH/H 命令，在线段内填充【SOLID】图案，效果如图 5-136 所示。

04 调用 TRIM/TR 命令，对多余的线段进行修剪，如图 5-137 所示。

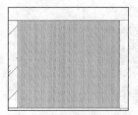

图 5-134　绘制垂直线段

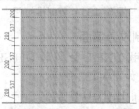

图 5-135　绘制水平线段

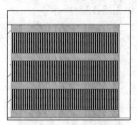

图 5-136　填充图案

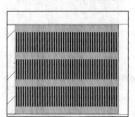

图 5-137　修剪线段

8. 绘制门

01 调用 PLINE/PL 命令，绘制门的轮廓，如图 5-138 所示。

02 调用 LINE/L 命令，绘制折线，表示门开启方向，如图 5-139 所示。

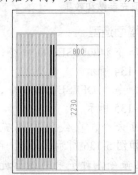

图 5-138　绘制门的轮廓

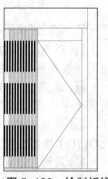

图 5-139　绘制折线

9. 插入图块

从配套资源中调入沙发、空调和装饰品等图形到 A 立面图中，并将图块与前面绘制的图形相交的位置进行修剪，结果如图 5-140 所示。

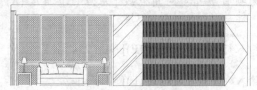

图 5-140　插入图块

10. 标注尺寸和材料说明

01 设置【BZ_标注】图层为当前图层，设置当前注释比例为 1:50。

02 调用 DIM 命令，标注尺寸，如图 5-141 所示。

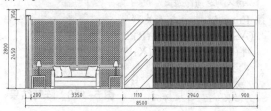

图 5-141　尺寸标注

03 调用 MLEADER//MLD 命令进行材料标注，标注结果如图 5-142 所示。

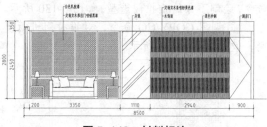

图 5-142　材料标注

11. 插入图名

调用 INSERT/I 命令，插入【图名】图块，设置名称为"客厅和餐厅 A 立面图"，客厅和餐厅 A 立面图绘制完成。

5.8.2　绘制茶室 A 立面图

茶室 A 立面图是书架所在的立面，采用的材质是玻璃和砂钢，如图 5-143 所示，下面讲解绘制方法。

1. 复制图形

调用 COPY/CO 命令，复制平面布置图上茶室 A 立面图的平面部分，对图形进行旋转。

2. 绘制立面基本轮廓

01 设置【LM_立面】图层为当前图层。

02 调用 LINE/L 命令，应用投影法绘制茶室 A 立面图左、右侧轮廓线和地面，结果如图5-144 所示。

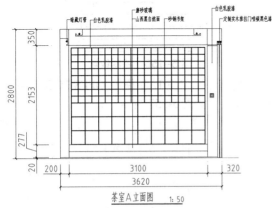

图 5-143　茶室 A 立面图

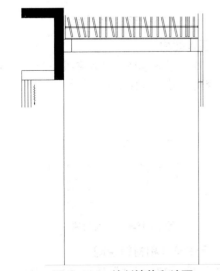

图 5-144　绘制墙体和地面

03 调用 OFFSET/O 命令，向上偏移地面线 2800mm，得到顶面，如图 5-145 所示。

04 调用 TRIM/TR 命令或使用夹点功能，修剪得到 A 立面外轮廓，并将轮廓线转换至"QT_墙体"图层，如图 5-146 所示。

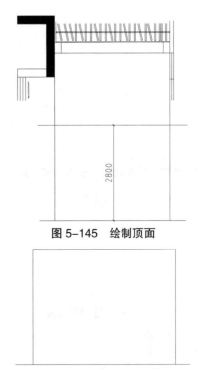

图 5-145　绘制顶面

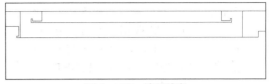

图 5-146　修剪立面轮廓

3. 绘制吊顶

01 调用 PLINE/PL 命令，绘制吊顶造型，如图 5-147 所示。

02 调用 LINE/L 命令，绘制线段，如图5-148 所示。

图 5-147　绘制吊顶造型

图 5-148　绘制线段

4. 绘制书架

01 调用 LINE/L 命令，绘制线段，如图5-149 所示。

02 调用 PLINE/PL 命令，绘制如图 5-150所示的多段线。

03 调用 PLINE/PL 命令，绘制多段线，如图 5-151 所示。

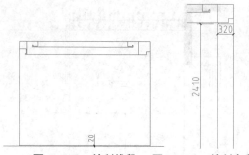

图 5-149　绘制线段　图 5-150　绘制多段线

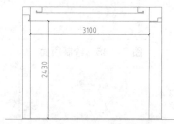

图 5-151　绘制多段线

[04] 调用 LINE/L 命令，绘制线段，如图 5-152 所示。

[05] 调用 OFFSET/O 命令，将线段向上偏移 147mm，如图 5-153 所示。

图 5-152　绘制线段

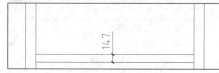

图 5-153　偏移线段

[06] 调用 OFFSET/O 命令，将多段线向内偏移 50mm，并进行修剪，如图 5-154 所示。

[07] 调用 RECTANG/REC 命令，绘制矩形，并将矩形向内偏移 10mm，如图 5-155 所示。

[08] 调用 LINE/L 命令和 OFFSET/O 命令，绘制线段，如图 5-156 所示。

图 5-154　偏移多段线

图 5-155　偏移矩形

图 5-156　绘制线段

[09] 调用 LINE/L 命令和 OFFSET/O 命令，细化书架，如图 5-157 所示。

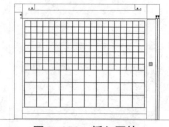

图 5-157　细化书架

5. 插入图块

从图库中插入插座、灯管和推拉门等图块，并进行修剪，效果如图 5-158 所示。

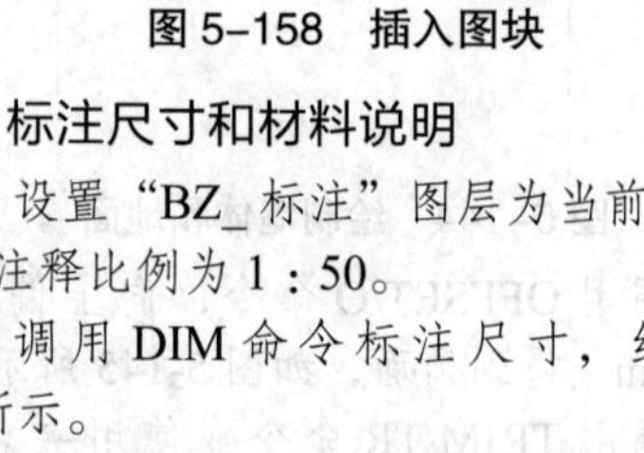

图 5-158　插入图块

6. 标注尺寸和材料说明

[01] 设置"BZ_标注"图层为当前图层，设置当前注释比例为 1：50。

[02] 调用 DIM 命令标注尺寸，结果如图 5-159 所示。

[03] 调用 MLEADER/MLD 命令进行材料标注，结果如图 5-160 所示。

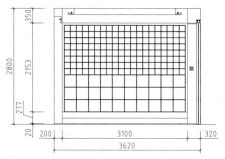

图 5-159　尺寸标注

04 调用 INSERT/I 命令，插入【图名】图块，设置 A 立面图名称为"茶室 A 立面图"，茶室 A 立面图绘制完成。

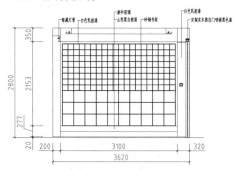

图 5-160　材料标注

5.8.3　绘制小孩房 D 立面图

小孩房 D 立面图如图 5-161 所示，下面讲解绘制方法。

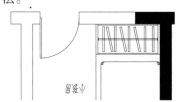

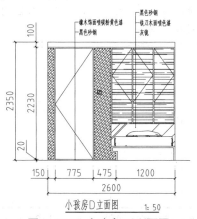

小孩房 D 立面图　　1：50

图 5-161　小孩房 D 立面图

1. 复制图形

调用 COPY/CO 命令，复制平面布置图上小孩房 D 立面的平面部分，并对图形进行旋转。

2. 绘制 D 立面基本轮廓

01 设置"LM_ 立面"图层为当前图层。

02 调用 LINE/L 直线命令绘制墙体、顶面和地面，如图 5-162 所示。

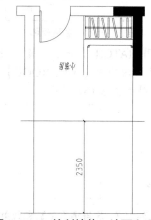

图 5-162　绘制墙体、地面和顶面

03 调用 TRIM/TR 命令，对立面外轮廓进行修剪，并将立面外轮廓转换至"QT_ 墙体"图层，如图 5-163 所示。

图 5-163　修剪线段

3. 绘制床

01 绘制床架。调用 PLINE/PL 命令，绘制多段线，如图 5-164 所示。

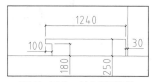

图 5-164　绘制多段线

02 调用 OFFSET/O 命令，将多段线向外偏移 30，如图 5-165 所示。

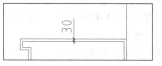

图 5-165　偏移多段线

03 绘制床屏。调用 RECTANG/REC 命令，绘制尺寸为 1300mm×450mm 的矩形表示床屏轮廓，如图 5-166 所示。

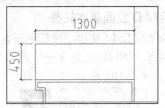

图 5-166　绘制矩形

04 调用 HATCH/H 命令，输入 T【设置】选项，在矩形内填充【AR-RROOF】图案，填充参数和效果如图 5-167 所示。

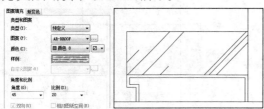

图 5-167　床屏填充参数和效果

4. 绘制衣柜

01 调用 RECTANG/REC 命令，绘制尺寸为 406mm×120mm 的矩形，如图 5-168 所示。

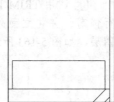

图 5-168　绘制矩形

02 调用 COPY/CO 命令，将矩形向上复制，如图 5-169 所示。

03 调用 RECTANG/REC 命令，绘制尺寸为 406mm×1080mm 的矩形，如图 5-170 所示。

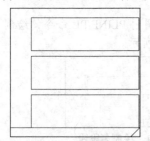

图 5-169　复制矩形

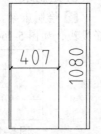

图 5-170　绘制矩形

04 调用 HATCH/H 命令，在矩形内填充【AR-RROOF】图案，效果如图 5-171 所示。

05 调用 COPY/CO 命令，将绘制的图形向左侧复制，如图 5-172 所示。

06 调用 PLINE/PL 命令，绘制折线，表示柜门开启方向，如图 5-173 所示。

图 5-171　填充图案　　图 5-172　复制图形

图 5-173　绘制折线

5. 绘制门

01 调用 PLINE/PL 命令，绘制门的轮廓，如图 5-174 所示。

02 调用 LINE/L 命令，绘制线段，如图 5-175 所示。

03 调用 PLINE/PL 命令，绘制折线，如图 5-176 所示。

图 5-174　绘制门的轮廓

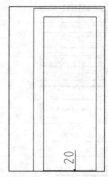

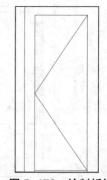

图 5-175　绘制线段　　图 5-176　绘制折线

6. 绘制墙面造型

01 调用 PLINE/PL 命令，绘制墙面造型轮廓，如图 5-177 所示。

02 调用 HATCH/H 命令，输入 T【设置】选项，对墙面填充【ANSI38】图案，填充参数和效果如图 5-178 所示。

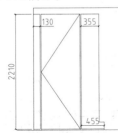

图 5-177　绘制墙面造型轮廓

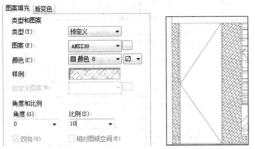

图 5-178　墙面填充参数和效果

03 调用 LINE/L 命令，绘制线段，如图 5-179 所示。

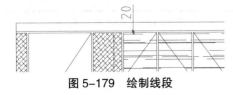

图 5-179　绘制线段

7. 插入图块

按 Ctrl+O 快捷键，打开配套资源提供的"第5章\家具图例 .dwg"文件，选择其中的插座、枕头和床垫等图块，将其复制到小孩房立面区域，并进行修剪，如图 5-180 所示。

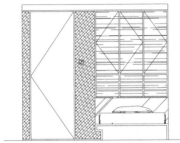

图 5-180　插入图块

8. 标注尺寸、材料说明

01 设置【BZ_ 标注】为当前图层，设置当前注释比例为 1：50。调用智能标注命令 DIM 进行尺寸标注，如图 5-181 所示。

02 调用多重引线命令对材料进行标注，结果如图 5-182 所示。

9. 插入图名

调用插入图块命令 INSERT/I，插入【图名】图块，设置 D 立面图名称为"小孩房 D 立面图"。小孩房 D 立面图绘制完成。

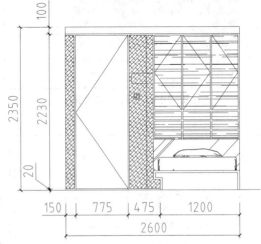

图 5-181　尺寸标注

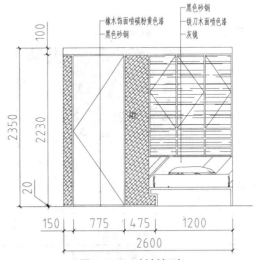

图 5-182　材料标注

5.8.4　绘制其他立面图

使用前面介绍的方法绘制主卧 A 立面图、厨房 A 立面图和次卫 C 立面图，完成结果如图 5-183、图 5-184 和图 5-185 所示。

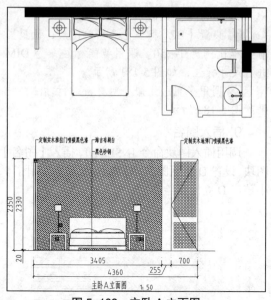

图 5-183 主卧 A 立面图

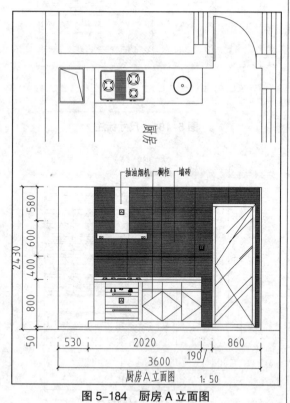

图 5-184 厨房 A 立面图

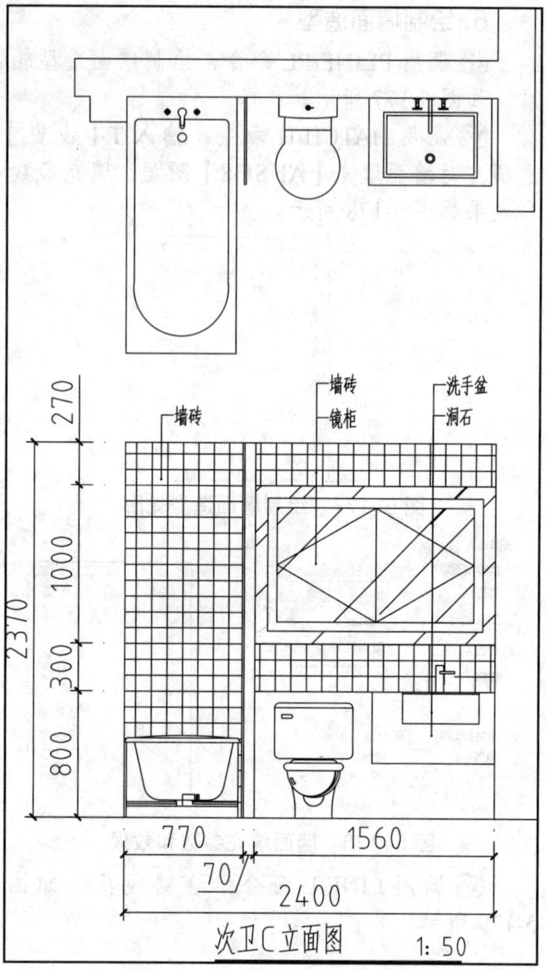

次卫C立面图　　　1: 50

图 5-185 次卫 C 立面图

第 6 章

田园风格三居室室内设计

本 章 导 读

　　三居室是一种相对成熟的户型，住户可以涵盖各种家庭，但大部分有一定的经济实力和社会地位，住户年限大部分比较长，本章以田园风格三居室为例，讲解三居室室内设计和施工图的绘制方法。

本 章 重 点

　　◇　田园风格概述
　　◇　调用样板新建文件
　　◇　绘制三居室原始户型图
　　◇　绘制三居室平面布置图
　　◇　绘制三居室地材图
　　◇　绘制三居室顶棚图
　　◇　绘制三居室立面图

6.1 田园风格概述

田园风格是以田地和园圃特有的自然特征为形式手段，带有一定程度的农村生活或乡间艺术特色，营造出自然闲适的居住环境，如图6-1所示。

图6-1 田园风格客厅

6.1.1 田园风格家具特点

沙发和茶几：多选用纯实木（常用白橡木）为骨架，外刷白漆，配以花草图案的软垫，坐起来舒适又美观，选用配套茶几即可，如图6-2所示。

餐桌椅：多以白色为主，木制居多，木制表面可刷油漆，也可体现木纹，或以纯白瓷漆为主，不宜有复杂的图案。

床：田园风格的床以白色和粉色居多，绿色布艺为主，也有纯白色床头配以手绘图案的。

图6-2 田园风格家具

6.1.2 田园风格装饰植物

常用装饰植物有万年青、玉簪、非洲茉莉、丹药花、千叶木、地毯海棠、龙血树、绿箩、发财树、绿巨人、散尾葵和南天竹等。将绿化植物按照房型结构和装修风格，分别散布在每个房间，如地面、茶几、装饰柜、床头、梳妆台等处，形成错落有致的格局和层次，能充分体现人与自然的完美和谐的交流。

6.2 调用样板新建文件

本书第3章创建了室内装潢施工图样板，该样板已经设置了相应的图形单位、样式、图层和图块等，原始户型图可以直接在此样板的基础上进行绘制。

01 调用NEW【新建】命令，打开【选择样板】对话框，选择【室内装潢施工图模板】，如图6-3所示。

图6-3 "选择样板"对话框

02 单击【打开】按钮，以样板创建图形，新图形中包含了样板中创建的图层、样式和图块等内容。

03 调用QSAVE【保存】命令，打开【图形另存为】对话框，在【文件名】框中输入文件名，单击【保存】按钮保存图形。

6.3 绘制三居室原始户型图

如图6-4所示为本例原始户型图，下面讲解绘制方法。

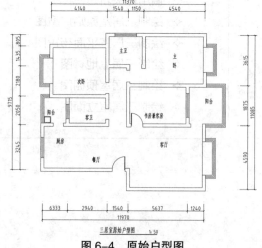

三居室原始户型图 1:50

图6-4 原始户型图

6.3.1 绘制轴网

绘制完成的轴网如图 6-5 所示。在绘制的过程中，主要使用了【多段线】命令。

01 设置【ZX_轴线】图层为当前图层。

02 调用 PLINE/PL 命令，绘制轴网的外轮廓，如图 6-6 所示。

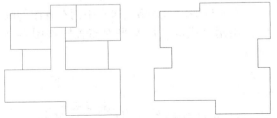

图 6-5 轴网　　图 6-6 绘制轴网的外轮廓

03 找到需要分隔的房间，调用 PLINE/PL 命令绘制，如图 6-7 所示。

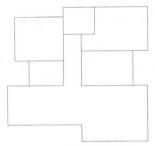

图 6-7 绘制内部轴线

6.3.2 标注尺寸

01 设置【BZ_标注】图层为当前图层，设置注释比例为 1:100。

02 调用 DIM 命令标注尺寸，结果如图 6-8 所示。

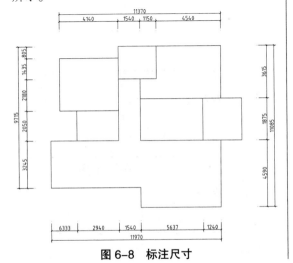

图 6-8 标注尺寸

6.3.3 绘制墙体

01 设置【QT_墙体】图层为当前图层。

02 调用 MLINE/ML 命令，绘制墙体，墙体的厚度为 240mm，效果如图 6-9 所示。

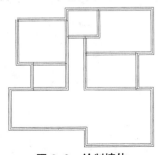

图 6-9 绘制墙体

6.3.4 修剪墙体

01 隐藏【ZX_轴线】图层。

02 调用 EXPLODE/X 命令，分解墙体。

03 多线分解之后，即可使用 TRIM/TR 命令和 CHAMFER/CHA 命令，进行修剪，效果如图 6-10 所示。

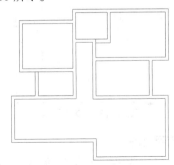

图 6-10 修剪墙体

6.3.5 开门洞、窗洞和绘制门

开门洞、窗洞和绘制门的具体操作过程在此不再介绍，请参照前面的方法进行绘制，效果如图 6-11 所示。

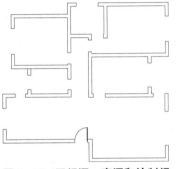

图 6-11 开门洞、窗洞和绘制门

6.3.6 绘制窗和阳台

01 设置【C_窗】图层为当前图层。

02 调用 LINE/L 命令、PLINE/PL 命令和 OFFSET/O 命令，绘制平开窗和飘窗，如图 6-12 所示。

图 6-12 绘制平开窗和飘窗

03 绘制阳台。调用 PLINE/PL 命令和 OFFSET/O 命令，绘制阳台，效果如图 6-13 所示。

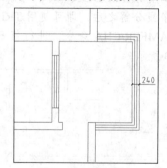

图 6-13 绘制阳台

6.3.7 文字标注

最后需要为各房间标注文字说明。调用 TEXT/T 或 MTEXT/MT 命令输入文字，效果如图 6-14 所示。

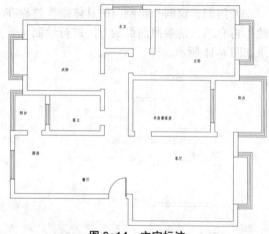

图 6-14 文字标注

6.3.8 绘制管道和插入图名

调用 RECTANG/REC 命令和 OFFSET/O 命令，绘制管道。调用 INSERT/I 命令，插入图名，原始户型图绘制完成。

6.4 绘制三居室平面布置图

本例讲解田园风格三居室平面布置图的画法，绘制完成的三居室平面布置图如图 6-15 所示。

图 6-15 三居室平面布置图

6.4.1 绘制客厅平面布置图

客厅平面布置图如图 6-16 所示，下面讲解绘制方法。

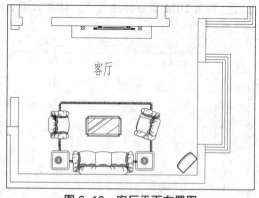

图 6-16 客厅平面布置图

1. 绘制隔断

01 设置【JJ_家具】图层为当前图层。

02 调用 PLINE/PL 命令，绘制隔断，如图 6-17 所示。

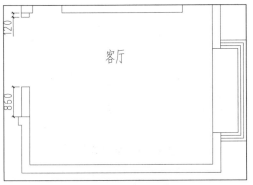

图 6-17 绘制隔断

2.绘制电视柜

调用 RECTANG/REC 命令，绘制 2400mm ×350mm 的矩形表示电视柜，如图 6-18 所示。

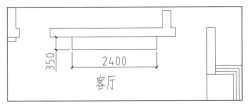

图 6-18 绘制电视柜

3.插入图块

按 Ctrl+O 快捷键,打开配套资源提供的"第 6 章 \ 家具图例 .dwg" 文件,选择其中的装饰品、电视、空调和沙发组等图块,将其复制至客厅区域,如图 6-16 所示。

6.4.2 绘制餐厅和厨房平面布置图

餐厅和厨房平面布置图如图 6-19 所示,下面讲解绘制方法。

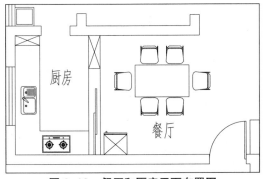

图 6-19 餐厅和厨房平面布置图

1.绘制酒柜

01 调用 RECTANG/REC 命令，绘制尺寸为 300mm×835mm 的矩形表示酒柜轮廓，如图 6-20 所示。

02 调用 LINE/L 命令，在矩形内绘制对角线，如图 6-21 所示。

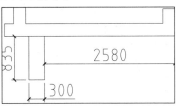

图 6-20 绘制矩形

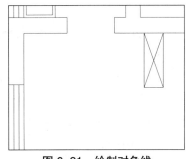

图 6-21 绘制对角线

2.绘制推拉门

01 设置【M_门】图层为当前图层。

02 调用 LINE/L 命令，绘制门槛线，如图 6-22 所示。

03 调用 RECTANG/REC 命令，绘制尺寸为 40mm×1050mm 的矩形，如图 6-23 所示。

04 调用 COPY/CO 命令，对矩形进行复制，如图 6-24 所示。

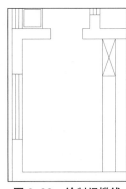

图 6-22 绘制门槛线

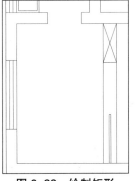

图 6-23 绘制矩形

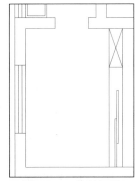

图 6-24 复制矩形

3.绘制橱柜

01 调用 PLINE/PL 命令，绘制橱柜台面，如图 6-25 所示。

02 调用 LINE/L 命令，绘制柜子，如图 6-26 所示。

图 6-25　绘制橱柜台面

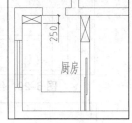

图 6-26　绘制柜子

4. 插入图块

从图库中调出餐桌椅、冰箱、洗菜盆和燃气灶插入到平面布置图中，结果如图 6-19 所示。

6.4.3 绘制书房兼客房平面布置图

书房兼客房平面布置图如图 6-27 所示，下面讲解绘制方法。

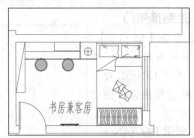

图 6-27　书房兼客房平面布置图

1. 绘制门

调用 INSERT/I 命令，插入门图块，如图 6-28 所示。

图 6-28　插入门图块

2. 绘制装饰柜

01 调用 RECTANG/REC 命令，绘制尺寸为 300mm×1590mm 的矩形表示装饰柜轮廓，如图 6-29 所示。

02 调用 LINE/L 命令，在矩形内绘制一条线段，如图 6-30 所示。

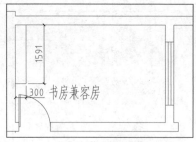

图 6-29　绘制矩形

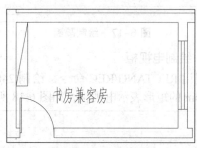

图 6-30　绘制线段

3. 绘制书桌和椅子

01 调用 PLINE/PL 命令，绘制线段，如图 6-31 所示。

02 调用 LINE/L 命令和 OFFSET/O 命令，细化书桌，如图 6-32 所示。

图 6-31　绘制线段

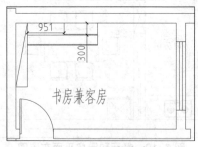

图 6-32　细化书桌

03 绘制椅子。调用 CIRCLE/C 绘制半径为 200mm 的圆，如图 6-33 所示。

04 调用 OFFSET/O 命令，将圆向内偏移 20mm，表示书桌圆椅，如图 6-34 所示。

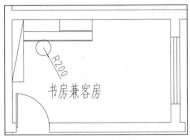

图 6-33　绘制圆

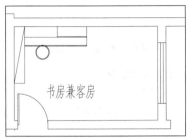

图 6-34　偏移圆

05 调用 HATCH/H 命令，输入 T【设置】选项，在圆内填充【DOTS】图案，填充参数和效果如图 6-35 所示。

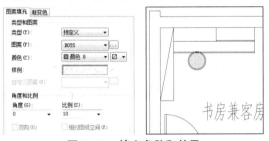

图 6-35　填充参数和效果

06 调用 COPY/CO 命令，对椅子进行复制，如图 6-36 所示。

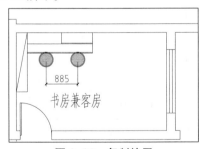

图 6-36　复制椅子

4. 绘制衣柜

01 调用 RECTANG/REC 命令，绘制衣柜轮廓，如图 6-37 所示。

02 调用 OFFSET/O 命令，将矩形向内偏移 20mm，如图 6-38 所示。

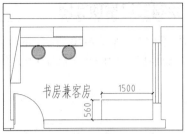

图 6-37　绘制衣柜轮廓

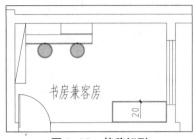

图 6-38　偏移矩形

5. 插入图块

书房兼客房中的床、床头柜和衣架等图形，可以从配套资源中的"第 6 章 \ 家具图例 .dwg"文件中直接调用，完成后的效果如图 6-27 所示，书房兼客房平面布置图绘制完成。

6.4.4　插入立面指向符号

当平面布置图绘制完成后，即可调用 INSERT 命令，插入【立面指向符】图块，并输入立面编号即可。

6.5　绘制三居室地材图

三居室地材图如图 6-39 所示，使用了仿古砖、实木地板和防滑砖，均可调用 HATCH/H 命令，直接填充图案即可，这里不再详细讲解，请读者参考前面的方法绘制。

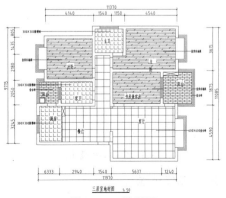

图 6-39　地材图

6.6 绘制三居室顶棚图

三居室顶棚图如图 6-40 所示，本节以客厅、餐厅和厨房顶棚为例讲解三居室顶棚图的绘制方法。

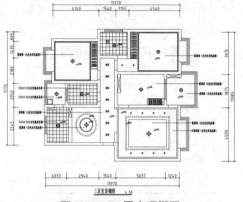

图 6-40 三居室顶棚图

6.6.1 绘制客厅顶棚图

客厅顶棚图如图 6-41 所示，该顶棚采用石膏板面造型吊顶，下面讲解绘制方法。

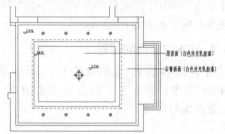

图 6-41 客厅顶棚图

1. 复制图形

顶棚图可在平面布置图的基础上绘制，复制三居室平面布置图，并删除与顶棚图无关的图形，如图 6-42 所示。

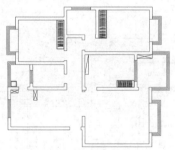

图 6-42 整理图形

2. 绘制墙体线

01 设置【DM_地面】图层为当前图层。

02 调用 LINE/L 命令，绘制墙体线，如图 6-43 所示。

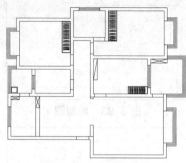

图 6-43 绘制墙体线

3. 绘制吊顶造型

01 设置【DD_吊顶】图层为当前图层。

02 调用 RECTANG/REC 命令，绘制矩形，如图 6-44 所示。

03 调用 OFFSET/O 命令，将矩形依次向内偏移 100、620、80 和 200，如图 6-45 所示。

04 将偏移 80mm 后的矩形设置为虚线表示灯带，如图 6-46 所示。

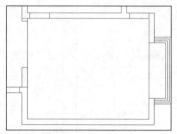

图 6-44 绘制矩形

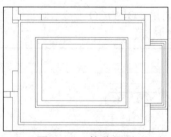

图 6-45 偏移矩形

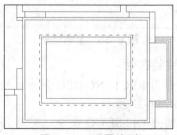

图 6-46 设置线型

4. 布置灯具

按 Ctrl+O 快捷键,打开配套资源提供的"第6 章 \ 家具图例 .dwg"文件,选择其中的灯具图块,将其复制至顶棚内,如图 6-47 所示。

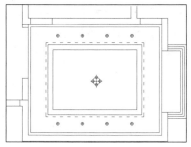

图 6-47 布置灯具

5. 标注标高和文字说明

01 标注标高可以直接调用 INSERT/I 命令插入【标高】图块,效果如图 6-48 所示。

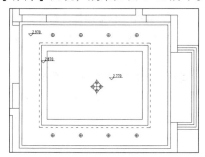

图 6-48 插入标高

02 调用 MLEADER/MLDD 命令,对顶棚材料进行文字说明,完成后的效果如图 6-41 所示,客厅顶棚图绘制完成。

6.6.2 绘制餐厅和厨房顶棚图

餐厅和厨房顶棚图如图 6-49 所示,餐厅采用的是圆形吊顶造型,下面讲解绘制方法。

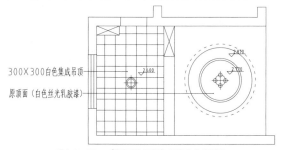

300×300白色集成吊顶

原顶面(白色丝光乳胶漆)

图 6-49 餐厅和厨房平面布置图

1. 绘制吊顶造型

01 调用 LINE/L 命令,绘制线段,如图 6-50 所示。

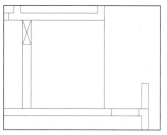

图 6-50 绘制线段

02 调用 OFFSET/O 命令,绘制辅助线,如图 6-51 所示。

03 调用 CIRCLE/C 命令,以辅助线的交点为圆心,绘制半径为 550mm 的圆,然后删除辅助线,如图 6-52 所示。

04 调用 OFFSET/O 命令,将圆向外偏移50mm、350mm 和 100mm,并将偏移 100mm后的圆设置为虚线,如图 6-53 所示。

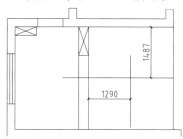

图 6-51 绘制辅助线

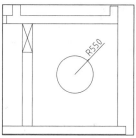

图 6-52 绘制圆

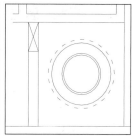

图 6-53 偏移圆

05 调用 HATCH/H 命令,对厨房区域填充【用户定义】图案,填充效果如图 6-54 所示。

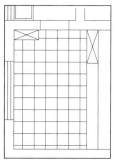

图 6-54 填充效果

2. 布置灯具

从图库中插入灯具图形，结果如图 6-55 所示。

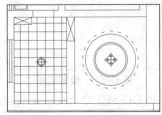

图 6-55　布置灯具

3. 标注标高和文字说明

01 调用 INSERT/I 命令，插入标高图块，如图 6-56 所示。

02 调用 MLEADER/MLD 命令，标注顶棚的材料，完成餐厅和厨房顶棚图的绘制。

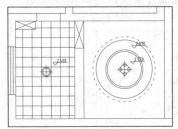

图 6-56　标注标高

6.7　绘制三居室立面图

本节以客厅、书房兼客房和阳台立面为例，介绍立面图的画法。

6.7.1　绘制客厅 A 立面图

如图 6-57 所示为客厅 A 立面图，客厅 A 立面图主要是表达了玄关的造型和鞋柜的做法，下面讲解绘制方法。

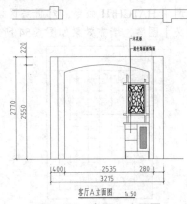

图 6-57　客厅 A 立面图

1. 复制图形

调用 COPY/CO 命令，复制平面布置图上客厅 A 立面的平面部分，并对图形进行旋转。

2. 绘制 A 立面基本轮廓

01 设置【LM_ 立面】图层为当前图层。

02 调用 LINE/L 命令，从客厅平面图中绘制出左右墙体的投影线，如图 6-58 所示。

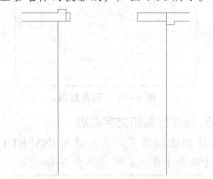

图 6-58　绘制墙体投影线

03 调用 PLINE/PL 命令绘制地面轮廓线，结果如图 6-59 所示。

04 调用 LINE/L 命令绘制顶棚底面，如图 6-60 所示。

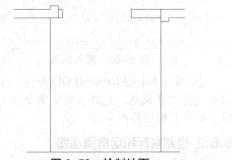

图 6-59　绘制地面

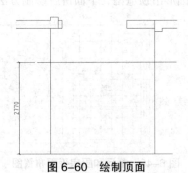

图 6-60　绘制顶面

05 调用 TRIM/TR 命令或夹点功能，修剪得到 A 立面外轮廓，并转换至"QT_ 墙体"图层，如图 6-61 所示。

图 6-61　修剪墙体

3. 绘制拱门造型

01 调用 LINE/L 命令和 OFFSET/O 命令，绘制线段，如图 6-62 所示。

02 调用 ARC/A 命令，绘制弧线，命令选项如下：

命令 :ARC↙

// 调用 ARC 命令

指定圆弧的起点或 [圆心 (C)]://捕捉并单击左侧线段顶点作为圆弧起点

指定圆弧的第二个点或 [圆心 (C)/ 端点 (E)]:from↙

// 输入 from，设置当前捕捉模式为"FROM（自）"

基点 : m2p↙

// 设置当前捕捉点位"m2p（两点之间的中点）"

中点的第一点 : 中点的第二点 :< 偏移 >:@0,202↙

// 分别单击两条垂直线段的顶点，然后输入相对坐标的参数"@0,202"，按 Enter 键，得到圆弧第二个点

指定圆弧的端点 :

// 捕捉右侧垂直线段的顶点作为圆弧端点，结果如图 6-63 所示

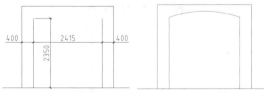

图 6-62　绘制线段　　图 6-63　绘制圆弧

03 调用 LINE/L 命令和 OFFSET/O 命令，在拱门两侧绘制线段，如图 6-64 所示。

图 6-64　绘制线段

4. 绘制鞋柜

01 调用 RECTANG/REC 命令，绘制尺寸为 740mm×40mm 的矩形，表示鞋柜面板，如

图 6-65 所示。

02 调用 PLINE/PL 命令，绘制多段线，如图 6-66 所示。

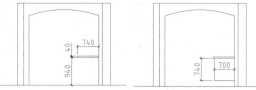

图 6-65　绘制鞋柜面板　　图 6-66　绘制多段线

03 调用 LINE/L 命令和 OFFSET/O 命令，划分鞋柜，如图 6-67 所示。

04 调用 RECTANG/REC 命令，绘制尺寸为 190mm×580mm 的矩形，并移动到相应的位置，如图 6-68 所示。

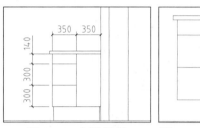

图 6-67　划分鞋柜　　图 6-68　绘制矩形

05 调用 HATCH/H 命令，输入 T【设置】选项，在矩形内填充【LINE】图案，填充参数和效果如图 6-69 所示。

06 调用 PLINE/PL 命令，绘制多段线表示柜脚，图 6-70 所示。

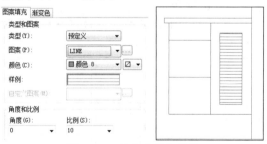

图 6-69　填充参数和效果

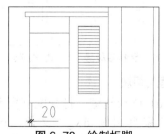

图 6-70　绘制柜脚

07 调用 LINE/L 命令，绘制线段，如图

6-71 所示。

08 调用 LINE/L 命令，绘制线段连接两条线段，如图 6-72 所示。

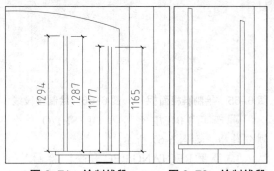

图 6-71　绘制线段　　　图 6-72　绘制线段

09 调用 PLINE/PL 命令，绘制多段线，如图 6-73 所示。

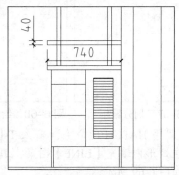

图 6-73　绘制多段线

10 调用 COPY/CO 命令，将多段线向上复制，如图 6-74 所示。

11 调用 TRIM/TR 命令，对线段相交的位置进行修剪，如图 6-75 所示。

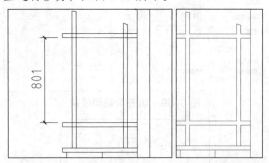

图 6-74　复制多段线　　　图 6-75　修剪线段

5. 插入图块

按 Ctrl+O 快捷键，打开配套资源提供的"第 6 章 \ 家具图例 .dwg"文件，选择其中的雕花图块复制至客厅区域，效果如图 6-76 所示。

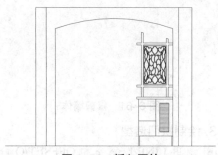

图 6-76　插入图块

6. 标注尺寸和材料说明

01 设置【BZ_ 标注】图层为当前图层，设置当前注释比例为 1∶50。

02 调用 DIM 命令，标注尺寸，如图 6-77 所示。

03 调用 MLEADER/MLD 命令进行材料标注，标注结果如图 6-78 所示。

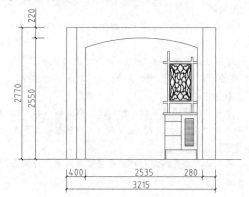

图 6-77　尺寸标注

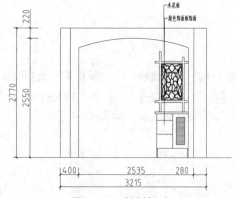

图 6-78　材料标注

7. 插入图名

调用 INSERT/I 命令，插入【图名】图块，设置名称为"客厅A立面图"，客厅A立面图绘制完成。

6.7.2 绘制客厅B立面图

客厅B立面图是电视所在的墙面，B立面图主要表现了该墙面的装饰做法、尺寸和材料等，还有门的造型和做法，如图6-79所示。

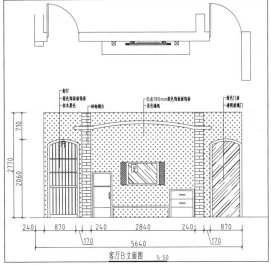

图6-79 客厅B立面图

1. 复制图形

调用COPY/CO命令，复制三居室平面布置图上客厅B立面的平面部分。

2. 绘制立面外轮廓

01 设置【LM_立面】图层为当前图层。

02 调用LINE/L命令，绘制客厅B立面的墙体投影线，如图6-80所示。

03 继续调用LINE/L命令，在投影线的下方绘制一条水平线段表示地面，如图6-81所示。

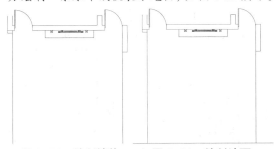

图6-80 绘制墙体 　图6-81 绘制地面

04 调用OFFSET/O命令，向上偏移地面，得到标高为2770mm的顶面，如图6-82所示。

05 调用TRIM/TR命令，修剪得到客厅B立面外轮廓，并转换至【QT_墙体】图层，如图6-83所示。

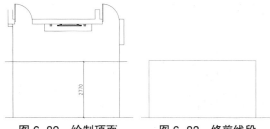

图6-82 绘制顶面 　　图6-83 修剪线段

3. 绘制门

01 调用LINE/L命令和OFFSET/O命令，绘制线段，如图6-84所示。

02 调用ARC/A命令，绘制弧线，如图6-85所示。

03 调用OFFSET/O命令，将线段和弧线向内偏移60mm，如图6-86所示。

04 调用LINE/L命令和OFFSET/O命令，细化门，如图6-87所示。

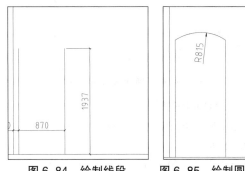

图6-84 绘制线段 　　图6-85 绘制圆弧

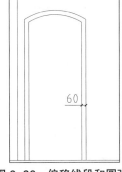

图6-86 偏移线段和圆弧 　图6-87 细化门

05 调用TRIM/TR命令，对线段相交的位置进行修剪，如图6-88所示。

06 调用LINE/L命令、OFFSET/O命令和ARC/A命令，绘制门的轮廓，如图6-89所示。

07 调用HATCH/H命令，输入T【设置】选项，在门内填充【AR-RROOF】图案，填充参数和效果如图6-90所示。

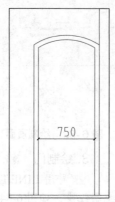

图 6-88 修剪线段　　**图 6-89 绘制门的轮廓**

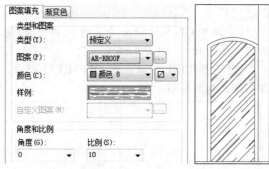

图 6-90 填充参数和效果

4. 绘制电视柜

01 调用 PLINE/PL 命令，绘制多段线，如图 6-91 所示。

02 调用 OFFSET/O 命令，将多段线向内偏移 40mm，如图 6-92 所示。

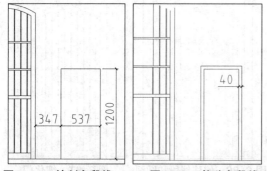

图 6-91 绘制多段线　　**图 6-92 偏移多段线**

03 调用 LINE/L 命令和 OFFSET/O 命令，绘制线段，如图 6-93 所示。

04 调用 RECTANG/REC 命令，绘制柜门拉手，如图 6-94 所示。

05 使用同样的方法绘制右侧的柜体，如图 6-95 所示。

06 调用 PLINE/PL 命令和 OFFSET/O 命令，

在两个柜体之间绘制多段线，如图 6-96 所示。

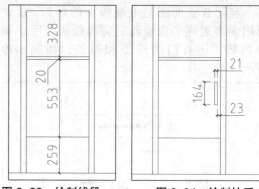

图 6-93 绘制线段　　**图 6-94 绘制拉手**

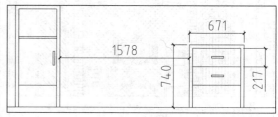

图 6-95 绘制柜体

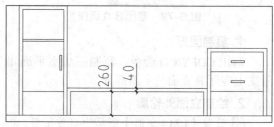

图 6-96 绘制多段线

5. 绘制墙面造型

01 调用 LINE/L 命令和 OFFSET/O 命令，绘制线段，如图 6-97 所示。

02 调用 LINE/L 命令、OFFSET/O 命令和 TRIM/TR 命令，细化墙面，如图 6-98 所示。

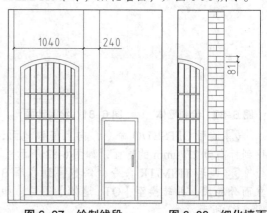

图 6-97 绘制线段　　**图 6-98 细化墙面**

03 调用 COPY/CO 命令，将绘制的图形向右侧复制，如图 6-99 所示。

图 6-99　复制图形

04 调用 PLINE/PL 命令，绘制多段线，并将多线段与前面绘制的图形相交的位置进行修剪，效果如图 6-100 所示。

05 调用 ARC/A 命令，绘制圆弧，如图 6-101 所示。

图 6-100　绘制多段线

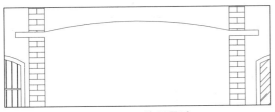

图 6-101　绘制圆弧

06 调用 OFFSET/O 命令，将圆弧向下偏移 80mm，如图 6-102 所示。

07 调用 HATCH/H 命令，输入 T【设置】选项，对墙面填充【CROSS】图案，填充参数和效果如图 6-103 所示。

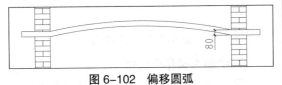

图 6-102　偏移圆弧

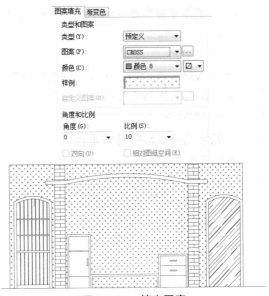

图 6-103　填充图案

6. 插入图块

电视和射灯图形可直接从图库中调用，并对图形重叠的位置进行修剪，效果如图 6-104 所示。

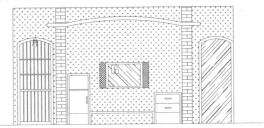

图 6-104　插入图块

7. 标注尺寸、材料说明

01 设置【BZ_标注】图层为当前图层，设置当前注释比例为 1∶50。调用智能标注命令 DIM 进行尺寸标注，如图 6-105 所示。

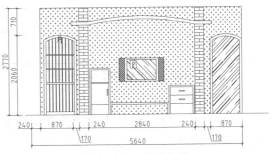

图 6-105　尺寸标注

02 调用多重引线命令对材料进行标注，结果如图 6-106 所示。

8. 插入图名

调用 INSERT/I 命令，插入"图名"图块，设置 B 立面图名称为"客厅 B 立面图"，客厅 B 立面图绘制完成。

6.7.3 绘制书房兼客房 B 立面图

书房兼客房 B 立面图如图 6-107 所示，下面讲解绘制方法。

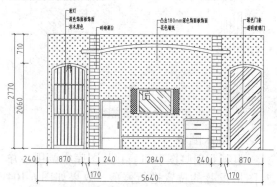

图 6-106　材料标注

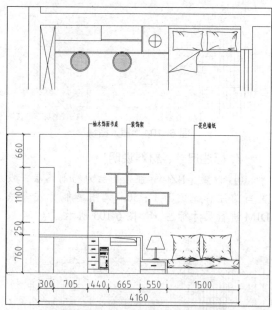

图 6-107　书房兼客房 B 立面图

1. 复制图形

调用 COPY/CO 命令，复制书房兼客房 B 立面图的平面部分。

2. 绘制立面基本轮廓

01 设置【LM_立面】图层为当前图层。

02 调用 LINE/L 命令，根据复制的平面图绘制左、右侧墙体的投影线和地面，如图 6-108 所示。

03 调用 LINE/L 命令，在地面上方绘制水平线段表示顶面，如图 6-109 所示。

04 调用 TRIM/TR 命令，修剪多余线段，并转换至【QT_墙体】图层，结果如图 6-110 所示。

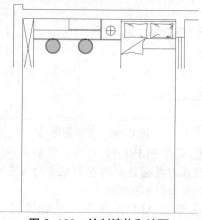

图 6-108　绘制墙体和地面

图 6-109　绘制顶面

图 6-110　修剪线段

3. 绘制书桌和床头柜

01 调用 PLINE/PL 命令，绘制多段线，如图 6-111 所示。

02 调用 OFFSET/O 命令，将多段线向内偏移 40mm，如图 6-112 所示。

⓷ 调用 LINE/L 命令和 OFFSET/O 命令，细化书桌，如图 6-113 所示。

图 6-111　绘制多段线

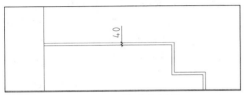

图 6-112　偏移多段线

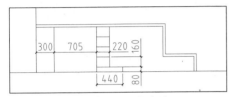

图 6-113　细化书桌

⓸ 调用 PLINE/PL 命令，绘制抽屉，如图 6-114 所示。

⓹ 调用 LINE/L 命令，绘制床头柜抽屉，如图 6-115 所示。

⓺ 调用 RECTANG/REC 命令、LINE/L 命令和 COPY/CO 命令，绘制拉手，如图 6-116 所示。

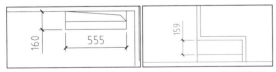

图 6-114　绘制抽屉　　图 6-115　绘制抽屉

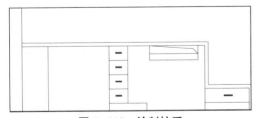

图 6-116　绘制拉手

4. 绘制装饰架

⓵ 调用 RECTANG/REC 命令，绘制尺寸为 890mm×20mm 的矩形，并移动到相应的位置，如图 6-117 所示。

⓶ 调用 PLINE/PL 命令，绘制多段线，如图 6-118 所示。

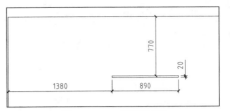

图 6-117　绘制矩形

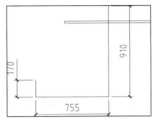

图 6-118　绘制多段线

⓷ 调用 OFFSET/O 命令，将多段线向内偏移 20mm，并调用 LINE/L 命令，绘制线段封闭区域，如图 6-119 所示。

⓸ 调用 LINE/L 命令和 OFFSET/O 命令，细化装饰架，如图 6-120 所示。

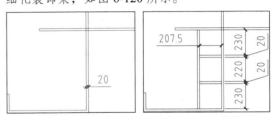

图 6-119　偏移多段线　　图 6-120　细化装饰架

⓹ 调用 PLINE/PL 命令，绘制装饰架两侧造型，如图 6-121 所示。

⓺ 调用 TRIM/TR 命令，对线段进行修剪，效果如图 6-122 所示。

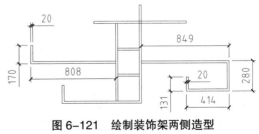

图 6-121　绘制装饰架两侧造型

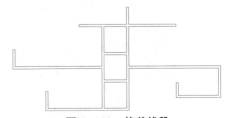

图 6-122　修剪线段

07 调用 PLINE/PL 命令，绘制多段线，如图 6-123 所示。

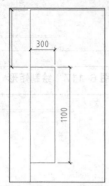

图 6-123　绘制多段线

5. 插入图块和标注

01 从图库中插入台灯、床和主机等图块，效果如图 6-124 所示。

02 图形绘制完成后，需要进行尺寸、文字说明和图名标注，最终完成书房兼客房 B 立面图。

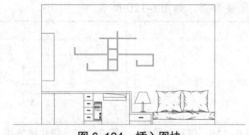

图 6-124　插入图块

6.7.4　绘制餐厅 A 立面图

餐厅 A 立面图如图 6-125 所示，是酒柜和厨房推拉门所在的立面，下面讲解绘制方法。

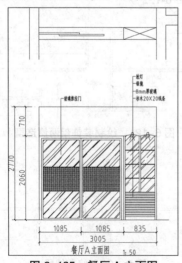

图 6-125　餐厅 A 立面图

1. 复制图形

调用 COPY/CO 命令，复制平面布置图上 A 立面的平面部分。

2. 绘制立面基本轮廓

01 设置【LM_立面】图层为当前图层。

02 调用 LINE/L 命令，绘制 A 立面左、右侧墙体和地面轮廓线，如图 6-126 所示。

03 根据顶棚图阳台的标高，调用 OFFSET/O 命令，向上偏移地面轮廓线，偏移距离为 2770mm，得到顶面轮廓线，如图 6-127 所示。

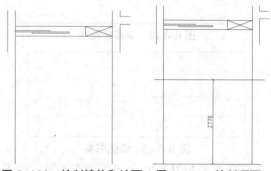

图 6-126　绘制墙体和地面　　图 6-127　绘制顶面

04 调用 TRIM/TR 命令，修剪多余线段，并转换至"QT_墙体"图层，结果如图 6-128 所示。

3. 绘制推拉门

01 调用 PLINE/PL 命令，绘制多段线，如图 6-129 所示。

02 调用 OFFSET/O 命令，将多段线向内偏移 60mm，如图 6-130 所示。

图 6-128　修剪线段　　　图 6-129　绘制多段线

图 6-130　偏移多段线

03 调用 LINE/L 命令，绘制线段，如图 6-131 所示。

04 调用 RECTANG/REC 命令，绘制矩形，

并将矩形向内偏移 40mm，如图 6-132 所示。

　　05 调用 LINE/L 命令和 OFFSET/O 命令，绘制线段，如图 6-133 所示。

图 6-131　绘制线段　　　图 6-132　偏移矩形

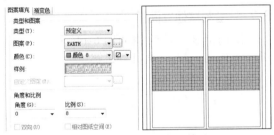

图 6-133　绘制线段

　　06 调用 HATCH/H 命令，输入 T【设置】选项，在线段内填充【EARTH】图案，填充参数和效果如图 6-134 所示。

　　07 调用 HATCH/H 命令，其他区域填充【AR-RROOF】图案，效果如图 6-135 所示。

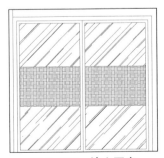

图 6-134　填充图案和效果

图 6-135　填充图案

4. 绘制酒柜

　　01 调用 PLINE/PL 命令，绘制酒柜两侧面板，如图 6-136 所示。

　　02 调用 LINE/L 命令，绘制线段，如图 6-137 所示。

　　03 调用 OFFSET/O 命令，将线段向上偏移，如图 6-138 所示。

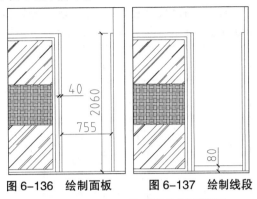

图 6-136　绘制面板　　　图 6-137　绘制线段

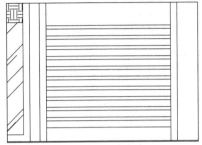

图 6-138　偏移线段

　　04 调用 PLINE/PL 命令，绘制多段线，如图 6-139 所示。

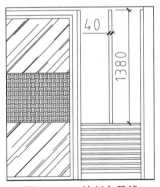

图 6-139　绘制多段线

　　05 调用 ARC/A 命令，绘制弧线，如图 6-140 所示。

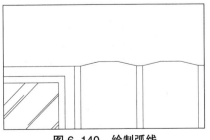

图 6-140　绘制弧线

06 调用 LINE/L 命令和 OFFSET/O 命令，绘制线段，如图 6-141 所示。

07 调用 HATCH/H 命令，对酒柜填充【AR-RROOF】图案，效果如图 6-142 所示。

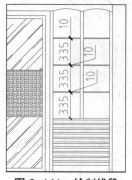 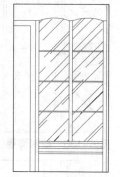

图 6-141　绘制线段　　图 6-142　填充酒柜

5. 插入图块

射灯图形可直接从图库中调用，效果如图 6-143 所示。

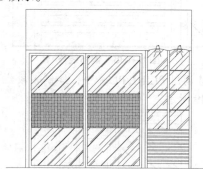

图 6-143　插入图块

6. 标注尺寸、材料说明

01 设置【BZ_标注】为当前图层，设置当前注释比例为 1：50。调用智能标注命令 DIM 进行尺寸标注，如图 6-144 所示。

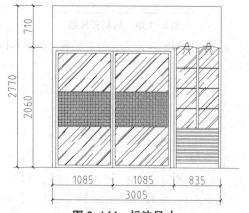

图 6-144　标注尺寸

02 调用多重引线命令对材料进行标注，结果如图 6-145 所示。

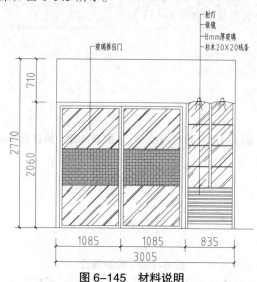

图 6-145　材料说明

7. 插入图名

调用 INSERT/I 命令，插入【图名】图块，设置名称为"餐厅 A 立面图"，餐厅 A 立面图绘制完成。

6.7.5　绘制其他立面图

使用上述方法绘制如图 6-146 和图 6-147 所示立面图，这里不再详细讲解。

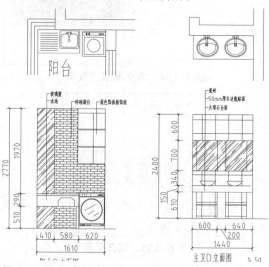

图 6-146　阳台 B 立面图　　图 6-147　主卫 D 立面图

第 7 章

地中海风格三居室室内设计

本 章 导 读

　　地中海风格一般选择自然柔和的色彩，在组合设计上注意空间搭配，充分利用每一寸空间；集装饰与实用与一体，在柜门等组合搭配上避免琐碎，显得大方和自然，时刻能感受到地中海风格家具散发出古老尊贵的田园气息和文化品位。

本 章 重 点

◇ 地中海风格概述
◇ 调用样板新建文件
◇ 绘制三居室原始户型图
◇ 绘制三居室平面布置图
◇ 绘制三居室地材图
◇ 绘制三居室顶棚图
◇ 绘制三居室立面图

7.1 地中海风格概述

地中海风格的基础是明亮、大胆、色彩丰富、简单、民族性、有明显特色。地中海风格不需要太大的技巧，而是保持简单的意念，捕捉光线、取材大自然，大胆而自由地运用色彩、样式，如图 7-1 所示。

图 7-1　地中海风格

7.1.1 地中海风格特点

1. 拱形的浪漫空间

地中海风格的建筑特色是：拱门与半拱门和马蹄状的门窗。建筑中圆形拱门及回廊通常采用数个连接或以垂直交接的方式，在走动观赏中，出现延伸般的透视感，如图 7-2 所示。

图 7-2　拱形的浪漫空间

2. 纯美的色彩方案

地中海家居的最大魅力来自其纯美的色彩组合。

地中海风格按照地域自然出现了三种典型的颜色搭配。

● 蓝与白：这是比较典型的地中海颜色搭配，如图 7-3 所示。

● 黄、蓝紫和绿：形成一种别有情调的色彩组合，具有自然的美感。

● 土黄及红褐：这是北非特有的沙漠、岩石、泥、沙等天然景观颜色，再辅以北非土生

植物的深红、靛蓝，加上黄铜，带来一种大地般的浩瀚感觉。

图 7-3　蓝色与白色彩搭配

3. 不修边幅的线条

线条在家居中是很重要的设计元素。地中海风格中的房屋和家具的线条显得比较自然，形成一种独特的浑圆造型，如图 7-4 所示。

图 7-4　不修边幅的线条

4. 独特的装饰方式

家具尽量采用低彩度、线条简单且修边浑圆的木质家具。同时，地中海风格的家居还要注意绿化，爬藤类植物是常见的居家植物。

7.1.2 地中海风格的设计元素

在地中海风格的家居设计中，通常会采用白色泥墙、连续的拱廊与拱门、陶砖、海蓝色的屋瓦和门窗这几种设计元素。

7.2 调用样板新建文件

本书第 3 章创建了室内装潢施工图样板，该样板已经设置了相应的图形单位、样式、图层和图块等，原始户型图可以直接在此样板的基础上进行绘制。

01 调用 NEW【新建】命令，打开【选择样板】对话框，选择【室内装潢施工图模板】，如图 7-5 所示。

图 7-5 【选择样板】对话框

02 单击【打开】按钮，以样板创建图形，新图形中包含了样板中创建的图层、样式和图块等内容。

03 调用 QSAVE【保存】命令，打开【图形另存为】对话框，在【文件名】框中输入文件名，单击【保存】按钮保存图形。

7.3 绘制三居室原始户型图

在进行室内设计时，有时需要从业主提供的原始户型图开始。平面布置图可在原始户型图的基础上进行绘制，如图7-6所示为本例三居室原始户型图。

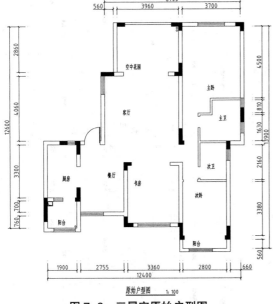

图 7-6 三居室原始户型图

7.3.1 绘制轴线

采用轴网法绘制墙体比较方便，如图 7-7

所示为本例轴线，由于轴线全部是正交轴线，因此可使用 OFFSET/O 命令，通过偏移得到。

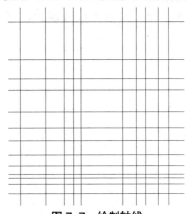

图 7-7 绘制轴线

7.3.2 修剪轴线

调用 TRIM/TR 命令，对轴线进行修剪，结果如图 7-8 所示。

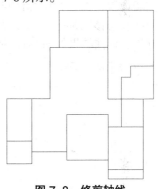

图 7-8 修剪轴线

7.3.3 绘制墙体

在绘制墙体之前需要确定墙体的厚度，外墙与内墙的尺寸不同。墙体的绘制可使用 MLINE/ML 命令，也可通过偏移轴线绘制，绘制完成后的墙体如图 7-9 所示。

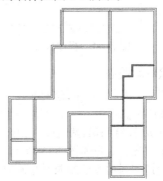

图 7-9 绘制墙体

7.3.4 修剪墙体

墙体绘制完成后还需要经过修剪，调用 TRIM/TR 命令，对墙体进行修剪，效果如图 7-10 所示。

图 7-10　修剪墙体

7.3.5 标注尺寸

绘制完墙体厚，即可开始标注尺寸。尺寸标注包括局部和总体两部分。标注尺寸可调用 DIM 命令标注，标注结果如图 7-11 所示。

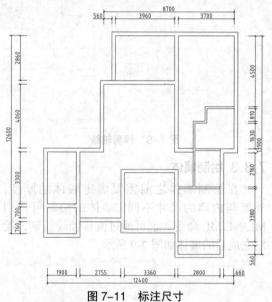

图 7-11　标注尺寸

7.3.6 绘制承重墙

01 调用 LINE/L 命令，绘制线段，封闭区域，如图 7-12 所示。

02 调用 HATCH/H 命令，在区域内填充【SOLID】图案，效果如图 7-13 所示。

03 使用相同的方法绘制其他承重墙，如图 7-14 所示。

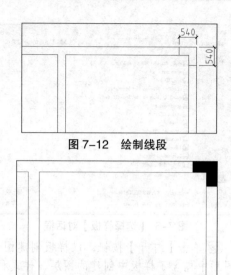

图 7-12　绘制线段

图 7-13　填充图案

7.3.7 开门窗洞及绘制门窗

1. 开门窗洞

调用 OFFSET/O 命令和 TRIM/TR 命令开窗洞和门洞，效果如图 7-15 所示。

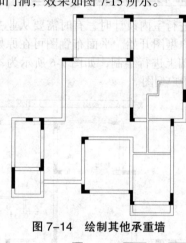

图 7-14　绘制其他承重墙

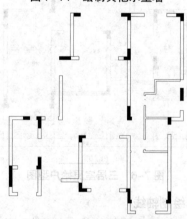

图 7-15　开门洞和窗洞

2. 绘制门

调用 INSERT/I 命令，插入门图块，效果
如图 7-16 所示。

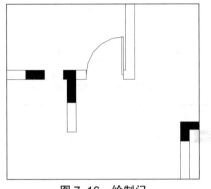

图 7-16　绘制门

3. 绘制窗

01 调用 INSERT/I 命令，插入【窗（1000）】
图块，效果如图 7-17 所示。

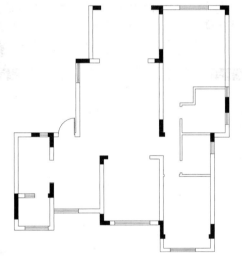

图 7-17　绘制窗

02 调用 LINE/L 命令和 OFFSET/O 命令，
绘制栏杆，如图 7-18 所示。

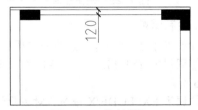

图 7-18　绘制栏杆

4. 文字标注

调用 MTEXT/MT 命令对各个房间的名称
进行标注，结果如图 7-19 所示。

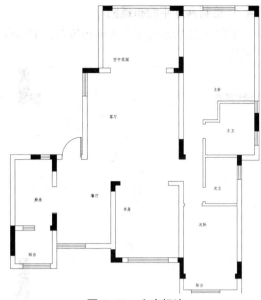

图 7-19　文字标注

7.3.8　绘制管道和插入图名

调用 RECTANG/REC 命令、OFFSET/O 命
令和 CIRCLE/C 命令，绘制管道。

调用 INSERT/I 命令，插入"图名"图块，
完成三居室原始户型图的绘制。

7.4　绘制三居室平面布置图

本节讲解地中海风格三居室平面布置图的
画法，绘制完成的平面布置图如图 7-20 所示。

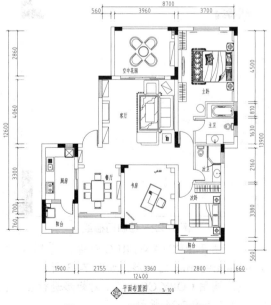

图 7-20　三居室平面布置图

7.4.1 绘制客厅平面布置图

如图 7-21 所示为客厅平面布置图，下面讲解绘制方法。

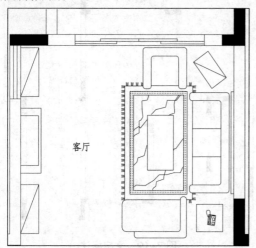

图 7-21 客厅平面布置图

1. 复制图形

平面布置图可在原始户型图的基础上进行绘制，调用 COPY/CO 命令，复制三居室原始户型图。

2. 绘制推拉门

01 设置【M_门】图层为当前图层。

02 调用 LINE/L 命令，绘制门槛线，如图 7-22 所示。

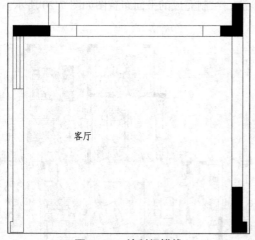

图 7-22 绘制门槛线

03 调用 RECTANG/REC 命令，绘制尺寸为 945mm×55mm 的矩形，如图 7-23 所示。

04 调用 COPY/CO 命令，对矩形进行复制，使其效果如图 7-24 所示。

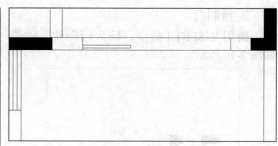

图 7-23 绘制矩形

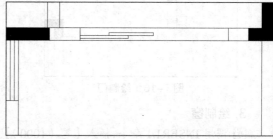

图 7-24 复制图形

05 调用 MIRROR/MI 命令，对复制后的图形进行镜像，得到推拉门图形，如图 7-25 所示。

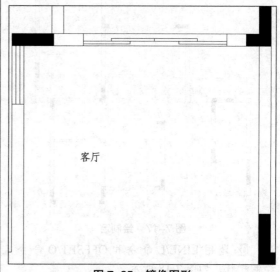

图 7-25 镜像图形

3. 绘制壁炉

01 设置【JJ_家具】图层为当前图层。

02 调用 PLINE/PL 命令，绘制多段线，如图 7-26 所示。

03 调用 EXPLODE/X 命令，对多段线进行分解。

04 调用 OFFSET/O 命令，将分解后的线段向内偏移，并进行修剪，效果如图 7-27 所示。

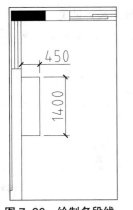
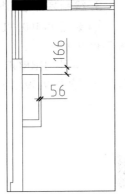

图7-26 绘制多段线　　　图7-27 偏移线段

4. 绘制装饰柜

01 调用 RECTANG/REC 命令，绘制尺寸为 400mm×1050mm 的矩形，表示装饰柜的轮廓，如图 7-28 所示。

02 调用 LINE/L 命令，在矩形中绘制一条对角线，表示是不到顶的，如图 7-29 所示。

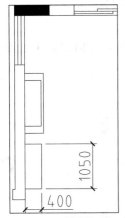
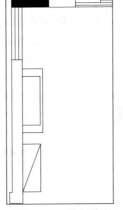

图7-28 绘制矩形　　　图7-29 绘制线段

03 调用 COPY/CO 命令，对装饰柜进行复制，如图 7-30 所示。

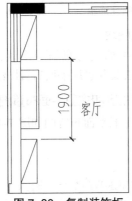

图7-30 复制装饰柜

5. 绘制沙发背景造型

调用 PLINE/PL 命令，绘制多段线表示沙发背景造型，如图 7-31 所示。

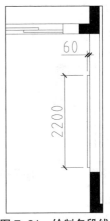

图7-31 绘制多段线

6. 插入图块

打开本书配套资源中的"第7章\家具图例.dwg"文件，分别选择空调和沙发组等图形，复制到客厅平面布置图中，然后使用 MOVE/M 命令将图形移到相应的位置，结果如图 7-21 所示，客厅平面布置图绘制完成。

7.4.2 绘制玄关和餐厅平面布置图

玄关和餐厅平面布置图如图 7-32 所示，下面讲解绘制方法。

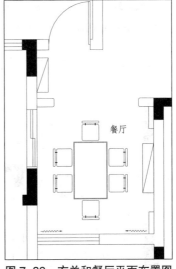

图7-32 玄关和餐厅平面布置图

1. 绘制鞋柜

01 调用 RECTANG/REC 命令，绘制尺寸为 267×782 的矩形，表示鞋柜轮廓，如图 7-33

所示。

02 调用 LINE/L 命令，在矩形中绘制一条线段，如图 7-34 所示。

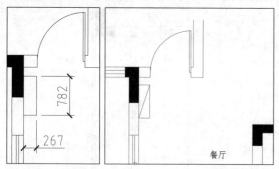

图 7-33　绘制矩形　　　　图 7-34　绘制线段

2. 绘制墙墩

01 调用 PLINE/PL 命令，绘制多段线，如图 7-35 所示。

02 调用 FILLET/F 命令，对多段线进行圆角，圆角半径为 30mm，如图 7-36 所示。

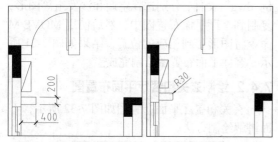

图 7-35　绘制多段线　　　图 7-36　圆角多段线

03 调用 MIRROR/MI 命令，将图形镜像到右侧，如图 7-37 所示。

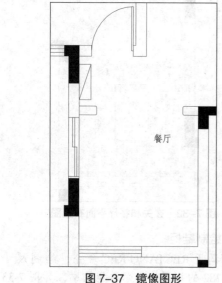

图 7-37　镜像图形

3. 绘制装饰柜和墙面装饰造型

01 调用 PLINE/PL 命令，绘制多段线，如图 7-38 所示。

02 调用 MIRROR/MI 命令，将多段线镜像到下方，如图 7-39 所示。

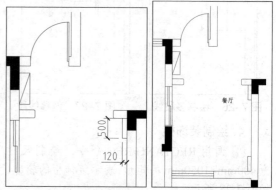

图 7-38　绘制多段线　　　图 7-39　镜像多段线

03 调用 RECTANG/REC 命令和 LINE/L 命令，绘制装饰柜，如图 7-40 所示。

4. 绘制窗帘

调用 PLINE/PL 命令和 MIRROR/MI 命令，绘制窗帘，如图 7-41 所示。

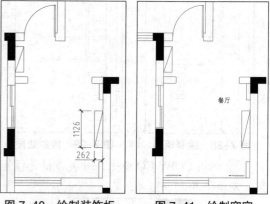

图 7-40　绘制装饰柜　　　图 7-41　绘制窗帘

5. 插入图块

从图库中插入餐桌椅等图块，效果如图 7-32 所示，玄关和餐厅平面布置图绘制完成。

7.4.3　绘制主卧和主卫平面布置图

主卧和主卫平面布置图如图 7-42 所示，下面讲解绘制方法。

1. 绘制门

调用 INSERT/I 命令，插入【门（1000）】图块，效果如图 7-43 所示。

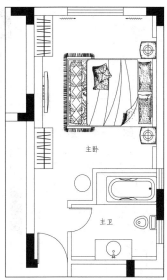

图 7-42　主卧和主卫平面布置图

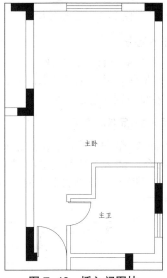

图 7-43　插入门图块

2. 绘制衣柜

01 调用 PLINE/PL 命令，绘制多段线，如图 7-44 所示。

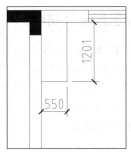

图 7-44　绘制多段线

02 调用 LINE/L 命令和 OFFSET/O 命令，绘制挂衣杆，如图 7-45 所示。

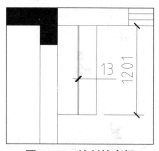

图 7-45　绘制挂衣杆

03 调用 COPY/CO 命令，对衣柜图形进行复制，如图 7-46 所示。

04 调用 LINE/L 命令，绘制线段连接两个衣柜，如图 7-47 所示。

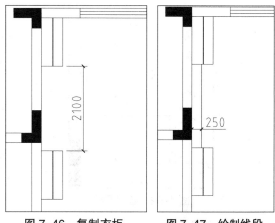

图 7-46　复制衣柜　　　图 7-47　绘制线段

3. 绘制窗帘

01 调用 PLINE/PL 命令，绘制窗帘，并移动到相应的位置，如图 7-48 所示。

02 调用 MIRROR/MI 命令，对窗帘进行镜像，如图 7-49 所示。

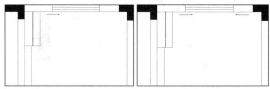

图 7-48　绘制窗帘　　　图 7-49　镜像窗帘

4. 绘制床背景造型

01 调用 PLINE/PL 命令，绘制多段线，如图 7-50 所示。

02 调用 MIRROR/MI 命令，将多段线进行镜像，如图 7-51 所示。

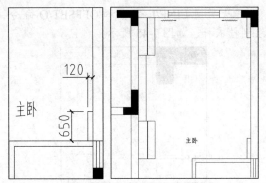

图 7-50 绘制多段线   图 7-51 镜像多段线

5. 绘制圆椅

调用 CIRCLE/C 命令，绘制半径为 250mm 的圆表示圆椅，如图 7-52 所示。

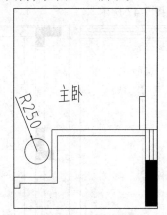

图 7-52 绘制圆椅

6. 绘制洗手台

01 调用 PLINE/PL 命令，绘制洗手台轮廓，如图 7-53 所示。

02 调用 LINE/L 命令，在洗手台两侧绘制线段，如图 7-54 所示。

03 继续调用 LINE/L 命令，在如图 7-55 所示位置绘制线段，表示浴缸台面。

图 7-53 绘制多段线

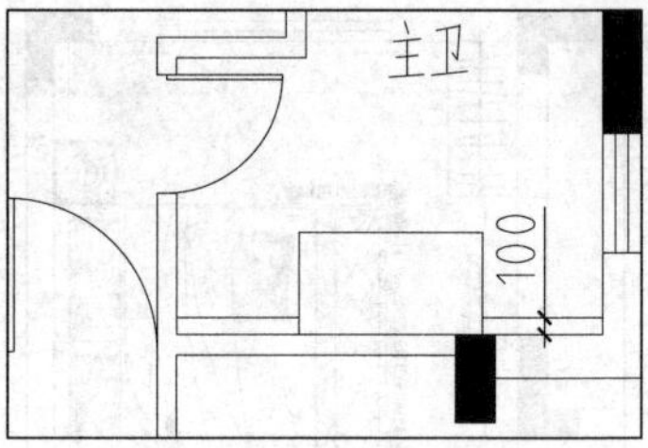

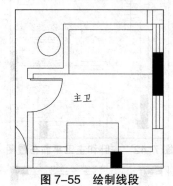

图 7-54 绘制线段

图 7-55 绘制线段

7. 插入图块

从图库中插入衣架、电视、床、浴缸、洗手盆和座便器等图块，效果如图 7-42 所示，主卧和主卫平面布置图绘制完成。

7.4.4 插入立面指向符号

当平面布置图绘制完成后，即可调用 INSERT 命令，插入"立面指向符"图块，并输入立面编号即可，效果如图 7-56 所示。

图 7-56 插入立面指向符号

7.5 绘制三居室地材图

地中海风格地面设计较复杂，本例地面材料主要有米黄洞石、防腐木地板、仿古艺术砖、石材、马赛克、仿古砖、实木地板和防滑砖，如图 7-57 所示，下面以客厅和过道，以及主卧和主卫为例介绍绘制方法。

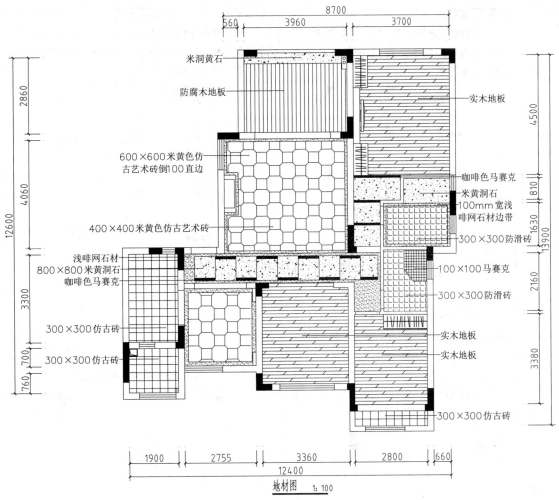

米洞黄石

防腐木地板

600×600米黄色仿
古艺术砖倒100直边

400×400米黄色仿古艺术砖

浅啡网石材
800×800米黄洞石
咖啡色马赛克

300×300仿古砖

300×300仿古砖

实木地板

咖啡色马赛克
米黄洞石
100mm宽浅
啡网石材边带
300×300防滑砖

100×100马赛克
300×300防滑砖

实木地板
实木地板

300×300仿古砖

地材图   1:100

图 7-57　地材图

7.5.1 绘制客厅和过道地材图

　　如图 7-58 所示为客厅和过道地材图，下面讲解绘制方法。

600×600米黄色仿
古艺术砖倒100直边

400×400米黄色仿古艺术砖

浅啡网石材
800×800米黄洞石
咖啡色马赛克

图 7-58　客厅和过道地材图

1. 复制图形

　　地材图可在平面布置图的基础上进行绘制，因为地材图需要用到平面布置图中的墙体

等图形。调用 COPY/CO 命令，复制三居室平面布置图，然后删除所有与地材图无关的图形，如图 7-59 所示。

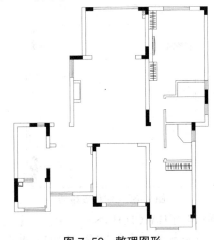

图 7-59　整理图形

2.绘制门槛线

01 设置【DM_地面】图层为当期图层。

02 调用 LINE/L 命令，在门洞位置绘制门槛线，如图 7-60 所示。

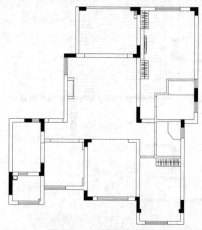

图 7-60　绘制门槛线

3.绘制地面图案

01 调用 PLINE/PL 命令，绘制多段线，如图 7-61 所示。

02 调用 OFFSET/O 命令，将多段线向内偏移 100mm，如图 7-62 所示。

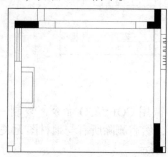

图 7-61　绘制多段线

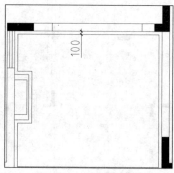

图 7-62　偏移多段线

03 调用 HATCH/H 命令，输入 T【设置】选项，在多段线内填充【AR-SAND】图案，填

充参数和效果如图 7-63 所示。

04 调用 PLINE/PL 命令，绘制多边形，然后调用 MOVE/MO 命令，将多边形移动到相应的位置，如图 7-64 所示。

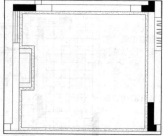

图 7-63　填充参数和效果

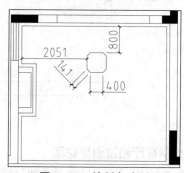

图 7-64　绘制多边形

05 调用 COPY/CO 命令，对多边形进行复制，使其效果如图 7-65 所示。

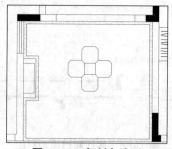

图 7-65　复制多边形

06 调用 COPY/CO 命令，对多边形和矩形进行复制，并对多余的线段进行修剪，效果如图 7-66 所示。

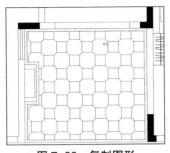

图 7-66　复制图形

07 调用 OFFSET/O 命令，绘制辅助线，如图 7-67 所示。

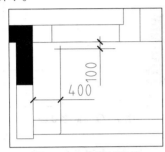

图 7-67　绘制辅助线

08 调用 RECTANG/REC 命令，以辅助线的交点为矩形的第一个角点，绘制尺寸为 800mm×900mm 的矩形，如图 7-68 所示。

09 调用 LINE/L 命令，在矩形内绘制一条线段，如图 7-69 所示。

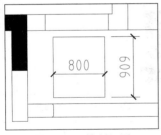

图 7-68　绘制矩形

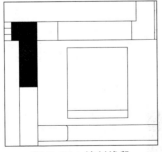

图 7-69　绘制线段

10 调用 HATCH/H 命令，输入 T【设置】选项，在线段下方填充【用户定义】图案，填

充参数和效果如图 7-70 所示。

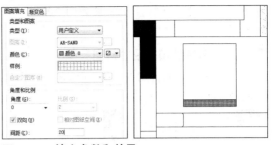

图 7-70　填充参数和效果

11 继续调用 HATCH/H 命令，在线段上方填充【AR-CONC】图案，效果如图 7-71 所示。

12 调用 COPY/CO 命令和 ROTATE/RO 命令，对图形进行复制和旋转，如图 7-72 所示。

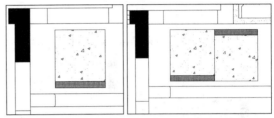

图 7-71　填充图案　　图 7-72　复制和旋转图形

13 调用 COPY/CO 命令，复制图形，并对最后一个图形进行调整，效果如图 7-73 所示。

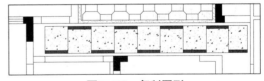

图 7-73　复制图形

14 调用 HATCH/H 命令，对过道其他区域填充【AR-SAND】图案，填充参数和效果如图 7-74 所示。

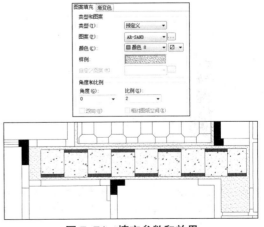

图 7-74　填充参数和效果

⓯ 调用 MLEADER/MLD 命令，对客厅和过道地面材料进行标注，效果如图 7-58 所示，完成客厅和过道地材图的绘制。

7.5.2 绘制主卧和主卫地材图

主卧和主卫地材图如图 7-75 所示，下面讲解绘制方法。

实木地板

咖啡色马赛克
米黄洞石
100mm 宽浅啡网石材边带

300×300 防滑砖

图 7-75 主卧和主卫地材图

1. 绘制主卧地面

⓵ 调用 LINE/L 命令，绘制线段，如图 7-76 所示。

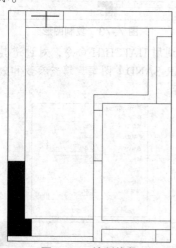

图 7-76 绘制线段

⓶ 调用 OFFSET/O 命令，将线段依次向下偏移，并对线段进行调整，效果如图 7-77 所示。

⓷ 调用 HATCH/H 命令，在线段内填充【用户定义】图案，效果如图 7-78 所示。

⓸ 继续调用 HATCH/H 命令，对线段之间的区域填充【AR-CONC】图案，效果如图 7-79 所示。

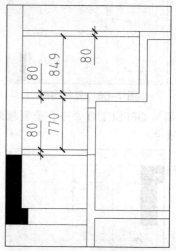

图 7-77 偏移线段

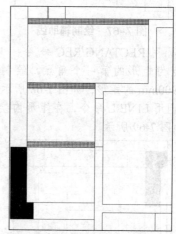

图 7-78 填充图案

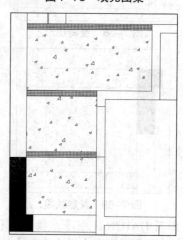

图 7-79 填充图案

05 在主卧区域填充【DOLMIT】图案，填充参数和效果如图 7-80 所示。

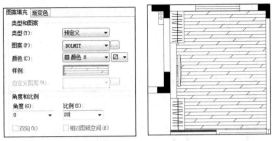

图 7-80 填充参数和效果

2. 绘制主卫地面

01 调用 RECTANG/REC 命令，绘制矩形，并将矩形向内偏移 100mm，如图 7-81 所示。

02 调用 HATCH/H 命令，输入 T【设置】选项，在矩形外填充【AR-SAND】图案，效果如图 7-82 所示。

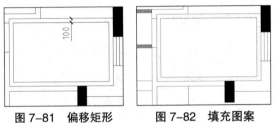

图 7-81 偏移矩形　　图 7-82 填充图案

03 调用 HATCH/H 命令，在矩形内填充【ANGLE】图案，填充参数和效果如图 7-83 所示。

04 对浴缸所在的区域填充【AR-CONC】图案，效果如图 7-84 所示。

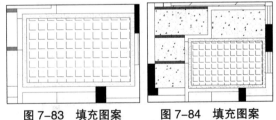

图 7-83 填充图案　　图 7-84 填充图案

3. 标注地面材料

调用 MLEADER/MLD 命令，对主卧和主卫地面材料进行文字标注，效果如图 7-75 所示，完成主卧和主卫地材图的绘制。

7.6 绘制三居室顶棚图

如图 7-85 所示为地中海风格三居室顶棚图，采用实木梁作为吊顶，下面以客厅、厨房、次卧和次卫顶棚为例介绍其绘制方法。

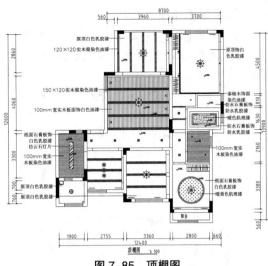

图 7-85 顶棚图

7.6.1 绘制客厅顶棚图

如图 7-86 所示为客厅顶棚图，下面讲解绘制方法。

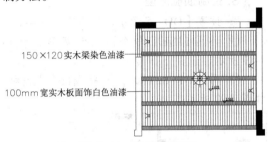

图 7-86 客厅顶棚图

1. 复制图形

绘制顶棚图需要用到平面布置图中的墙体图形，还需要依据平面布置图来定位相关图形，如灯具等。删除与顶棚图无关的图形，如图 7-87 所示。

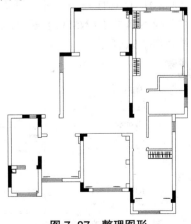

图 7-87 整理图形

2. 绘制墙体线

01 设置【DM_地面】图层为当前图层。

02 调用 LINE/L 命令，绘制墙体线，如图 7-88 所示。

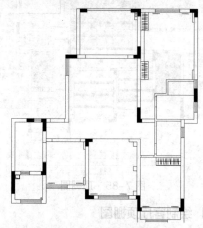

图 7-88　绘制墙体线

3. 绘制顶棚造型

01 设置【DD_吊顶】图层为当前图层。

02 调用 LINE/L 命令，绘制线段，如图 7-89 所示。

03 调用 OFFSET/O 命令，将线段向上偏移，如图 7-90 所示。

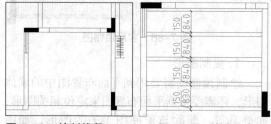

图 7-89　绘制线段　　　图 7-90　偏移线段

04 调用 HATCH/H 命令，输入 T【设置】选项，在线段内填充【ANSI33】图案，填充参数和效果如图 7-91 所示。

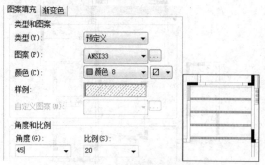

图 7-91　填充参数和效果

05 调用 HATCH/H 命令，对线段之间的区域填充【LINE】图案，填充参数和效果如图 7-92 所示。

图 7-92　填充参数和效果

4. 布置灯具

01 打开本书配套资源"第 7 章 \ 家具图例 .dwg"文件，将本例所用到的灯具图例表复制到当前图形中，如图 7-93 所示。

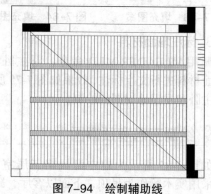

图例	名称
▣	单头射灯
◎◎	双头射灯
∘	点藏射灯
⊕	吸顶灯
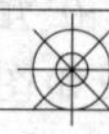 ✳	装饰吊灯
⊀	射灯

图 7-93　图例表

02 调用 LINE/L 命令，绘制辅助线，如图 7-94 所示。

03 调用 COPY/CO 命令，复制装饰吊灯到辅助线的中心点，并对多余的线段进行修剪，如图 7-95 所示。

图 7-94　绘制辅助线

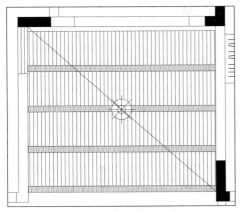

图 7-95　复制装饰吊灯

[04] 删除辅助线，如图 7-96 所示。

[05] 调用 COPY/CO 命令和 ROTATE/RO 命令，布置其他灯具，效果如图 7-97 所示。

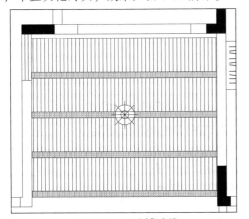

图 7-96　删除辅助线

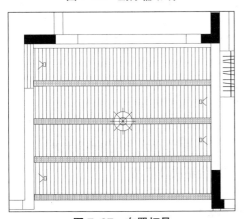

图 7-97　布置灯具

5. 标注标高

标高反映了各级吊顶的高度，调用 INSERT/I 命令，插入"标高"图块，标注出各级吊顶标高，结果如图 7-98 所示。

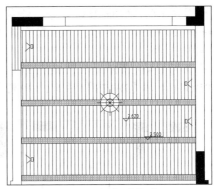

图 7-98　标注标高

6. 文字说明

调用 MLEADER/MLD 命令，对顶棚进行文字说明，结果如图 7-86 所示，完成客厅顶棚图的绘制。

7.6.2　绘制厨房顶棚图

厨房顶棚图如图 7-99 所示，下面讲解绘制方法。

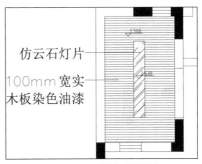

仿云石灯片

100mm 宽实木板染色油漆

图 7-99　厨房顶棚图

1. 绘制顶棚造型

[01] 调用 OFFSET/O 命令，绘制辅助线，如图 7-100 所示。

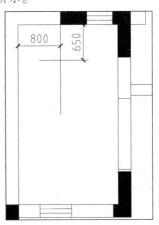

图 7-100　绘制辅助线

02 调用 RECTANG/REC 命令，绘制尺寸为 300mm×2000mm 的矩形，然后删除辅助线，如图 7-101 所示。

03 调用 HATCH/H 命令，在矩形内填充【AR-RROOF】和【DOTS】图案，效果如图 7-102 所示。

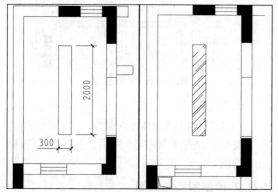

图 7-101　绘制矩形　　图 7-102　填充图案

04 调用 HATCH/H 命令，对矩形外区域填充【LINE】图案，效果如图 7-103 所示。

2. 标注标高和文字说明

01 调用 INSERT/I 命令，插入标高图块，如图 7-104 所示。

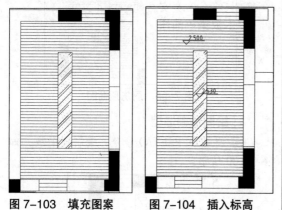

图 7-103　填充图案　　图 7-104　插入标高

02 调用 MLEADER/MLD 命令，标出顶棚的材料，完成厨房顶棚图的绘制。

7.6.3　绘制次卧和次卫顶棚图

如图 7-105 所示为次卧和次卫顶棚图，下面讲解绘制方法。

1. 绘制线段

调用 LINE/L 命令和 OFFSET/O 命令，绘制线段，如图 7-106 所示。

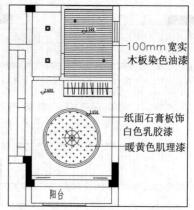

图 7-105　次卧和次卫顶棚图

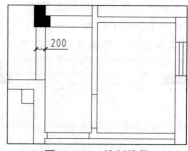

图 7-106　绘制线段

2. 填充卫生间顶面图案

调用 HATCH/H 命令，输入 T【设置】选项，在卫生间区域填充【LINE】图案，填充参数和效果如图 7-107 所示。

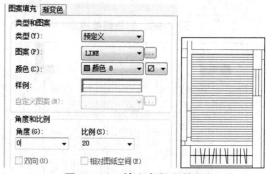

图 7-107　填充参数和效果

3. 绘制次卧顶棚

01 调用 OFFSET/O 命令，绘制辅助线，如图 7-108 所示。

02 调用 CIRCLE/C 命令，以辅助线的交点为圆心，绘制半径为 900mm 的圆，然后删除辅助线，如图 7-109 所示。

03 调用 OFFSET/O 命令，将圆向外偏移两次，每次偏移 50mm，如图 7-110 所示。

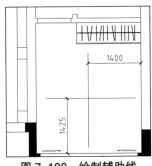

图 7-108　绘制辅助线

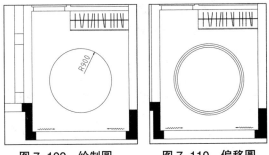

图 7-109　绘制圆　　　图 7-110　偏移圆

04 调用 HATCH/H 命令，输入 T【设置】选项，在最小的圆内填充【CROSS】图案，填充参数和效果如图 7-111 所示。

05 调用 LINE/L 命令，绘制线段表示窗帘盒，如图 7-112 所示。

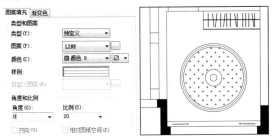

图 7-111　填充参数和效果

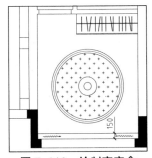

图 7-112　绘制窗帘盒

4. 布置灯具

调用 COPY/CO 命令，从灯具图例表中复制灯具图形到顶棚图中，如图 7-113 所示。

5. 插入标高

调用 INSERT/I 命令，插入标高图块创建标高，如图 7-114 所示。

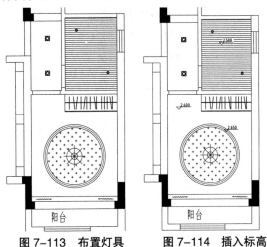

图 7-113　布置灯具　　　图 7-114　插入标高

6. 标注尺寸和文字说明

文字说明的方法与客厅、厨房顶棚图相同，完成后的效果如图 7-105 所示。

7.7　绘制三居室立面图

本例通过介绍地中海风格三居室立面图的绘制，以了解和掌握地中海风格墙面的装饰做法和家具造型。

7.7.1　绘制客厅 A 立面图

如图 7-115 所示为客厅 A 立面图，该立面图为客厅壁炉和实木窗所在的墙面，下面讲解绘制方法。

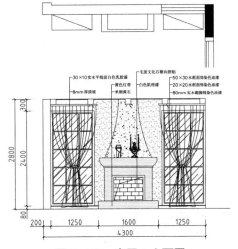

图 7-115　客厅 A 立面图

1. 复制图形

调用 COPY/CO 命令，复制平面布置图上客厅 A 立面的平面部分，并对图形进行旋转。

2. 绘制 A 立面的基本轮廓

01 设置【LM_ 立面】图层为当前图层。

02 调用 LINE/L 命令，从客厅平面图中绘制出左右墙体的投影线，如图 7-116 所示。

03 调用 PLINE/PL 命令绘制地面轮廓线，结果如图 7-117 所示。

04 调用 LINE/L 命令绘制顶棚底面，如图 7-118 所示。

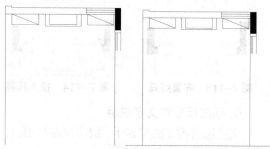

图 7-116　绘制墙体线　　图 7-117　绘制地面

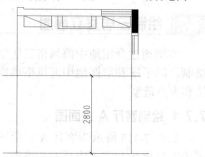

图 7-118　绘制顶棚底面

05 调用 TRIM/TR 命令或夹点功能，修剪得到 A 立面外轮廓，并转换至【QT_ 墙体】图层，如图 7-119 所示。

图 7-119　修剪线段

3. 绘制顶棚造型

01 调用 RECTANG/REC 命令，绘制 150mm×135mm 的矩形，如图 7-120 所示。

02 调用 ARRAY/AR 命令，对所绘制的矩形进行阵列，命令行提示如下：

命令 : ARRAY↵
// 调用阵列命令
选择对象 : 指定对角点 : 找到 1 个
// 选择绘制好的矩形
选择对象 : 输入阵列类型 [矩形 (R)/ 路径 (PA)/
极轴 (PO)] < 矩形 >: R↵
// 选择矩形阵列方式
类型 = 矩形　关联 = 是
为项目数指定对角点或 [基点 (B)/ 角度 (A)/
计数 (C)] < 计数 >: C↵
// 选择计数选项
输入行数或 [表达式 (E)] <4>: 1↵
// 输入行数为 1
输入列数或 [表达式 (E)] <4>: 5↵
// 输入列数为 5
指定对角点以间隔项目或 [间距 (S)] < 间距 >: S↵
// 选择间距选项
指定列之间的距离或 [表达式 (E)] <875.1001>:
-990↵
// 指定列之间的距离
按 Enter 键接受或 [关联 (AS)/ 基点 (B)/ 行 (R)/
列 (C)/ 层 (L)/ 退出 (X)] < 退出 >:↵
// 按 Enter 键结束绘制，阵列结果如图 7-121 所示

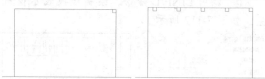

图 7-120　绘制矩形　　　图 7-121　阵列结果

03 调用 LINE/L 命令，在矩形间绘制线段，如图 7-122 所示。

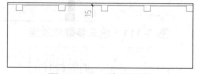

图 7-122　绘制线段

4. 绘制壁炉

01 调用 RECTANG/REC 命令，绘制尺寸为 1320mm×30mm 的矩形，并移动到相应的位置，如图 7-123 所示。

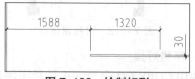

图 7-123　绘制矩形

02 调用 LIEN/L 命令，在矩形上方绘制一

条线段，如图 7-124 所示。

⓷ 调用 ARC/A 命令，绘制弧线，如图 7-125 所示。

⓸ 调用 MIRROR/MI 命令，对弧线进行镜像，如图 7-126 所示。

图 7-124 绘制线段　　图 7-125 绘制弧线

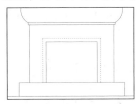

图 7-126 镜像弧线

⓹ 调用 PLINE/PL 命令，绘制段线，如图 7-127 所示。

⓺ 调用 PLINE/PL 命令，绘制多段线，如图 7-128 所示。

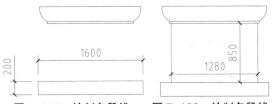

图 7-127 绘制多段线　　图 7-128 绘制多段线

⓻ 调用 OFFSET/O 命令，将多段线向内偏移 200mm 和 50mm，并将偏移 200mm 后的线段设置为虚线，如图 7-129 所示。

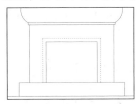

图 7-129 偏移线段

⓼ 调用 HATCH/H 命令，输入 T【设置】选项，在多段线内填充【AR-B816】图案，表示壁炉内部墙体，填充参数和效果如图 7-130 所示。

⓽ 调用 PLINE/PL 命令，在壁炉内绘制折线，表示内空，如图 7-131 所示。

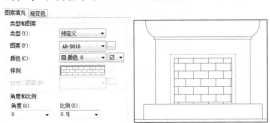

图 7-130 填充参数和效果

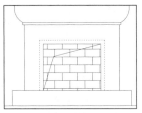

图 7-131 绘制折线

⑩ 调用 HATCH/H 命令，在壁炉其他区域填充【DOTS】图案，填充参数和效果如图 7-132 所示。

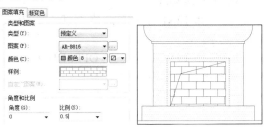

图 7-132 填充图案

5. 绘制壁炉上方造型

⓵ 调用 LINE/L 命令和 OFFSET/O 命令，绘制辅助线，如图 7-133 所示。

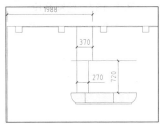

图 7-133 绘制辅助线

⓶ 调用 ARC/A 命令，绘制弧线，然后删除辅助线，如图 7-134 所示。

⓷ 调用 MIRROR/MI 命令，对弧线进行镜像，如图 7-135 所示。

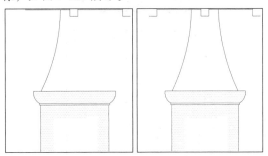

图 7-134 绘制弧线　　图 7-135 镜像弧线

⓸ 调用 HATCH/H 命令，在弧线内填充【AR-CONC】图案，效果如图 7-136 所示。

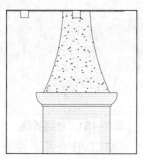

图 7-136　填充图案

6. 绘制踢脚线

01 调用 LINE/L 命令，绘制线段，如图 7-137 所示。

02 调用 LINE/L 命令和 OFFSET/O 命令，绘制踢脚线，如图 7-138 所示。

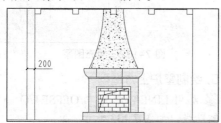

图 7-137　绘制线段

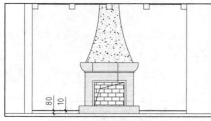

图 7-138　绘制踢脚线

7. 绘制实木窗

01 调用 RECTANG/REC 命令，绘制尺寸为 1150mm×2420mm 的矩形，如图 7-139 所示。

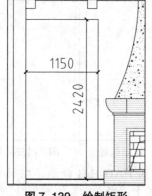

图 7-139　绘制矩形

02 调用 OFFSET/O 命令，将矩形向内偏移 50mm，如图 7-140 所示。

03 调用 RECTANG/REC 命令，绘制尺寸为 323mm×440mm 的矩形，并移动到相应的位置，如图 7-141 所示。

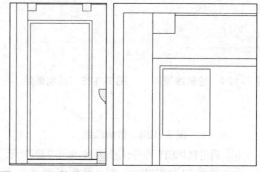

图 7-140　偏移矩形　　图 7-141　绘制矩形

04 调用 ARRAY/AR 命令，对矩形进行阵列，命令行提示如下：

命令：ARRAY↙
　　// 调用阵列命令
选择对象：找到 1 个
　　// 选择矩形作为阵列对象
选择对象：输入阵列类型 [矩形 (R)/ 路径 (PA)/
极轴 (PO)] < 矩形 >: R↙
　　// 选择矩形阵列方式
类型 = 矩形　关联 = 是
为项目数指定对角点或 [基点 (B)/ 角度 (A)/
计数 (C)] < 计数 >: C↙
　　// 选择计数选项
输入行数或 [表达式 (E)] <4>: 5↙
　　// 输入行数为 5
输入列数或 [表达式 (E)] <4>: 3↙
　　// 输入列数为 3
指定对角点以间隔项目或 [间距 (S)] < 间距 >: S↙
　　// 选择间距选项
指定行之间的距离或 [表达式 (E)] <844.969>:
-460↙
　　// 指定行之间的距离
指定列之间的距离或 [表达式 (E)] <757.5332>:
340↙
　　// 指定列之间的距离
按 Enter 键接受或 [关联 (AS)/ 基点 (B)/ 行 (R)/
列 (C)/ 层 (L)/ 退出 (X)] < 退出 >: ↙
　　// 按 Enter 键结束绘制，阵列结果如图 7-142 所示

05 调用 HATCH/H 命令，在矩形内填充

【AR-RROOF】图案表示玻璃，填充效果如图 7-143 所示。

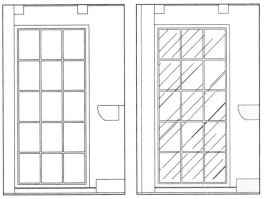

图 7-142　阵列结果　　图 7-143　填充效果

06 调用 COPY/CO 命令，将实木窗进行复制，得到右侧同样造型的图形，效果如图 7-144 所示。

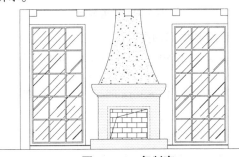

图 7-144　复制窗

8. 插入图块

按 Ctrl+O 快捷键，打开配套资源提供的"第 7 章 \ 家具图例 .dwg"文件，选择其中的窗帘、陈设品和射灯等图块复制至客厅区域，效果如图 7-145 所示。

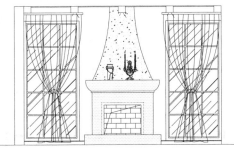

图 7-145　插入图块

9. 填充墙面

调用 HATCH/H 命令，对客厅墙面填充【AR-SAND】图案，效果如图 7-146 所示。

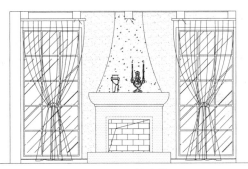

图 7-146　填充墙面

10. 标注尺寸和材料说明

01 设置【BZ_标注】图层为当前图层，设置当前注释比例为 1 : 50。

02 调用 DIM 命令，标注尺寸，如图 7-147 所示。

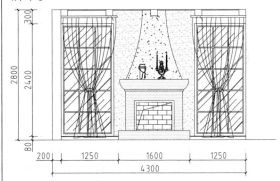

图 7-147　尺寸标注

03 调用 MLEADER/MLD 命令进行材料标注，标注结果如图 7-148 所示。

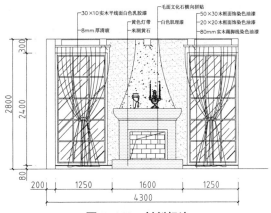

图 7-148　材料标注

11. 插入图名

调用 INSERT/I 命令，插入【图名】图块，设置名称为"客厅 A 立面图"，客厅 A 立面图绘制完成。

7.7.2 绘制主卧 C 立面图

主卧 C 立面为床所在的墙面，如图 7-149 所示。主要表达了墙面的装饰做法，下面讲解绘制方法。

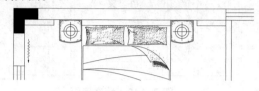

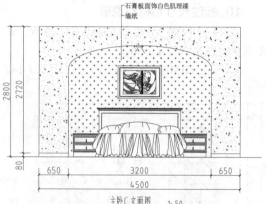

图 7-149　主卧 C 立面图

1. 复制图形

调用 COPY/CO 命令，复制平面布置图上主卧 C 立面的平面部分，并对图形进行旋转。

2. 绘制 C 立面基本轮廓

01 设置【LM_立面】图层为当前图层。

02 调用 LINE/L 命令，绘制 C 立面左、右侧墙体和地面轮廓线，如图 7-150 所示。

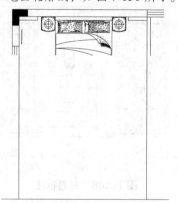

图 7-150　绘制墙体和地面

03 根据顶棚图主卧标高，调用 OFFSET/O 命令，向上偏移地面轮廓线，偏移距离为 2800mm，得到顶面轮廓线，如图 7-151 所示。

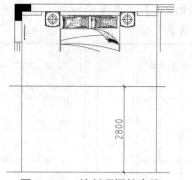

图 7-151　绘制顶棚轮廓线

04 调用 TRIM/TR 命令，修剪多余线段，并转换至【QT_墙体】图层，结果如图 7-152 所示。

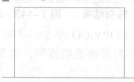

图 7-152　修剪线段

3. 绘制拱门造型

01 调用 LINE/L 命令和 OFFSET/O 命令，绘制线段，如图 7-153 所示。

02 调用 ELLIPSE/EL 命令，绘制椭圆，命令选项如下：

命令：ELLIPSE↙

　　// 调用绘制椭圆命令

指定椭圆的轴端点或 [圆弧 (A)/ 中心点 (C)]：

　　// 捕捉左侧线段顶点

指定轴的另一个端点：

　　// 捕捉右侧线段墙体端点

指定另一条半轴长度或 [旋转 (R)]：500↙

　　// 输入椭圆半轴长度 500mm，效果如图 7-154 所示

03 调用 TRIM/TR 命令，对椭圆进行修剪，如图 7-155 所示。

图 7-153　绘制线段　　图 7-154　绘制椭圆

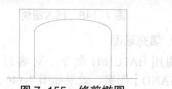

图 7-155　修剪椭圆

04 调用 HATCH/H 命令，输入 T【设置】选项，在拱门内填充【CROSS】图案，填充参数和效果如图 7-156 所示。

4. 绘制踢脚线

调用 LINE/L 命令，绘制踢脚线，如图 7-157 所示。

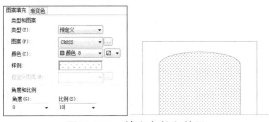

图 7-156　填充参数和效果

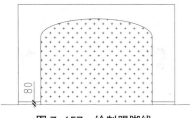

图 7-157　绘制踢脚线

5. 填充墙面

调用 HATCH/H 命令，在主卧墙面填充【AR-CONC】图案，效果如图 7-158 所示。

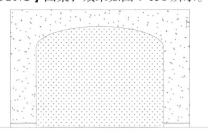

图 7-158　填充墙面

6. 插入图块

床、床头柜和装饰画等图形可直接从图库中调用，并对图形重叠的部分进行修剪，效果如图 7-159 所示。

图 7-159　插入图块

7. 标注尺寸、材料说明

01 设置【BZ_标注】为当前图层，设置当前注释比例为 1 : 50。调用智能标注命令 DIM 进行尺寸标注，如图 7-160 所示。

02 调用多重引线命令对材料进行标注，结果如图 7-161 所示。

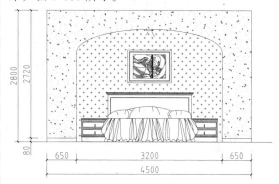

图 7-160　尺寸标注

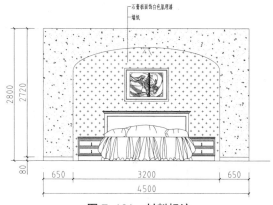

图 7-161　材料标注

8. 插入图名

调用 INSERT/I 命令，插入【图名】图块，设置名称为"主卧 C 立面图"，主卧 C 立面图绘制完成。

7.7.3 绘制其他立面图

其他立面图的绘制方法比较简单，请读者应用前面所学知识进行绘制，如图 7-162—图 7-167 所示。

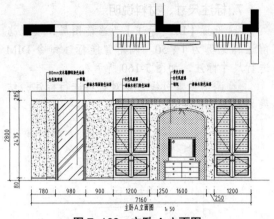

图 7-162　主卧 A 立面图

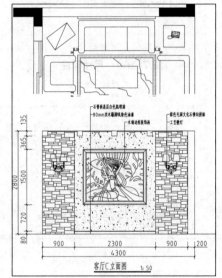

图 7-163　客厅 C 立面图

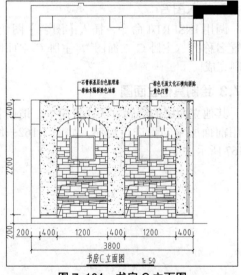

图 7-164　书房 C 立面图

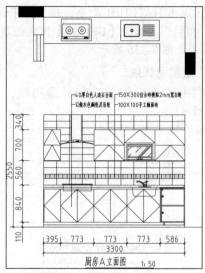

图 7-165　厨房 A 立面图

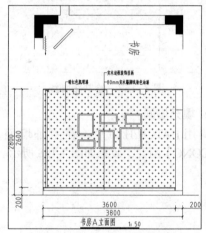

图 7-166　书房 A 立面图

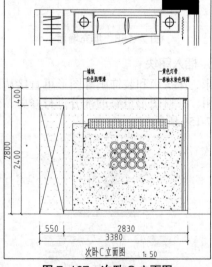

图 7-167　次卧 C 立面图

第 8 章

异域风情错层室内设计

本 章 导 读

错层是指在一套住宅内的各种功能和房间不在同一平面上，用高差进行空间隔断。错层的层次分明，立体感较强，又未分成两层，适合大面积的住宅。本章以异域风情错层为例，讲解现代错层的设计方法和绘制施工图的方法，使读者掌握错层的设计技巧。

本 章 重 点

- ◈ 异域风情概述
- ◈ 调用样板新建文件
- ◈ 绘制错层原始户型图
- ◈ 墙体改造
- ◈ 绘制错层平面布置图
- ◈ 绘制错层地材图
- ◈ 绘制错层顶棚图
- ◈ 绘制错层立面图

8.1 异域风情概述

近几年，随着装饰设计不断走向个性化，独具魅力的异域风情装修风格也逐渐流行起来。不同风格的家居，能给人带来别样的视觉享受。异域风情具有与本地设计不一样的特点。

8.1.1 异域风情风格元素

如墙砖的交错拼贴、斜铺仿古砖、小砖点缀、漂亮的马赛克，勾勒出整体的舒适环境。深色的家具、浓郁的布艺窗帘，不同的质感，都能营造温馨的格调。此外，在灯具与其他配饰的选用上要注意颜色穿插和层次分明，如图8-1所示。

8.1.2 错层住宅的错落方式

● 前后错层：即南北错层，一般为客厅和餐厅的错层，利用平面上的错层，使静与动、会客与餐厅的功能分区布置，避免相互干扰，如图8-2所示。

● 左右错层：即东西错层，一般为客厅和卧室错层。

图 8-1 异域风情

图 8-2 错层效果图

8.2 调用样板新建文件

图 8-3 【选择样板】对话框

本书第3章创建了室内装潢施工图样板，该样板已经设置了相应的图形单位、样式、图层和图块等，原始户型图可以直接在此样板的基础上进行绘制。

01 调用 NEW【新建】命令，打开【选择样板】对话框。

02 选择【室内装潢施工图模板】，如图8-3所示。

03 单击【打开】按钮，以样板创建图形，新图形中包含了样板中创建的图层、样式和图块等内容。

04 调用 QSAVE【保存】命令，打开【图形另存为】对话框，在【文件名】框中输入文件名，单击【保存】按钮保存图形。

8.3 绘制错层原始户型图

错层原始户型图如图8-4所示，它由墙体、门窗、柱子和台阶等构建组成。本节以错层原始户型图为例介绍其绘制方法。

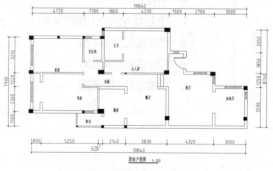

图 8-4 错层原始户型图

8.3.1 绘制轴线

轴线是墙体绘制的基础，通常在绘制轴线之前，要认真分析轴网的特征及规律。本例错层轴网如图 8-5 所示，可使用【多段线】命令绘制。

01 设置【ZX_轴线】图层为当前图层。

02 调用 PLINE/PL 命令，绘制轴线的外轮廓，如图 8-6 所示。

图 8-5　轴网

图 8-6　绘制轴线的外轮廓

03 调用 PLINE/PL 命令，绘制轴线的内轮廓，如图 8-7 所示。

8.3.2 标注尺寸

01 设置【BZ_标注】图层为当前图层。

02 调用 RECTANG/REC 命令，绘制矩形框住轴线，如图 8-8 所示。

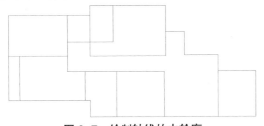

图 8-7　绘制轴线的内轮廓

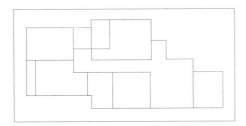

图 8-8　绘制矩形

03 调用 DIM 命令，标注尺寸，标注后删除矩形，如图 8-9 所示。

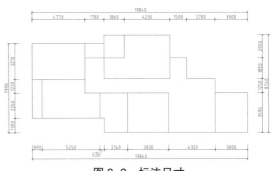

图 8-9　标注尺寸

8.3.3 绘制墙体

在绘制墙体之前需要确定墙体厚度，如外墙、内墙。墙体的绘制可调用 MLINE/ML 命令，绘制完成后的效果如图 8-10 所示。

8.3.4 修剪墙体

01 调用 EXPLODE/X 命令，对墙体进行分解。

02 为方便修剪墙体，隐藏【ZX_轴线】图层。

03 调用 TRIM/TR 命令，对墙体进行修剪，效果如图 8-11 所示。

图 8-10　绘制墙体

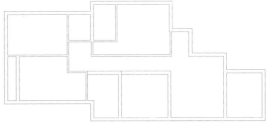

图 8-11　修剪墙体

04 调整墙体。当墙体的厚度不统一时，可对墙体进行移动，结果如图 8-12 所示。

8.3.5 绘制阳台

阳台的四周采用的是栏杆，下面讲解绘制方法。

01 调用 PLINE/PL 命令，绘制多段线，如图 8-13 所示。

177

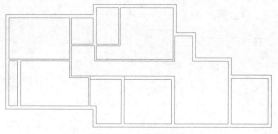

图 8-12　移动墙体

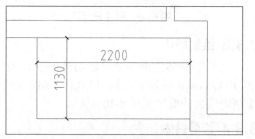

图 8-13　绘制多段线

02 调用 OFFSET/O 命令，将多段线向外偏移得到栏杆，如图 8-14 所示。

8.3.6　绘制柱子

01 设置【ZZ_柱子】图层为当前图层。

02 调用 RECTANG/REC 命令，绘制柱子轮廓，如图 8-15 所示。

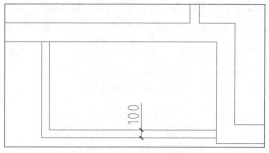

图 8-14　偏移多段线

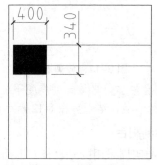

图 8-15　绘制矩形

03 调用 HATCH/H 命令，在矩形内填充【SOLID】图案，效果如图 8-16 所示。

04 使用相同的方法绘制其他柱子，效果如图 8-17 所示。

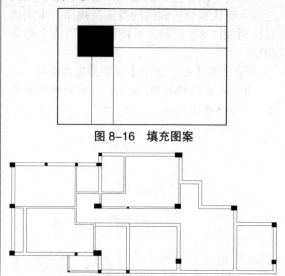

图 8-16　填充图案

图 8-17　绘制其他柱子

8.3.7　开门窗洞及绘制门窗

在绘制门窗洞时，需要弄清楚门窗的宽度和安装位置，开门窗洞可调用 OFFSET/O 命令和 TRIM/TR 命令绘制，效果如图 8-18 所示。

门窗图形均可调用 INSERT/I 命令插入"门（1000）图块"和"窗（1000）图块"，效果如图 8-19 所示。

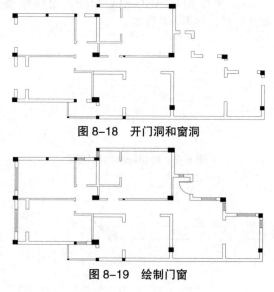

图 8-18　开门洞和窗洞

图 8-19　绘制门窗

8.3.8　绘制台阶

01 调用 PLINE/PL 命令，绘制多段线，如图 8-20 所示。

02 调用 LINE/L 命令，在多段线内绘制一条线段表示台阶，如图 8-21 所示。

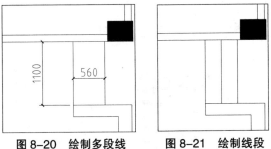

图 8-20　绘制多段线　　图 8-21　绘制线段

8.3.9 文字标注

接下来需要对各个空间进行名称标注，调用 MTEXT/MT 命令，对房间名称进行标注，结果如图 8-22 所示。

8.3.10 插入图名

调用 INSERT/I 命令，插入【图名】图块，完成错层原始户型图的绘制。

图 8-22　文字标注

8.4　墙体改造

墙体改造是指把室内的墙体拆除，本例墙体改造位置为客厅和厨房的墙体，墙体改造后的效果如图 8-23 所示，下面讲解绘制方法。

图 8-23　墙体改造图

8.4.1 改造客厅

如图 8-24 所示为客厅改造前后的对比。

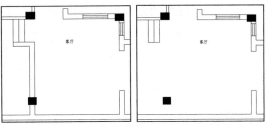

图 8-24　客厅改造前后对比

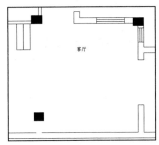

图 8-25　删除墙体

01 删除客厅与台阶相连的墙体，如图 8-25 所示。

02 使用夹点功能拉伸线段，使线段闭合，如图 8-26 所示。

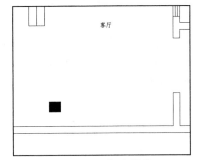

图 8-26　闭合线段

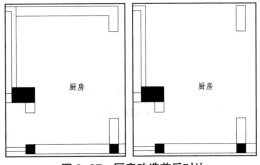

图 8-27　厨房改造前后对比

8.4.2 改造厨房

如图 8-27 所示为厨房改造前后的对比。

01 使用夹点功能延长线段，如图 8-28 所示。

02 调用 TRIM/TR 命令，将左侧的线段进行修剪，效果如图 8-29 所示。

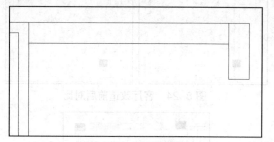

图 8-28　延长线段

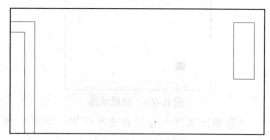

图 8-29　修剪线段

8.5 绘制错层平面布置图

绘制平面布置图的过程，实际上也是对室内空间进行布局设计的过程。本例错层平面布置图如图 8-30 所示，采用的是异域风情风格，下面讲解绘制方法。

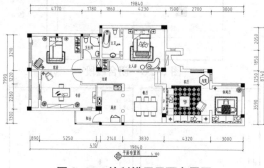

图 8-30　绘制错层平面布置图

8.5.1 绘制客厅和休闲厅平面布置图

客厅和休闲厅的平面布置图如图 8-31 所示，下面讲解绘制方法。

1. 绘制鞋柜

01 设置【JJ_家具】图层为当前图层。

02 调用 RECTANG/REC 命令，绘制尺寸为 250mm×900mm 的矩形，表示鞋柜轮廓，如图 8-32 所示。

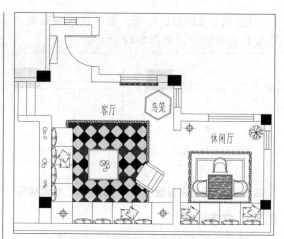

图 8-31　客厅和休闲厅平面布置图

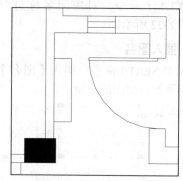

图 8-32　绘制矩形

03 调用 LINE/L 命令，在矩形中绘制一条对角线，表示鞋柜是不到顶的，如图 8-33 所示。

2. 绘制装饰隔断

01 调用 PLINE/PL 命令，绘制多段线，如图 8-34 所示。

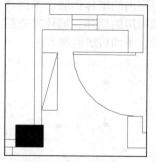

图 8-33　绘制线段

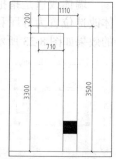

图 8-34　绘制多段线

02 调用 FILLET/F 命令，对多段线进行圆角，圆角半径为 30mm，如图 8-35 所示。

3. 绘制窗装饰造型

01 调用 PLINE/PL 命令，绘制多段线，如图 8-36 所示。

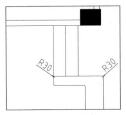

图 8-35　圆角

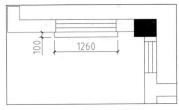

图 8-36　绘制多段线

02 调用 HATCH/H 命令，输入 T【设置】选项，在多段线内填充【AR-R/ROOF】图案，填充参数和效果如图 8-37 所示。

4. 绘制鸟笼

01 调用 POLYGON/POL 命令，绘制多边形，命令选项如下：

命令：POLYGON↵

　　// 调用 POLYGON 命令

输入侧面数 <6>：6↵

　　// 输入多边形的边数

指定正多边形的中心点或 [边 (E)]：

　　// 拾取一点作为多边形的中心点

输入选项 [内接于圆 (I)/ 外切于圆 (C)] <I>：I↵

　　// 选择 "内接于圆 (I)" 选项

指定圆的半径：460↵

　　// 输入圆的半径，得到的效果如图 8-38 所示

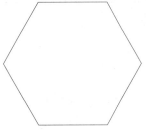

图 8-38　多边形

02 调用 ROTATERO 命令，将多边形旋转 90°，并移动到相应的位置，如图 8-39 所示。

03 调用 OFFSET/O 命令，将多边形向外偏移 30mm，如图 8-40 所示。

04 调用 MTEXT/MT 命令，标注鸟笼文字名称，如图 8-41 所示。

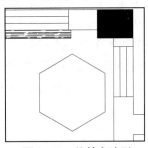

图 8-39　旋转多边形

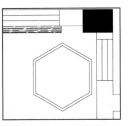

图 8-40　偏移多边形

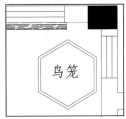

图 8-41　标注文字

5. 绘制沙发组轮廓

01 调用 PLINE/PL 命令，绘制多段线，如图 8-42 所示。

02 调用 LINE/L 命令和 OFFSET/O 命令，绘制线段，划分沙发轮廓，如图 8-43 所示。

图 8-37　填充参数和效果

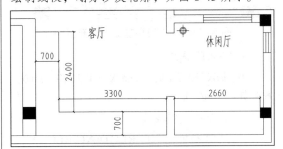

图 8-42　绘制多段线

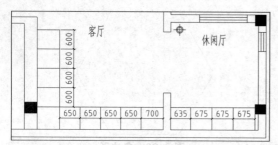

图 8-43　划分沙发轮廓

03 调用 FILLET/F 命令，对沙发角进行圆角，效果如图 8-44 所示。

6. 插入图块

打开配套资源提供的"第 8 章＼家具图例.dwg"文件，选择其中抱枕、灯具、沙发、休闲桌椅、地毯、植物和装饰品等图块，将其复制至客厅和休闲厅区域，如图 8-31 所示，客厅和休闲厅平面布置图绘制完成。

8.5.2　绘制主人房和主卫平面布置图

主人房和主卫平面布置图如图 8-45 所示，下面讲解绘制方法。

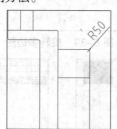

图 8-44　圆角

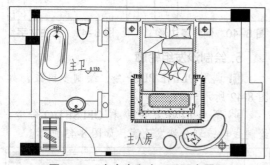

图 8-45　主人房和主卫平面布置图

1. 插入门图块

调用 INSERT/I 命令，插入"门（1000）"图块，效果如图 8-46 所示。

2. 绘制衣柜和衣架

01 绘制衣柜。调用 RECTANG/REC 命令，绘制 600mm×980mm 的矩形，如图 8-47 所示。

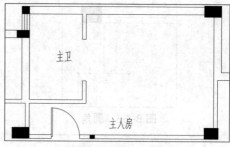

图 8-46　插入门图块

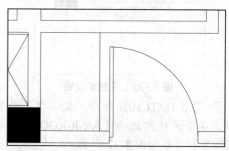

图 8-47　绘制矩形

02 调用 OFFSET/O 命令，将矩形向内偏移 30mm，如图 8-48 所示。

03 调用 LINE/L 命令和 OFFSET/O 命令，绘制挂衣杆，如图 8-49 所示。

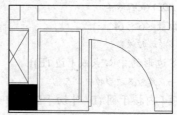

图 8-48　偏移矩形

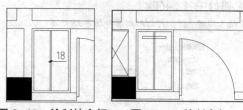

图 8-49　绘制挂衣杆　　图 8-50　绘制衣架

04 绘制衣架。调用 RECTANG/REC 命令，绘制尺寸为 378mm×36mm 的矩形表示衣架，如图 8-50 所示。

05 调用 COPY/CO 命令和 ROTATE/RO 命令，对衣架进行辅助和旋转，得到如图 8-51 所示效果。

3. 绘制床背景造型

01 调用 PLINE/PL 命令，绘制多段线，如

图 8-52 所示。

　　02 调用 MIRROR/MI 命令,将多段线进行镜像,如图 8-53 所示。

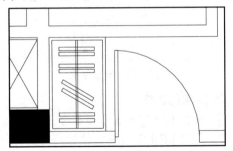

图 8-51　复制和旋转衣架

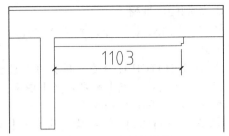

图 8-52　绘制多段线

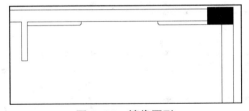

图 8-53　镜像图形

4. 绘制装饰台

　　01 调用 PLINE/PL 命令,绘制多段线,如图 8-54 所示。

　　02 调用 CIRCLE/C 命令,在多段线内绘制一个半径为 75mm 的圆,如图 8-55 所示。

　　03 调用 MIRROR/MI 命令,将图形进行镜像,如图 8-56 所示。

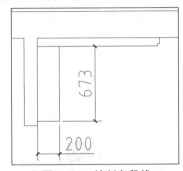

图 8-54　绘制多段线

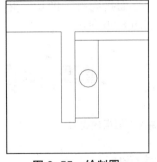

图 8-55　绘制圆　　　　图 8-56　镜像图形

　　04 调用 LINE/L 命令,绘制线段连接两个图形,如图 8-57 所示。

　　05 调用 INSERT/I 命令,在卫生间内插入【标高】图块,表示卫生间地面抬高的高度,如图 8-58 所示。

5. 绘制洗手盆台面

　　调用 LINE/L 命令,绘制线段表示洗手盆台面,如图 8-59 所示。

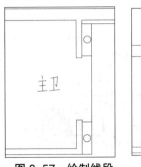

图 8-57　绘制线段　　　　图 8-58　插入标高

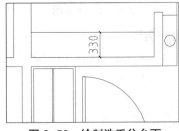

图 8-59　绘制洗手盆台面

6. 插入图块

　　本图所需要调用的图块有床、贵妃躺椅、窗帘、地毯、浴缸、座便器和洗手盆等图形,打开本书配套资源提供的"第 8 章\家具图例"文件,从中复制相关图形到本例图形内,完成后的效果如图 8-45 所示。

8.5.3 插入立面指向符号

　　当平面布置图绘制完成后,即可调用

INSERT 命令，插入"立面指向符"图块，并输入立面编号，效果如图 8-60 所示。

图 8-60 插入立面指向符号

8.6 绘制错层地材图

错层地材图如图 8-61 所示。下面以门厅、客厅和休闲厅地材图为例，介绍住宅各空间地材图的绘制方法。

8.6.1 绘制门厅、客厅和休闲厅地材图

门厅、客厅和休闲厅地材图如图 8-62 所示，门厅地面铺设地砖，客厅地面铺设马赛克和地砖，休闲厅铺设深浅两种不同颜色的地砖，下面讲解绘制方法。

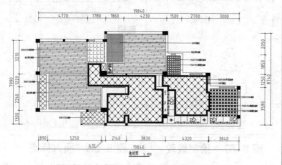

图 8-61 地材图

1. 复制图形

复制错层平面布置图，然后删除图中的家具，如图 8-63 所示。

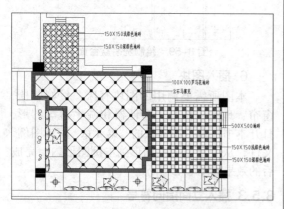

图 8-62 门厅、客厅和休闲厅地材图

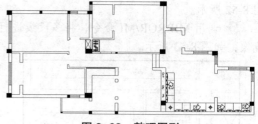

图 8-63 整理图形

2. 绘制门槛线

01 设置【DM_地面】图层为当前图层。

02 调用 LINE/L 命令，绘制门槛线。封闭填充图案区域，如图 8-64 所示。

3. 绘制门厅地材

01 调用 LINE/L 命令，绘制线段，如图 8-65 所示。

02 调用 HATCH/H 命令，输入 T【设置】选项，在门厅区域填充【用户定义】图案，填充参数设置和效果如图 8-66 所示。

03 调用 HATCH/H 命令，在地面填充【AR-CONC】图案，填充参数设置和效果如图 8-67 所示。

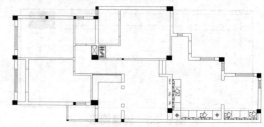

图 8-64 绘制门槛线

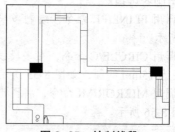

图 8-65 绘制线段

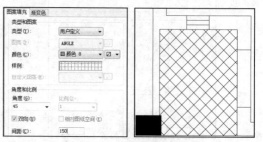

图 8-66 填充参数和效果

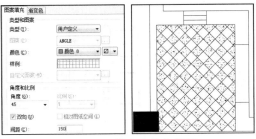

图 8-67 填充参数和效果

4. 绘制客厅地面

① 调用 PLINE/PL 命令，沿墙体绘制多段线，如图 8-68 所示。

② 调用 OFFSET/O 命令，将多段线向内偏移 150mm，如图 8-69 所示。

③ 调用 HATCH/H 命令，在多段线内填充【用户定义】图案，效果如图 8-70 所示。

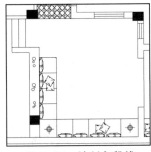

图 8-68 绘制多段线

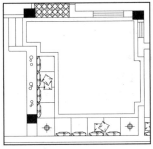

图 8-69 偏移多段线

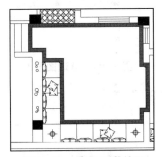

图 8-70 填充图案效果

④ 调用 HATCH/H 命令，在客厅地面区域填充【用户定义】图案，效果如图 8-71 所示。

⑤ 调用 EXPLODE/X 命令，对填充的图案进行分解。

⑥ 调用 RECTANG/REC 命令，绘制边长为 100mm 的矩形，如图 8-72 所示。

⑦ 调用 HATCH/H 命令，在矩形内填充【SOLID】图案，如图 8-73 所示。

⑧ 调用 COPY/CO 命令，将矩形复制到分解后的填充图案的线段相交处，如图 8-74 所示。

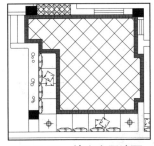

图 8-71 填充客厅地面

图 8-72 绘制矩形　　图 8-73 填充图案

5. 绘制休闲厅地面

① 调用 LINE/L 命令，绘制线段，如图 8-75 所示。

② 调用 OFFSET/O 命令，将线段向上偏移，偏移距离为 150mm，如图 8-76 所示。

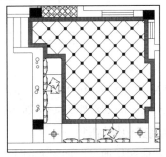

图 8-74 复制矩形

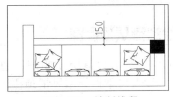

图 8-75 绘制线段

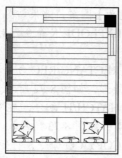

图 8-76　绘制水平线段

03 使用同样的方法绘制垂直线段，效果如图 8-77 所示。

04 调用 HATCH/H 命令,对地面填充【AR-SAND】图案，填充参数和效果如图 8-78 所示。

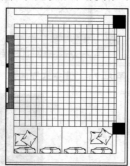

图 8-77　绘制垂直线段

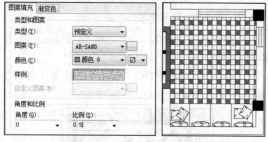

图 8-78　填充参数和效果

6. 标注材料

调用 MLEADER/MLD 命令，标注地面材料说明，完成后的效果如图 8-62 所示。

8.6.2　绘制其他地材图

错层其他区域地材图如图 8-61 所示，请参考前面讲解的方法绘制。

8.7　绘制错层顶棚图

如图 8-79 所示为错层顶棚图，通过对本节的学习，读者可掌握异域风情顶棚图的绘制方法。

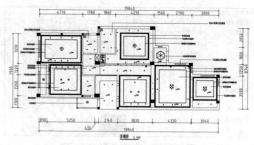

图 8-79　错层顶棚图

8.7.1　绘制玄关和客厅顶棚图

如图 8-80 所示为玄关和客厅顶棚图，主要采用的是夹板吊顶，下面讲解绘制方法。

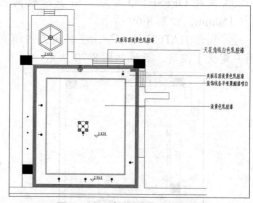

图 8-80　玄关和客厅顶棚图

1. 复制图形

复制错层平面布置图，然后删除与顶棚无关的图形，如图 8-81 所示。

2. 绘制墙体线

01 设置【DM_地面】图层为当前图层。

02 调用 LINE/L 命令，在门洞处绘制墙体线，如图 8-82 所示。

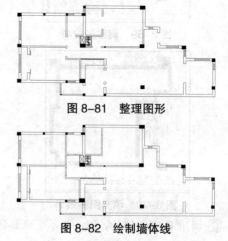

图 8-81　整理图形

图 8-82　绘制墙体线

3. 绘制门厅吊顶造型

01 设置【DD_吊顶】图层为当前图层。

02 调用 POLYGON/POL 命令，绘制多边形，效果如图 8-83 所示。

03 调用 MOVE/M 命令，将多边形移动到门厅区域，如图 8-84 所示。

04 调用 OFFSET/O 命令，将多边形向外偏移 50mm，如图 8-85 所示。

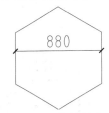

图 8-83　绘制多边形

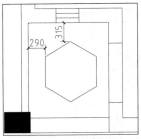 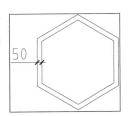

图 8-84　移动多边形　　图 8-85　偏移多边形

05 调用 CIRCLE/C 命令，绘制半径为 82mm 的圆，如图 8-86 所示。

06 调用 LINE/L 命令，以多边形的角点为线段的起点绘制线段，如图 8-87 所示。

07 调用 LINE/L 命令绘制线段，如图 8-88 所示。

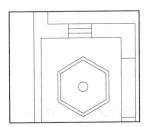

图 8-86　绘制圆

图 8-87　绘制线段　　图 8-88　绘制线段

4. 绘制客厅吊顶

01 调用 PLINE/PL 命令，沿墙体绘制多段线，如图 8-89 所示。

02 调用 OFFSET/O 命令，将多段线向内偏移 20mm，偏移 6 次，如图 8-90 所示。

03 调用 RECTANG/REC 命令，绘制矩形，并将矩形向内偏移 370mm 和 30mm，然后删除前面绘制的矩形，如图 8-91 所示。

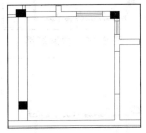

图 8-89　绘制多段线

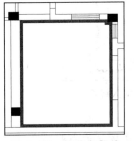 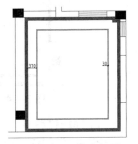

图 8-90　偏移多段线　　图 8-91　偏移矩形

5. 布置灯具

01 打开配套资源提供的"第8章\家具图例.dwg"文件，将该文件中事先绘制的图例表复制到顶棚图中，如图 8-92 所示。

02 调用 COPY/CO 命令，将灯具复制到客厅和门厅区域，如图 8-93 所示。

6. 标注标高

直接调用 INSERT/I 命令，插入【标高】图块，效果如图 8-94 所示。

图例	名称
	艺术吊灯
·	石英射灯
	角度射灯
	壁灯
	吸顶灯
	防雾筒灯
	排气扇

图 8-92　图例表

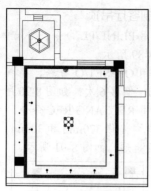

图 8-93　复制灯具

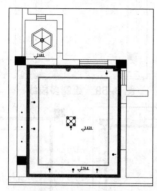

图 8-94　插入标高

7. 标注材料

01 设置【BZ_标注】图层为当前图层。

02 调用 MLEADER/MLD 命令，标注顶棚材料效果如图 8-80 所示，玄关和客厅顶棚图绘制完成。

8.7.2　绘制其他顶棚图

错层其他区域顶棚与客厅顶棚大致相同，都采用的是夹板吊顶，请参考前面讲解的方法绘制。

8.8　绘制错层立面图

本节以玄关、客厅、餐厅和书房立面为例，下面讲解立面的绘制方法。

8.8.1　绘制玄关 A 立面图

玄关 A 立面图如图 8-95 所示，A 立面图主要表达了鞋柜和鞋柜所在墙面的做法、尺寸和材料等。

1. 复制图形

调用 COPY/CO 命令，复制平面布置图上玄关 A 立面的平面部分，并对图形进行旋转。

2. 绘制立面外轮廓

01 设置【LM_立面】图层为当前图层。

02 调用 LINE/L 命令，绘制玄关 A 立面的墙体投影线，如图 8-96 所示。

03 继续调用 LINE/L 命令，在投影线下方绘制一条水平线段表示地面，如图 8-97 所示。

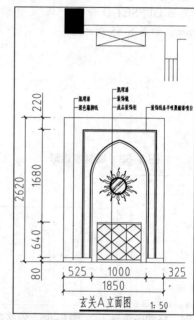

图 8-95　玄关 A 立面图

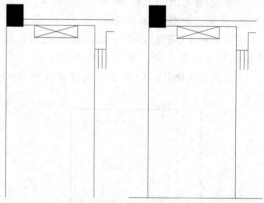

图 8-96　绘制墙体投影线　　图 8-97　绘制地面

04 调用 OFFSET/O 命令，向上偏移地面，得到标高为 2620mm 的顶面，如图 8-98 所示。

05 绘制客厅调用 TRIM/TR 命令，修剪得到玄关 A 立面外轮廓，并将外轮廓转换至【QT_墙体】图层，如图 8-99 所示。

3. 绘制鞋柜

01 调用 PLINE/PL 命令，绘制多段线，如图 8-100 所示。

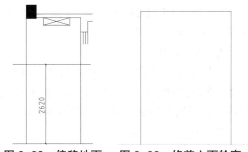

图 8-98 偏移地面   图 8-99 修剪立面轮廓

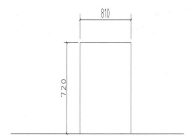

图 8-100 绘制多段线

02 调用 LINE/L 命令，绘制线段表示鞋柜面板，如图 8-101 所示。

03 调用 LINE/L 命令和 OFFSET/O 命令，划分鞋柜，如图 8-102 所示。

04 调用 PLINE/PL 命令，连接各边中点绘制线段，如图 8-103 所示。

05 调用 OFFSET/O 命令，将图形向内偏移 3mm，如图 8-104 所示。

图 8-101 绘制鞋柜面板   图 8-102 划分鞋柜

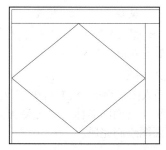

图 8-103 绘制线段

06 调用 COPY/CO 命令，矩形进行复制，效果如图 8-105 所示。

07 删除水平线段，效果如图 8-106 所示。

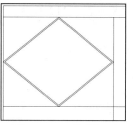

图 8-104 偏移矩形

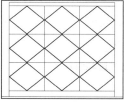 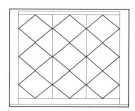

图 8-105 复制矩形   图 8-106 删除水平线段

4. 绘制墙面造型

01 调用 LINE/L 命令，绘制线段，如图 8-107 所示。

02 调用 LINE/L 命令，绘制辅助线，如图 8-108 所示。

03 调用 ARC/A 命令，绘制弧线，然后删除辅助线，如图 8-109 所示。

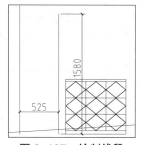 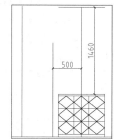

图 8-107 绘制线段   图 8-108 绘制辅助线

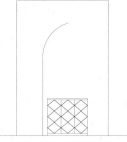

图 8-109 绘制弧线

04 调用 MIRROR/MI 命令，对线段和弧线进行镜像，效果如图 8-110 所示。

05 调用 LINE/L 命令，绘制踢脚线，踢脚线的高度为 80，如图 8-111 所示。

06 调用 OFFSET/O 命令，将线段和弧线向外偏移，效果如图 8-112 所示。

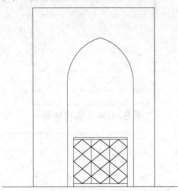

图 8-110　镜像线段和弧线

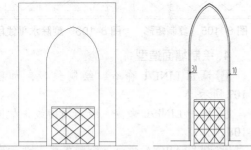

图 8-111　绘制踢脚线　　图 8-112　偏移线段和弧线

07 调用 TRIM/TR 命令，对线段与踢脚线相交的位置进行修剪，效果如图 8-113 所示。

08 调用 PLINE/PL 命令，绘制多段线，如图 8-114 所示。

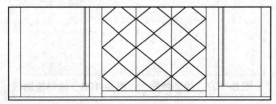

图 8-113　修剪线段

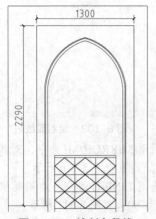

图 8-114　绘制多段线

09 调用 OFFSET/O 命令，将多段线向外偏移，效果如图 8-115 所示。

5. 插入图块

按 Ctrl+O 快捷键，打开配套资源提供的"第 8 章 \ 家具图例 .dwg"文件，选择其中装饰镜图块，将其复制至立面区域，如图 8-116 所示。

6. 尺寸标注和文字说明

01 设置【BZ_ 标注】图层为当前图层，设置当前注释比例为 1∶50。

02 调用 DIM 命令，标注尺寸，结果如图 8-117 所示。

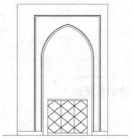

图 8-115　偏移多段线　　图 8-116　插入图块

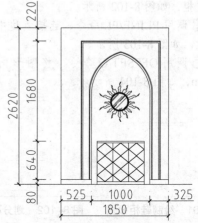

图 8-117　尺寸标注

03 调用 MLEADER/MLD 命令进行材料标注，标注结果如图 8-118 所示。

7. 插入图名

调用插入图块命令 INSERT/I，插入"图名"图块，设置 A 立面图名称为"玄关 A 立面图"，玄关 A 立面图绘制完成。

8.8.2　绘制客厅和餐厅 D 立面图

客厅和餐厅 D 立面图如图 8-119 所示。D 立面图表达了沙发所在墙面的做法和餐厅墙面的做法、尺寸和材料等，下面讲解绘制方法。

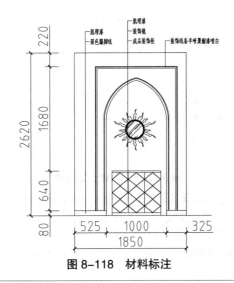

图 8-118　材料标注

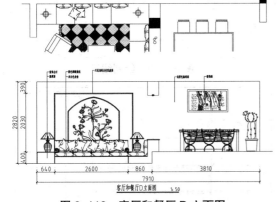

图 8-119　客厅和餐厅 D 立面图

1. 复制图形

调用 COPY/CO 命令，复制平面布置图上客厅和餐厅 D 立面的平面部分，并对图形进行旋转。

2. 绘制 D 立面外轮廓

01 设置【LM_立面】图层为当前图层。

02 调用 LINE/L 命令，绘制 D 立面左、右侧墙体和地面轮廓线，如图 8-120 所示。

03 调用 OFFSET/O 命令，向上偏移地面轮廓线，偏移高度为 400mm 和 2420mm，调用 LINE/L 命令，绘制线段，如图 8-121 所示。

04 调用 TRIM/TR 命令，修剪多余线段，并将立面轮廓转换至【QT_墙体】图层，如图 8-122 所示。

3. 绘制沙发造型轮廓

01 调用 PLINE/PL 命令，绘制多段线，如图 8-123 所示。

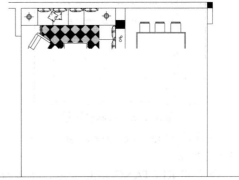

图 8-120　绘制墙体和地面

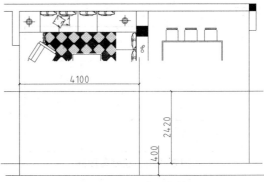

图 8-121　绘制线段

图 8-122　修剪立面轮廓

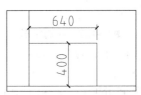

图 8-123　绘制多段线

02 调用 FILLET/F 命令，对多段线进行圆角，圆角半径为 30mm，如图 8-124 所示。

03 调用 OFFSET/O 命令，将多段线向内偏移 5mm 和 10mm，如图 8-125 所示。

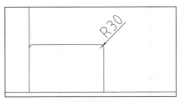

图 8-124　圆角

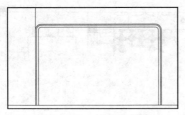

图 8-125　偏移多段线

04 调用 PLINE/PL 命令，绘制多段线，如图 8-126 所示。

05 调用 RECTANG/REC 命令，在多段线上方绘制尺寸为 450mm×30mm 的矩形，如图 8-127 所示。

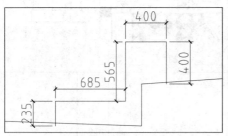

图 8-126　绘制多段线

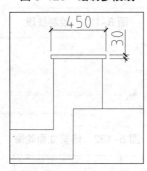

图 8-127　绘制矩形

06 调用 LINE/L 命令，在矩形内绘制一条线段，如图 8-128 所示。

07 调用 PLINE/PL 命令、FILLET/F 命令和 OFFSET/O 命令，绘制沙发轮廓，如图 8-129 所示。

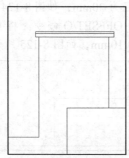

图 8-128　绘制线段

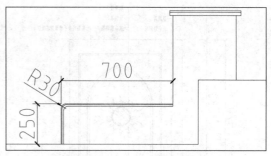

图 8-129　绘制沙发轮廓

08 调用 LINE/L 命令和 OFFSET/O 命令，绘制线段，如图 8-130 所示。

09 调 用 PLINE/PL 命 令、FILLET/F 命令和 OFFSET/O 命令，绘制沙发轮廓，如图 8-131 所示。

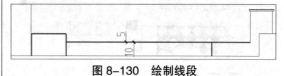

图 8-130　绘制线段

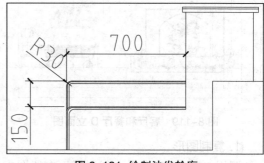

图 8-131　绘制沙发轮廓

4. 绘制沙发背景造型

01 调用 PLINE/PL 命令，绘制多段线，如图 8-132 所示。

02 调用 OFFSET/O 命令，将多段线向内偏移，并调用 LINE 命令，连接多段线的交角处，如图 8-133 所示。

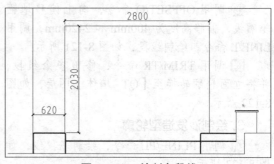

图 8-132　绘制多段线

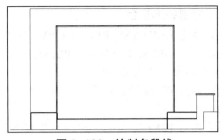

图 8-133　绘制多段线

03 调用 LINE/L 命令，绘制线段，如图 8-134 所示。

04 调用 ARC/A 命令，绘制弧线，如图 8-135 所示。

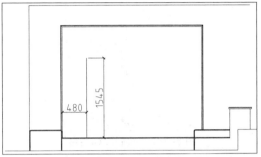

图 8-134　绘制线段

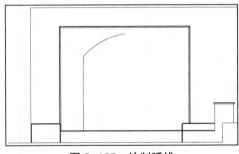

图 8-135　绘制弧线

05 调用 MIRROR/MI 命令，对线段和弧线进行镜像，如图 8-136 所示。

06 调用 OFFSET/O 命令，将线段和弧线向外偏移，如图 8-137 所示。

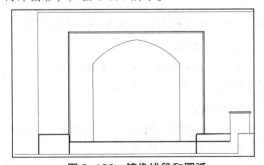

图 8-136　镜像线段和圆弧

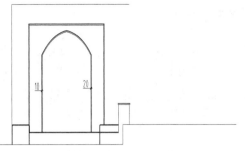

图 8-137　偏移线段和弧线

5. 绘制吊顶造型

01 调用 PLINE/PL 命令，绘制多段线，如图 8-138 所示。

02 调用 FILLET/F 命令，对多段线进行圆角，圆角半径为 30mm，如图 8-139 所示。

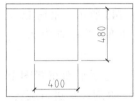

图 8-138　绘制多段线

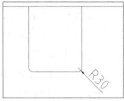

图 8-139　圆角

6. 插入图块

从图库中调入相关图块，包括装饰花纹、抱枕、台灯、射灯、餐桌椅、装饰画和植物等，并修剪重叠部分，结果如图 8-140 所示。

7. 标注尺寸和文字说明

01 调用 DIM 命令标注尺寸，如图 8-141 所示。

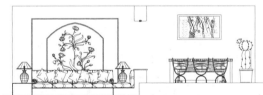

图 8-140　插入图块

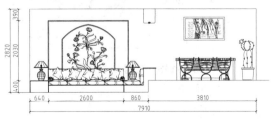

图 8-141　尺寸标注

02 调用 MLEADER/MLD 命令进行文字说明，主要包括里面材料及其做法的相关说明，效果如图 8-142 所示。

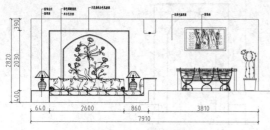

图 8-142　文字说明

8．插入图名

调用 INSERT/I 命令，插入【图名】图块，设置名称为"客厅和餐厅 D 立面图"。客厅和餐厅 D 立面图绘制完成。

8.8.3　绘制书房 D 立面图

书房 D 立面图如图 8-143 所示，书房 D 立面图是书架所在的墙面，下面讲解绘制方法。

1．复制图形

调用 COPY/CO 命令，复制平面布置图上书房 D 立面图的平面部分，并对图形进行旋转。

2．绘制立面外轮廓

使用前面讲解的方法绘制基本轮廓，如图 8-144 所示。

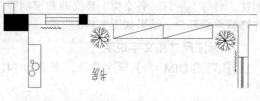

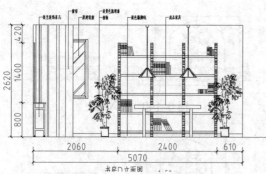

图 8-143　书房 D 立面图

图 8-144　绘制立面外轮廓

3．绘制装饰柜台

01 调用 RECTANG/REC、COPY/CO 命令、LINE/L 命令、OFFSET/O 命令和 PLINE/PL 命令，绘制装饰柜台，如图 8-145 所示。

02 调用 PLINE/PL 命令，绘制多段线，如图 8-146 所示。

03 调用 LINE/L 命令，在多段线内绘制一条线段，如图 8-147 所示。

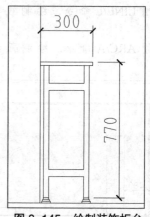

图 8-145　绘制装饰柜台

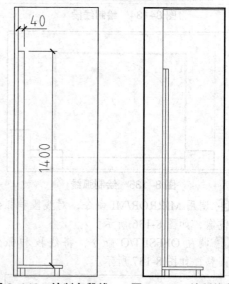

图 8-146　绘制多段线　　图 8-147　绘制线段

4．绘制窗帘

调用 LINE/L 命令和 OFFSET/O 命令，绘制线段表示窗帘，如图 8-148 所示。

5．绘制窗

01 调用 PLINE/PL 命令，绘制多段线表示窗的轮廓，如图 8-149 所示。

02 调用 LINE/L 命令，绘制线段，如图

8-150 所示。

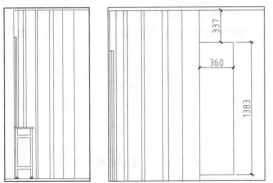

图 8-148　绘制窗帘　　图 8-149　绘制多段线

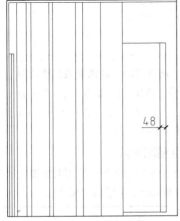

图 8-150　绘制线段

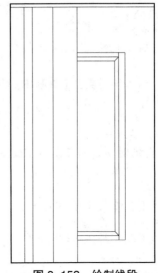

图 8-152　绘制线段

03 调用 PLINE/PL 命令，绘制多段线，并将多段线向内偏移 30mm，如图 8-151 所示。

04 调用 LINE/L 命令，绘制线段连接多段线的交角处，如图 8-152 所示。

05 调用 HATCH/H 命令，输入 T【设置】选项，在多段线内填充【AR-RROOF】图案，填充参数和效果如图 8-153 所示。

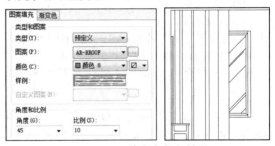

图 8-153　填充参数和效果

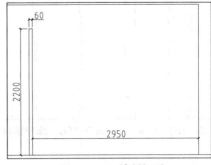

图 8-154　绘制矩形

6. 绘制书架

01 调用 RECTANG/REC 命令，绘制尺寸为 60mm×2200mm 的矩形，如图 8-154 所示。

02 调用 HATCH/H 命令，在矩形内填充【AR-RROOF】图案，效果如图 8-155 所示。

03 调用 ARRAY/AR 命令，对图形进行阵列，命令行提示如下：

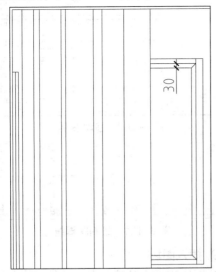

图 8-151　偏移多段线

命令：ARRAY↙

　　// 调用阵列命令

选择对象：找到 1 个

　　// 选择阵列对象

选择对象：输入阵列类型 [矩形 (R)/ 路径 (PA)/
极轴 (PO)] ＜矩形＞:R↙

　　// 选择矩形阵列方式

类型 = 矩形 关联 = 是

为项目数指定对角点或 [基点 (B)/ 角度 (A)/
计数 (C)] ＜计数＞:C↙

　　// 选择计数选项

输入行数或 [表达式 (E)] <4>: 1↙

　　// 输入行数为 1

输入列数或 [表达式 (E)] <4>: 4↙

　　// 输入行数为 4

指定对角点以间隔项目或 [间距 (S)] ＜间距＞:
S↙

　　// 选择间距选项

指定列之间的距离或 [表达式(E)] <289.6151>:
780↙

　　// 指定列之间的距离

按 Enter 键接受或 [关联 (AS)/ 基点 (B)/ 行 (R)/
列 (C)/ 层 (L)/ 退出 (X)] ＜退出＞:↙

// 按 Enter 键结束绘制，阵列结果如图 8-156
所示

　　04 调用 LINE/L 命令、OFFSET/O 命令和
TRIM/TR 命令，绘制书架搁板，如图 8-157 所示。

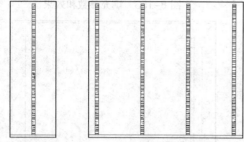

图 8-155　填充图案　　图 8-156　阵列结果

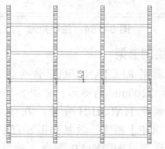

图 8-157　绘制书架搁板

7. 绘制书桌

　　01 调用 RECTANG/REC 命令，绘制尺寸
为 1600mm×80mm 的矩形表示书桌面板，如图
8-158 所示。

　　02 调用 LINE/L 命令和 OFFSET/O 命令，
绘制书桌支柱结构，如图 8-159 所示。

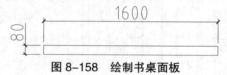

图 8-158　绘制书桌面板

图 8-159　绘制书桌支柱结构

　　03 调用 MOVE/M 命令，将书桌移动到相
应的位置，并对书桌与书架相交的位置进行修
剪，如图 8-160 所示。

8. 绘制踢脚线

　　调用 LINE/L 命令，绘制踢脚线，踢脚线
的高度为 80mm，如图 8-161 所示。

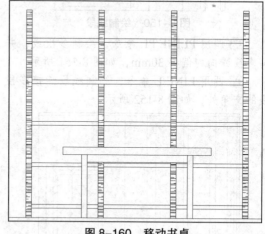

图 8-160　移动书桌

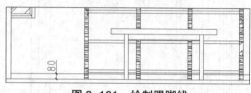

图 8-161　绘制踢脚线

9. 插入图块

　　从图库中插入盆栽、书本和吊灯等图块到

立面图中，并对图形相交的位置进行修剪，效果如图 8-162 所示。

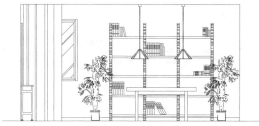

图 8-162　插入图块

10. 标注尺寸和文字标注

01 调用 DIM 命令标注立面尺寸。

02 调用 MLEADER/MLD 命令进行文字标注，效果如图 8-163 所示。

11. 插入图名

调用 INSERT/I 命令，插入【图名】图块，设置名称为"书房 D 立面图"。书房 D 立面图绘制完成。

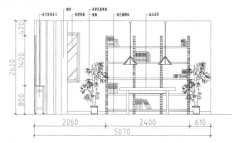

图 8-163　文字标注

8.8.4　绘制其他立面图

使用上述方法绘制其他立面图，如图 8-164—图 8-169 所示。

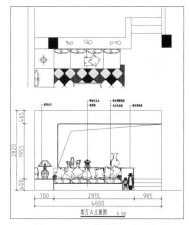

图 8-164　客厅 A 立面图

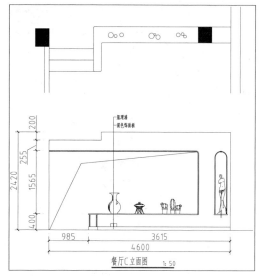

图 8-165　餐厅 C 立面图

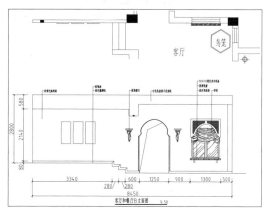

图 8-166　客厅和餐厅 B 立面图

图 8-167　厨房 B 立面图

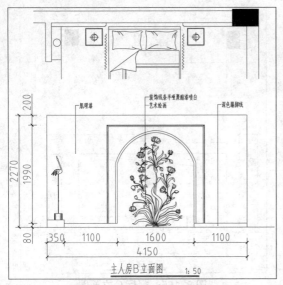

图 8-168 主人房 B 立面图

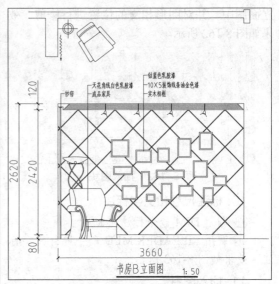

图 8-169 书房 B 立面图

第 9 章

中式风格四居室室内设计

本 章 导 读

　　四居室是相对成熟的一种房型，住户可以涵盖各种家庭，这种房型的装修一般要体现住户的地位和实力，所以往往对风格比较重视。本例采用的是中式风格，中式风格的装修造价较高，是主人身份和品位的象征。

　　本章以一套中式风格四居室户型为例，讲解中式风格的设计方法和施工图的绘制。

本 章 重 点

- ✧ 中式风格概述
- ✧ 调用样板新建文件
- ✧ 绘制四居室原始户型图
- ✧ 绘制四居室平面布置图
- ✧ 绘制四居室地材图
- ✧ 绘制四居室顶棚图
- ✧ 绘制四居室立面图

9.1 中式风格概述

中式设计风格分为唐式、宋式、明式和清式等，现在所称的中式设计风格主要指明清风格，明清时期装饰细节繁杂、纤柔秀美。

9.1.1 中式风格特点

现代的中式风格更多地利用了后现代手法，把传统的结构形式通过重新设计组合以另一种民族特色的标志符号出现。设计师往往吸取中国传统风格的一些线条、色彩、造型等装饰元素，然后将这些元素与现代元素融入到室内设计中，从而创作出符合现代人生活要求和审美趣味的室内环境，如图9-1所示的客厅即属于典型的现代中式风格。

图9-1 中式风格客厅

中式风格的室内设计融合着庄重和优雅的双重品质，主要体现在传统家具（多以明清家具为主）、装饰品及黑、红为主的装饰色彩上。室内多采用对称式的布局方式，格调高雅，造型简朴优美，色彩浓重而成熟。中国传统室内陈设包括字画、匾幅、挂屏、盆景、瓷器、古玩、屏风、博古架等，追求一种修身养性的生活境界。中国传统室内装饰艺术的特点是总体布局对称均衡，端正稳健，而在装饰细节上崇尚自然情趣，花鸟、鱼虫等精雕细琢，富于变化，充分体现出中国传统美学精神。

9.1.2 中式风格室内构件

中式风格构件包括围合、藻井、漏窗、屏风等，在这方面中国的手工艺水平在相当长的历史阶段中一直处于世界领先水平，如图9-2所示。

图9-2 中式风格室内构件

9.1.3 中式风格家具

中式风格家具多以明清家具为主，用材为紫檀、楠木、花梨和胡桃木等。式样精炼、简朴，雅致；做工讲究，装饰文雅。曲线少，直线多漩涡表面少，平直表面多，显得更加轻盈优美。明清家具品类繁多，大致可分为以下几类。

椅凳类：有官帽椅、灯挂椅、靠背椅、圈椅、交椅、杌凳、圆凳、春凳和鼓墩等。

几案类：有炕桌、茶几、香几、书案、平头案、翘头案、条案、琴桌、供桌、八仙桌、月牙桌等。

柜厨类：有闷户橱、书橱、书柜、衣柜、顶柜、亮格柜、百宝箱等。

床榻类：有架子床、罗汉床、平榻等。

台架类：有灯台、花台、镜台、面盆架、衣架、承足（脚踏）等。

屏座类：有插屏、围屏、座屏、炉座、瓶座等。

如图9-3所示为比较典型的中式风格家具。

图9-3 中式风格家具

如图9-4所示为典型的中式风格家具AutoCAD图块。

9.1.4 中式风格陈设

中式风格室内陈设包括佛头、字画、匾额、盆景、瓷器等。在室内搭配这些陈设，体现了业主追求的一种修身养性的生活境界和不同品位，如图9-5所示。

图9-4 中式风格家具图块

图9-5 中式风格陈设图块

9.1.5 中式风格颜色设计要点

中式风格室内装饰在用色上主要以红、黄、金、黑和白色为主。黑白色给人一种严谨、肃穆的感觉。红色、黄色和金色给人喜庆、辉煌、灿烂的感觉，在我国传统用色中，黄色和金色是权力与尊严的象征，是封建帝王的专用色，皇宫殿宇、寺庙佛地大量使用这些颜色。其应用效果如图9-6所示。

9.2 调用样板新建文件

本书第3章创建了室内装潢施工图样板，该样板已经设置了相应的图形单位、样式、图层和图块等，原始户型图可以直接在此样板的基础上进行绘制。

01 调用NEW【新建】命令，打开【选择样板】对话框，选择【室内装潢施工图模板】，如图9-7所示。

图9-6 中式装饰颜色设计

图9-7 【选择样板】对话框

02 单击【打开】按钮，以样板创建图形，新图形中包含了样板中创建的图层、样式和图块等内容。

03 调用QSAVE【保存】命令，打开【图形另存为】对话框，在【文件名】框中输入文件名，单击【保存】按钮保存图形。

9.3 绘制四居室原始户型图

本节绘制完成的四居室原始户型图如图9-8所示，下面简单介绍其绘制方法。

图9-8 原始户型图

9.3.1 绘制轴网

这里介绍通过轴线绘制墙体的方法，轴线是墙体定位的基础，通过轴线可以轻松定位和创建墙体。

如图 9-9 所示为四居室轴网图形，它由多条水平轴线和垂直轴线组成，可使用 PLINE/PL 命令绘制。

9.3.2 绘制墙体

在绘制墙体之前需要确定墙体的厚度，一般外墙与内墙的厚度会不同，墙体可使用 MLINE/ML 命令绘制，也可通过偏移轴线得到墙体。

如图 9-10 所示为绘制完成后的墙体效果。

图 9-9　绘制轴线

图 9-10　绘制墙体

9.3.3 绘制承重墙及柱子

承重墙一般在外墙，在墙体改造时承重墙是不可以拆除的。

调用 LINE/L 命令、HATCH/H 命令和 RECTANG/REC 命令，绘制承重墙及柱子，效果如图 9-11 所示。

9.3.4 标注尺寸

设置【BZ_标注】图层为当前图层，设置当前注释比例为 1:100，调用 DIM 命令，标注尺寸，结果如图 9-12 所示。

图 9-11　绘制承重墙及柱子

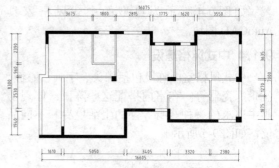

图 9-12　标注尺寸

9.3.5 开门窗洞及绘制门窗

绘制门窗洞时，需要弄清楚门窗的宽度和安装位置，门窗则根据门窗洞进行定位，确定大小，其中门还需要确定它的类型（如平开门、推拉门）和开启方向，如图 9-13 所示。

门窗都是变化不大的图形对象，因此尽量采用插入图块的方法，提高绘图效率，如图 9-14 所示为绘制门窗后的效果。

图 9-13　开门窗洞

图 9-14　绘制门窗

9.3.6 标注文字

单击【注释】面板中的【多行文字】按钮 A，或在命令行中执行 MTEXT/MT 命令，输入房间名称，结果如图 9-15 所示。

9.3.7 绘制其他图形

其他需要绘制的图形还有水管及地漏，如图 9-16 所示，请读者运用前面所学知识自行完成绘制。

图 9-15　文字标注

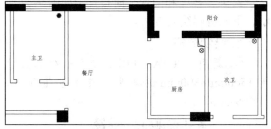

图 9-16　绘制水管及地漏

9.4 绘制四居室平面布置图

中式风格四居室平面布置图如图 9-17 所示，平面布置图的绘制没有太多的技巧而言，在进行平面布置之前，会对部分墙体进行改造，改造后即可进行平面布置。大多数家具图形直接从图库中调用，需要注意的是家具等图形的摆放位置，相互之间的关系应合理，下面以玄关、客厅、餐厅、厨房、主卧和主卫为例，讲解平面布置图的绘制方法。

图 9-17　平面布置图

9.4.1 绘制主卧和主卫平面布置图

1. 空间分析

主卧中的墙体被拆除，用来制作衣柜，从而充分利用了空间。图 9-18 所示为主卧和主卫平面布置图，下面讲解绘制方法。

2. 复制图形

墙体改造可在原始户型图的基础上进行绘制，调用 COPY/CO 命令，复制原始户型图。

3. 墙体改造

如图 9-19 所示为墙体改造前后的对比，选择需要拆除的墙体，按 Delete 键删除即可。

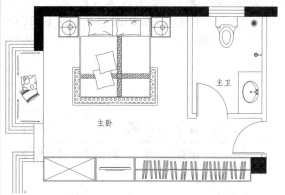

图 9-18　主卧和主卫平面布置图

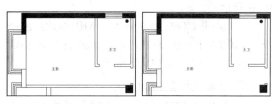

图 9-19　主卧和主卫改造前后对比

4. 绘制门

调用 INSERT/I 命令，插入门图块。并对门图块进行缩放和旋转等操作，效果如图 9-20 所示。

5. 绘制衣柜

01 设置【JJ_家具】图层为当前图层。

02 调用 RECTANG/REC 命令，绘制尺寸为 3000mm×600mm 的矩形，表示衣柜轮廓，如图 9-21 所示。

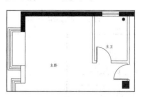　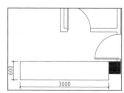

图 9-20　插入门图块　　图 9-21　绘制矩形

03 调用 OFFSET/O 命令，将矩形向内偏移 20mm，如图 9-22 所示。

04 调用 LINE/L 命令和 OFFSET/O 命令，绘制挂衣杆，如图 9-23 所示。

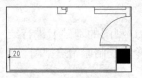
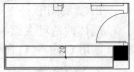

图 9-22 偏移矩形　　图 9-23 绘制挂衣杆

05 调用 RECTANG/REC 命令和 OFFSET/O 命令，绘制电视柜，如图 9-24 所示。

06 调用 RECTANG/REC 命令、OFFSET/O 命令和 LINE/L 命令，绘制储物柜，如图 9-25 所示。

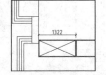

图 9-24 绘制电视柜　　图 9-25 绘制储物柜

6. 绘制窗帘

01 调用 PLINE/PL 命令，绘制窗帘，如图 9-26 所示。

02 调用 COPY/CO 命令、MIRROR/MI 命令和 ROTATE/RO 命令，对窗帘进行复制、镜像和旋转，效果如图 9-27 所示。

7. 绘制洗手盆台面

调用 PLINE/PL 命令，绘制多段线表示洗手盆台面，如图 9-28 所示。

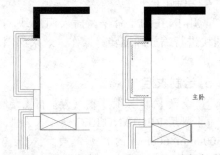

图 9-26 绘制窗帘　　图 9-27 对窗帘进行复制、镜像和旋转

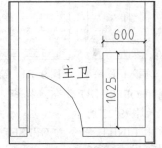

图 9-28 绘制洗手盆台面

8. 插入图块

打开本书配套资源中的"第 9 章 \ 家具图例 .dwg"文件，分别选择抱枕、电视、衣架、床、床头柜、座便器、淋浴头及洗手盆等图形，复制到主卧和主卫平面布置图中，然后使用 MOVE/M 命令将图形移到相应的位置，结果如图 9-18 所示，主卧及主卫平面布置图绘制完成。

9.4.2 绘制玄关、客厅和阳台平面布置图

玄关、客厅和阳台平面布置图如图 9-29 所示，下面讲解绘制方法。

1. 绘制鞋柜

01 调用 RECTANG/REC 命令，绘制尺寸为 1500mm×300mm 的矩形，表示鞋柜轮廓，如图 9-30 所示。

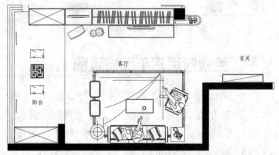

图 9-29 玄关、客厅和阳台平面布置图

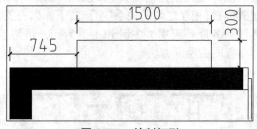

图 9-30 绘制矩形

02 调用 OFFSET/O 命令，将矩形向内偏移 20mm，如图 9-31 所示。

03 调用 LINE/L 命令，在鞋柜中绘制一条线段，如图 9-32 所示。

2. 绘制电视柜和装饰柜

01 调用 RECTANG/REC 命令和 OFFSET/O 命令，绘制电视柜，如图 9-33 所示。

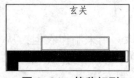

图 9-31 偏移矩形　　图 9-32 绘制线段

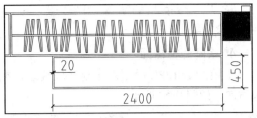

图 9-33　绘制电视柜

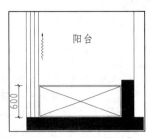

图 9-38　复制窗帘　　　　图 9-39　绘制储物柜

4. 插入图块

从图库中插入沙发组、空调、电视、坐垫和植物等图块，效果如图9-29所示，玄关、客厅和阳台平面布置图绘制完成。

9.4.3　绘制餐厅厨房平面布置图

厨房的墙体进行了改造，如图9-40所示为改造前后的对比。

改造后即可对餐厅和厨房进行平面布置，如图9-41所示为餐厅和厨房平面布置图，下面讲解绘制方法。

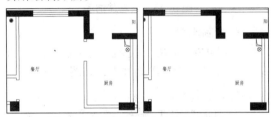

图 9-40　餐厅和厨房改造前后对比

02 调用 PLINE/PL 命令，绘制多段线，如图 9-34 所示。

03 调用 FILLET/F 命令，对多段线进行圆角，如图 9-35 所示。

04 调用 OFFSET/O 命令，将圆角后的多段线向内偏移 40mm，如图 9-36 所示。

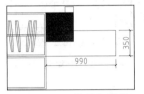
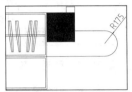

图 9-34　绘制多段线　　　图 9-35　圆角

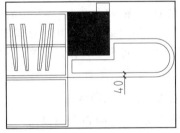

图 9-36　偏移多段线

3. 绘制地台、窗帘和储物柜

01 调用 LINE/L 命令，绘制线段表示地台，如图 9-37 所示。

02 调用 COPY/CO 命令，复制窗帘到阳台位置，如图 9-38 所示。

03 调用 RECTANG/REC 命令、OFFSET/O 命令和 LINE/L 命令，绘制储物柜，如图 9-39 所示。

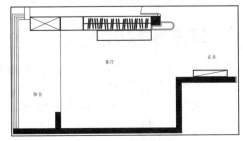

图 9-37　绘制线段

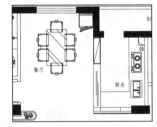

图 9-41　餐厅和厨房平面布置图

1. 绘制装饰墙

01 调用 RECTANG/REC 命令，绘制尺寸为 1505mm×95mm 的矩形，如图 9-42 所示。

02 调用 LINE/L 命令，在矩形内绘制一条线段，如图 9-43 所示。

图 9-42　绘制矩形

图 9-43　绘制线段

03 调用 HATCH/H 命令,在线段上方填充【ANSI31】图案,填充参数和效果如图 9-44 所示。

04 调用 PLINE/PL 命令,绘制其他装饰墙,如图 9-45 所示。

图 9-44　填充图案和效果

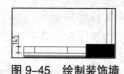

图 9-45　绘制装饰墙

2. 绘制酒柜

调用 RECTANG/REC 命令、OFFSET/O 命令和 LINE/L 命令,绘制酒柜,如图 9-46 所示。

3. 绘制推拉门

01 调用 LINE/L 命令,绘制门槛线。如图 9-47 所示。

02 调用 RECTANG/REC 命令,绘制尺寸为 40mm×870mm 的矩形,并移动到相应的位置,如图 9-48 所示。

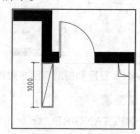

图 9-46　绘制酒柜

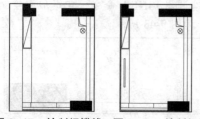

图 9-47　绘制门槛线　　图 9-48　绘制矩形

03 调用 COPY/CO 命令,对矩形进行复制,效果如图 9-49 所示。

4. 绘制橱柜台面

调用 PLINE/PL 命令,绘制多段线表示橱柜台面,如图 9-50 所示。

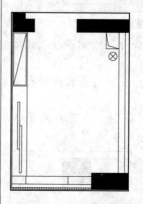　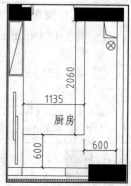

图 9-49　复制矩形　　图 9-50　绘制橱柜台面

5. 插入图块

按 Ctrl+O 快捷键,打开配套资源提供的"第 9 章 \ 家具图例 .dwg"文件,选择其中的餐桌椅、冰箱和燃气灶和洗菜盆等图块,将其复制至餐厅和厨房区域,如图 9-41 所示,餐厅和厨房平面布置图绘制完成。

9.4.4　插入立面指向符号

当平面布置图绘制完成后,即可调用 INSERT 命令,插入"立面指向符"图块,并输入立面编号,效果如图 9-51 所示。

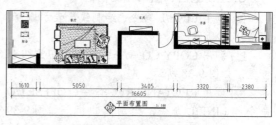

图 9-51　插入立面指向符号

9.5　绘制四居室地材图

四居室的地面材料比较简单,可以不画地材图,只在平面布置图中找一块不被家具、陈设遮挡,又能充分表示地面做法的地方,画出一部分,标注上材料、规格就可以了,如图 9-52 所示。

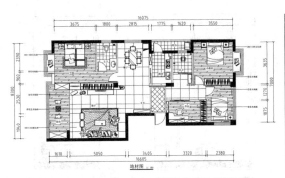

图 9-52 含地面材料图样的平面布置图

9.6 绘制四居室顶棚图

本例四居室风格采用的是中式风格,在顶面设计上融入了中式元素,如图 9-53 所示为四居室顶棚图,下面讲解绘制方法。

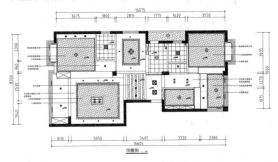

图 9-53 顶棚图

9.6.1 绘制玄关和客厅顶棚图

玄关和客厅顶棚图如图 9-54 所示,下面讲解绘制方法。

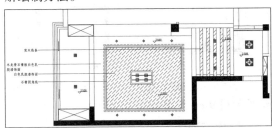

图 9-54 玄关和客厅顶棚图

1. 复制图形

复制四居室平面布置图,然后删除与顶面无关的图形,如图 9-55 所示。

2. 绘制墙体线

01 设置【DM_地面】图层为当前图层。

02 调用 LINE/L 命令,在门洞处绘制墙体线,如图 9-56 所示。

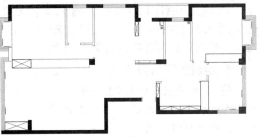

图 9-55 整理图形

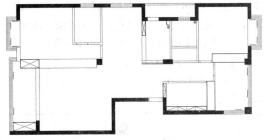

图 9-56 绘制墙体线

3. 绘制玄关吊顶造型

01 设置【DD_吊顶】图层为当前图层。

02 调用 LINE/L 命令和 OFFSET/O 命令,绘制线段,如图 9-57 所示。

03 调用 OFFSET/O 命令,将线段向右侧偏移 200mm 和 150mm,如图 9-58 所示。

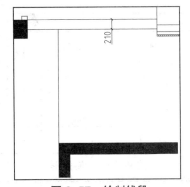

图 9-57 绘制线段

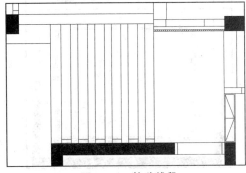

图 9-58 偏移线段

04 调用 HATCH/H 命令，输入 T【设置】选项，在偏移 150mm 后的线段内填充【ANSI36】图案，填充参数和效果如图 9-59 所示。

4. 绘制客厅吊顶造型

01 调用 RECTANG/REC 命令，绘制尺寸为 3850mm×3070mm 的矩形，并移动到相应的位置，如图 9-60 所示。

02 调用 OFFSET/O 命令，将矩形向外偏移 40mm、60mm 和 50mm，并将偏移 50mm 后的线段设置为虚线表示灯带，如图 9-61 所示。

03 调用 LINE/L 命令和 OFFSET/O 命令，绘制线段，如图 9-62 所示。

04 调用 LINE/L 命令，绘制窗帘盒，如图 9-63 所示。

图 9-59　填充参数和效果

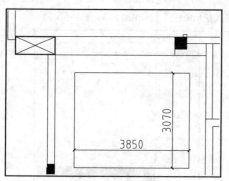

图 9-60　绘制矩形

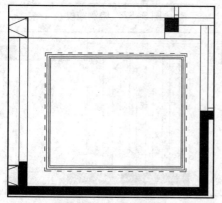

图 9-61　偏移矩形

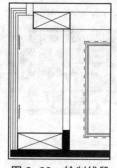

图 9-62　绘制线段

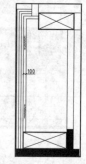

图 9-63　绘制窗帘盒

5. 布置灯具

01 打开配套资源中"第 9 章 \ 家具图例 .dwg"文件，将该文件中绘制好的灯具图例表复制到本图中，如图 9-64 所示。

02 选择灯具图例表中的艺术吊灯图形，调用 COPY/CO 命令，将其复制到客厅顶棚图中，结果如图 9-65 所示。

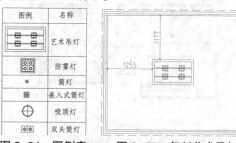

图例	名称
	艺术吊灯
	防雾灯
	筒灯
	嵌入式筒灯
	吸顶灯
	双头筒灯

图 9-64　图例表　　图 9-65　复制艺术吊灯

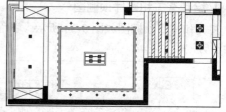

图 9-66　布置灯具

03 调用 COPY/CO 命令，布置其他灯具，结果如图 9-66 所示。

6. 填充顶面

调用 HATCH/H 命令，对客厅顶面填充【ANSI36】图案，效果如图 9-67 所示。

7. 标注标高和文字说明

01 调用 INSERT/I 命令，插入标高图块，并设置正确的标高值，结果如图 9-68 所示。

02 调用 MLEADER/MLD 命令对材料进行标注，结果如图 9-54 所示，玄关和客厅顶棚图绘制完成。

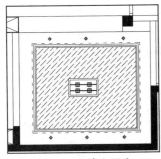

图 9-67 填充图案

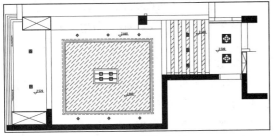

图 9-68 插入标高

9.6.2 绘制主卧和主卫顶棚图

如图 9-69 所示为主卧主卫顶棚图,下面讲解绘制方法。

1. 绘制窗帘盒

调用 OFFSET/O 命令,绘制窗帘盒,并使用夹点功能延长线段,如图 9-70 所示。

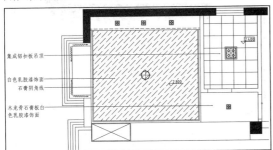

图 9-69 主卧和主卫顶棚图

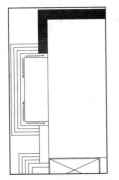

图 9-70 绘制窗帘盒

2. 绘制主卧吊顶

01 调用 LINE/L 命令,绘制线段,如图 9-71 所示。

02 调用 OFFSET/O 命令,将线段向上偏移 50mm,设置为虚线表示灯带,如图 9-72 所示。

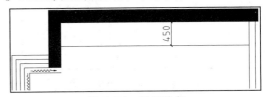

图 9-71 绘制线段

图 9-72 绘制灯带

03 调用 PLINE/PL 命令,绘制多段线,如图 9-73 所示。

04 调用 OFFSET/O 命令,将多段线向内偏移 50mm 和 30mm,如图 9-74 所示。

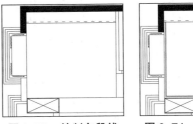

图 9-73 绘制多段线　　图 9-74 偏移多段线

05 调用 HATCH/H 命令,在多段线内填充【ANSI36】图案,效果如图 9-75 所示。

3. 填充主卫吊顶

调用 HATCH/H 命令,输入 T【设置】选项,在主卫区域填充【用户定义】图案,填充参数和效果如图 9-76 所示。

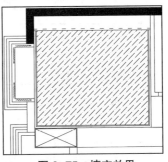

图 9-75 填充效果

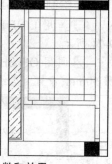

图 9-76　填充参数和效果

4.布置灯具

调用 COPY/CO 命令，从图例表中复制灯具图形到主卧和主卫区域，结果如图 9-77 所示。

5.标注标高和文字说明

① 调用 INSERT/I 命令插入标高图块，如图 9-78 所示。

② 使用多重引线命令标出顶棚的材料，完成主卧和主卫顶棚图的绘制。

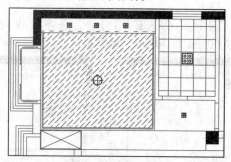

图 9-77　复制灯具图形

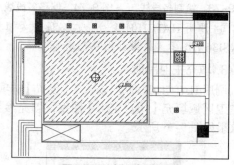

图 9-78　插入标高图块

9.7　绘制四居室立面图

立面图是一种与垂直界面平行的正投影图，它能够反映垂直界面的形状、装修做法和陈设，是很重要的图样。本节以玄关、客厅和餐厅立面为例，介绍立面图的画法与相关规则。

9.7.1　绘制玄关 D 立面图

玄关也叫门厅。通过玄关可以由室内向室外过渡，形成一个缓冲空间。玄关作为进入客厅等空间的第一道风景，通常起到的是类似乐曲的序曲作用。中式风格的玄关是室内设计风格元素的延伸甚至浓缩，既能体现整套居室的定位，又要反映房主的气质与喜好。

这里以具有代表意义的玄关 D 立面为例，介绍中式风格玄关立面图的画法。如图 9-79 所示为玄关 D 立面图，该立面图主要表达了鞋柜以及鞋柜所在的墙面的做法以及它们之间的关系。

1.复制图形

复制平面布置图上玄关 D 立面的平面部分，并对图形进行旋转。

2.绘制立面外轮廓

① 设置【LM_立面】图层为当前图层。

② 调用 LINE/L 命令，应用投影法绘制玄关 D 立面左、右侧轮廓，如图 9-80 所示。

③ 调用 LINE/L 命令，在投影线的下方绘制一条线段表示地面，如图 9-81 所示。

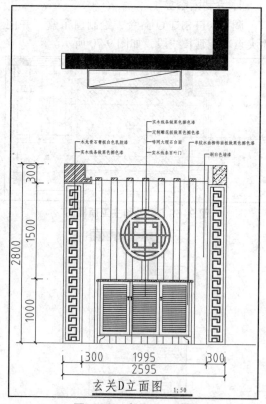

图 9-79　玄关 D 立面图

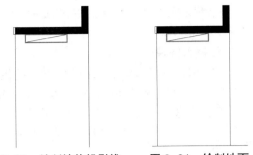

图 9-80　绘制墙体投影线　　图 9-81　绘制地面

04 调用 OFFSET/O 命令，将地面轮廓线向上偏移，得到顶棚底面，如图 9-82 所示。

05 调用 TRIM/TR 命令，修剪出立面轮廓，并将立面外轮廓转换至【QT_ 墙体】图层，如图 9-83 所示。

3. 绘制吊顶造型

01 调用 PLINE/PL 命令，绘制造型轮廓，如图 9-84 所示。

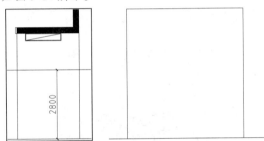

图 9-82　绘制顶棚　　　图 9-83　修剪立面轮廓

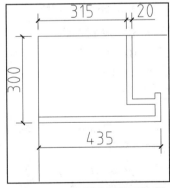

图 9-84　绘制吊顶造型轮廓

02 调用 HATCH/H 命令，输入 T【设置】选项，在轮廓内填充【STEEL】图案，填充参数和效果如图 9-85 所示。

03 调用 PLINE/PL 命令，绘制多段线，如图 9-86 所示。

04 调用 LINE/L 命令，在多段线内绘制一条线段，如图 9-87 所示。

图 9-85　填充参数和效果

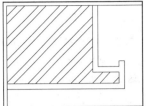

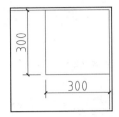

图 9-86　绘制多段线　　　图 9-87　绘制线段

05 调用 HATCH/H 命令，在线段右侧填充【AR-CONC】图案和【ANSI31】图案，如图 9-88 所示。

06 调用 LINE/L 命令，绘制一条线段连接两侧吊顶造型，如图 9-89 所示。

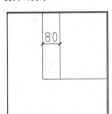

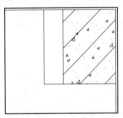

图 9-88　填充图案

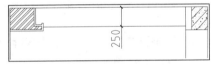

图 9-89　绘制线段

4. 绘制背景墙造型

01 调用 PLINE/PL 命令，绘制多段线，如图 9-90 所示。

02 调用 HATCH/H 命令，在线段内填充【STEEL】图案，效果如图 9-91 所示。

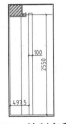

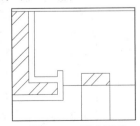

图 9-90　绘制多段线　　图 9-91　填充图案

03 调用 ARRAY/AR 命令，对图形进行阵列，命令行提示如下：

> 命令：ARRAY↙
> // 调用阵列命令
> 选择对象：找到 1 个
> // 选择阵列对象
> 选择对象：输入阵列类型 [矩形 (R)/ 路径 (PA)/ 极轴 (PO)] < 矩形 >：R↙
> // 选择矩形阵列方式
> 类型 = 矩形 关联 = 是
> 为项目数指定对角点或 [基点 (B)/ 角度 (A)/ 计数 (C)] < 计数 >：C↙
> // 选择计数选项
> 输入行数或 [表达式 (E)] <4>: 1↙
> // 输入行数为 1
> 输入列数或 [表达式 (E)] <4>: 7↙
> // 输入列数为 7
> 指定对角点以间隔项目或 [间距 (S)] < 间距 >：S↙
> // 选择间距选项
> 指定列之间的距离或 [表达式 (E)] <289.6151>: 250↙
> // 指定列之间的距离
> 按 Enter 键接受或 [关联 (AS)/ 基点 (B)/ 行 (R)/ 列 (C)/ 层 (L)/ 退出 (X)] < 退出 >：↙
> // 按 Enter 键结束绘制，阵列如图 9-92 所示

04 调用 RECTANG/REC 命令，绘制矩形，如图 9-93 所示。

05 调用 OFFSET/O 命令，将矩形向内偏移 40mm，如图 9-94 所示。

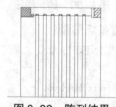

图 9-92 阵列结果

图 9-93 绘制矩形

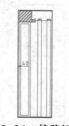

图 9-94 偏移矩形

06 使用同样的方法绘制右侧同样的造型，如图 9-95 所示。

5. 插入图块

按 Ctrl+O 快捷键，打开配套资源提供的"第 9 章 \ 家具图例 .dwg"文件，选择其中的雕花、圆形雕花和鞋柜等图块，将其复制至玄关立面区域，并对图形相交的位置进行修剪，如图 9-96 所示。

图 9-95 绘制墙面造型

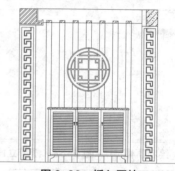

图 9-96 插入图块

6. 标注尺寸、材料说明

01 设置"BZ_ 标注"为当前图层。设置当前注释比例为 1 : 50。

02 调用 DIM 命令，标注尺寸，效果如图 9-97 所示。

03 调用 MLEADER/MLD 命令，标注材料说明，效果如图 9-98 所示。

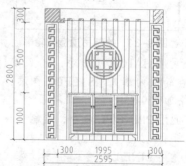

图 9-97 尺寸标注

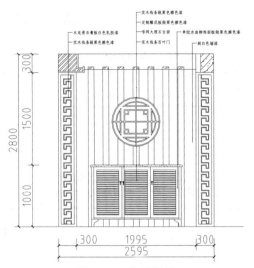

图 9-98 标注材料

7. 插入图块

调用 INSERT/I 命令，插入【图名】图块，设置 D 立面图名称为"玄关 D 立面图"。玄关 D 立面图绘制完成。

9.7.2 绘制客厅 B 立面图

客厅 B 立面图是电视所在的墙面，如图 9-99 所示，下面讲解绘制方法。

1. 复制图形

调用 COPY/CO 命令，复制平面布置图上客厅 B 立面的平面部分。

2. 绘制立面主要轮廓

01 调用 LINE/L 命令绘制墙体和地面，如图 9-100 所示。

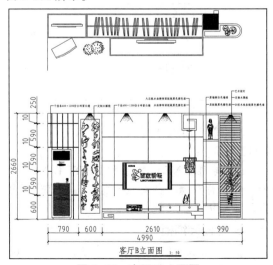

图 9-99 客厅 B 立面图

图 9-100 绘制墙体和地面

02 调用 OFFSET/O 命令，向上偏移地面，得到顶棚，如图 9-101 所示。

03 调用 TRIM/TR 命令，对立面基本轮廓进行修剪，并转换至【QT_墙体】图层，效果如图 9-102 所示。

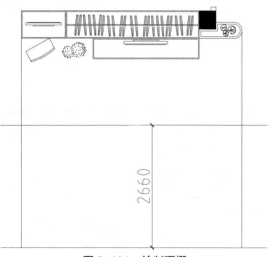

图 9-101 绘制顶棚

图 9-102 修剪立面轮廓

3. 绘制木栅格

01 调用 LINE/L 命令和 OFFSET/O 命令，绘制线段，如图 9-103 所示。

02 使用同样的方法绘制水平线段，如图 9-104 所示。

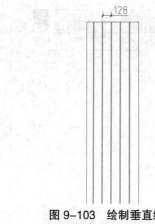

图 9-103 绘制垂直线段

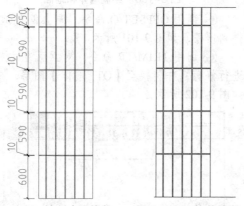

图 9-104 绘制水平线段   图 9-105 修剪线段

03 调用 TRIM/TR 命令，对线段进行修剪，如图 9-105 所示。

4. 绘制电视柜

01 调用 LINE/L 命令，绘制线段，如图 9-106 所示。

02 调用 RECTANG/REC 命令，在线段内绘制尺寸为 480mm×2360mm 的矩形，并移动到相应的位置，如图 9-107 所示。

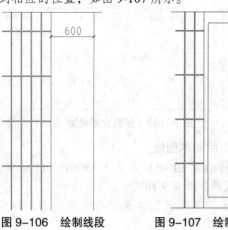

图 9-106 绘制线段   图 9-107 绘制矩形

03 调用 PLINE/PL 命令，绘制电视柜轮廓，如图 9-108 所示。

04 调用 RECTANG/REC 命令、LINE/L 命令和 OFFSET/O 命令，绘制抽屉，如图 9-109 所示。

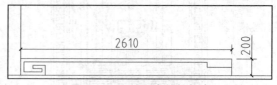

图 9-108 绘制电视柜轮廓

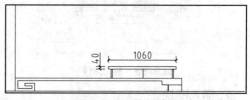

图 9-109 绘制抽屉

05 调用 CIRCLE/C 命令，绘制半径为 20mm 的圆表示抽屉拉手，如图 9-110 所示。

5. 绘制电视背景墙

01 调用 PLINE/PL 命令，绘制造型图案，图 9-111 所示。

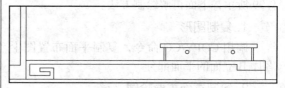

图 9-110 绘制圆

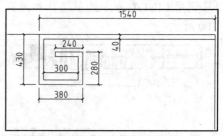

图 9-111 绘制造型图案

02 调用 LINE/L 命令，绘制线段，如图 9-112 所示。

03 调用 LINE/L 命令和 OFFSET/O 命令，划分电视背景墙，并对线段相交的位置进行修剪，如图 9-113 所示。

6. 绘制装饰柜

01 调用 RECTANG/REC 命令，绘制矩形，如图 9-114 所示。

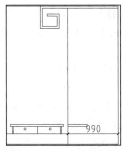

图 9-112 绘制线段

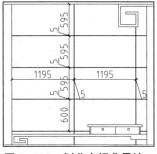

图 9-113 划分电视背景墙 　图 9-114 绘制矩形

02 调用 OFFSET/O 命令,将矩形向内偏移 40mm,如图 9-115 所示。

03 调用 LINE/L 命令和 OFFSET/O 命令,划分区域,如图 9-116 所示。

04 调用 LINE/L 命令、OFFSET/O 命令和 HATCH/H 命令细化装饰柜,如图 9-117 所示。

05 调用 LINE/L 命令和 OFFSET/O 命令,绘制搁板,如图 9-118 所示。

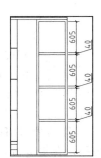

图 9-115 偏移矩形 　图 9-116 划分区域

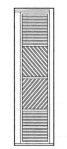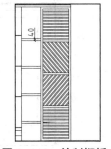

图 9-117 细化装饰柜 　图 9-118 绘制搁板

7. 插入图块

按 Ctrl+O 快捷键,打开配套资源提供的"第9章\家具图例.dwg"文件,选择需要的图块,将其复制至客厅立面区域,并对图形相交的位置进行修剪,如图 9-119 所示。

8. 尺寸标注和文字注释

01 设置"BZ-标注"图层为当前图层,设置当前注释比例为 1 : 50。调用智能标注命令 DIM 进行标注,结果如图 9-120 所示。

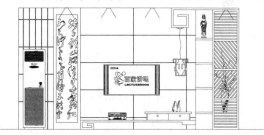

图 9-119 插入图块

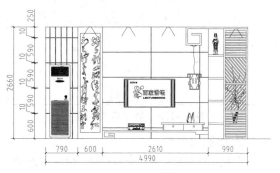

图 9-120 尺寸标注

02 调用多重引线命令标注材料,效果如图 9-121 所示。

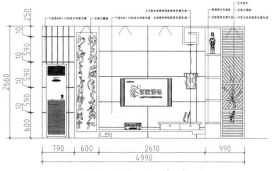

图 9-121 材料标注

9. 插入图名

调用插入图块命令 INSERT/I,插入【图名】图块,设置图名为"客厅B立面图",客厅B立面图绘制完成。

9.7.3 绘制餐厅 C 立面图

餐厅 C 立面是酒柜和厨房推拉门所在的墙面，如图 9-122 所示，下面讲解绘制方法。

1. 复制图形

调用 COPY/CO 命令，复制平面布置图上餐厅 C 立面的平面部分，并对图形进行旋转。

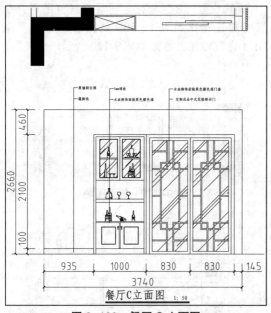

图 9-122　餐厅 C 立面图

2. 绘制立面轮廓

调用 LINE/L 命令，绘制墙体、顶面和地面，留出吊顶位置，并将立面外轮廓转换至"QT_墙体"图层，如图 9-123 所示。

图 9-123　绘制立面轮廓

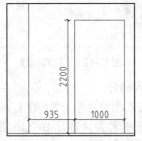

图 9-124　绘制多段线

3. 绘制酒柜

01 调用 PLINE/PL 命令，绘制多段线，如图 9-124 所示。

02 调用 OFFSET/O 命令，将多段线向内偏移 40mm，如图 9-125 所示。

03 调用 LINE/L 命令和 OFFSET/O 命令，划分酒柜，如图 9-126 所示。

04 调用 LINE/L 命令，绘制线段，如图 9-127 所示。

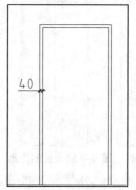

图 9-125　偏移多段线　　图 9-126　划分酒柜

图 9-127　绘制线段

05 调用 RECTANG/REC 命令，绘制矩形，并将线段向内偏移 45mm 和 5mm，并在矩形中绘制线段，如图 9-128 所示。

06 调用 HATCH/H 命令，输入 T【设置】选项，在矩形内填充【AR-RROOF】图案，填充参数和效果如图 9-129 所示。

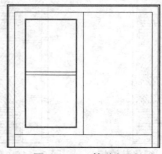

图 9-128　偏移矩形

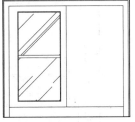

图 9-129 填充参数和效果

07 调用 COPY/CO 命令，将图形复制到右侧，效果如图 9-130 所示。

08 调用 LINE/L 命令、OFFSET/O 命令和 RECTANG/REC 命令，绘制酒柜下方地柜造型，如图 9-131 所示。

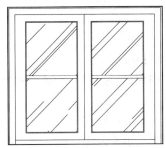

图 9-130 复制图形

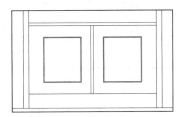

图 9-131 绘制地柜造型

4. 绘制推拉门

01 调用 PLINE/PL 命令，绘制多段线，如图 9-132 所示。

02 调用 OFFSET/O 命令，将多段线向内偏移 60mm，如图 9-133 所示。

03 调用 LINE/L 命令，在多段线中绘制一条线段，如图 9-134 所示。

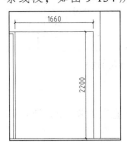

图 9-132 绘制多段线

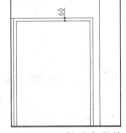

图 9-133 偏移多段线

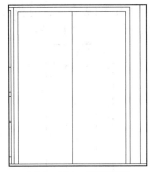

图 9-134 绘制线段

04 调用 RECTANG/REC 命令，绘制矩形，并将矩形向内偏移 50mm，如图 9-135 所示。

05 绘制雕花图案。调用 PLINE/PL 命令、OFFSET/O 命令和 TRIM//TR 命令，绘制如图 9-136 所示图形。

06 调用 MIRROR/MI 命令，对图形进行镜像，如图 9-137 所示。

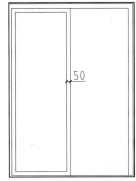

图 9-135 偏移矩形

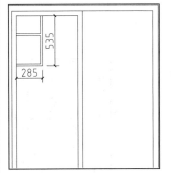

图 9-136 绘制图形

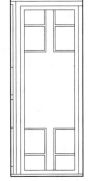

图 9-137 镜像图形

07 调用 RECTANG/REC 命令，绘制尺寸为 370mm×1240mm 的矩形，并移动到相应的位置，如图 9-138 所示。

08 调用 OFFSET/O 命令，将矩形向内偏移 20mm，如图 9-139 所示。

09 调用 TRIM/TR 命令，对线段相交的位置进行修剪，效果如图 9-140 所示。

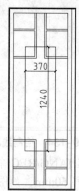

图 9-138　绘制矩形

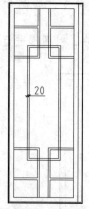

图 9-139　偏移矩形

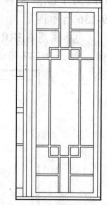

图 9-140　修剪线段

10 调用 LINE/L 命令和 OFFSET/O 命令，绘制线段，如图 9-141 所示。

11 调用 HATCH/H 命令，在推拉门中填充【AR-RROOF】图案，如图 9-142 所示。

12 调用 MIRROR/MI 命令，对绘制的图形进行镜像，如图 9-143 所示。

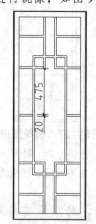

图 9-141　绘制线段

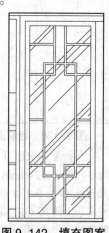

图 9-142　填充图案

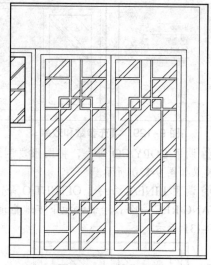

图 9-143　镜像图形

5. 绘制踢脚线

调用 LINE/L 命令，绘制踢脚线，如图 9-144 所示。

6. 插入图块和标注

01 从图库中插入陈设品图块，并移动到相应的位置，对图形相交的位置进行修剪，效果如图 9-145 所示。

02 图形绘制完成后，需要进行尺寸、文字说明和图名标注，最终完成餐厅 C 立面图。

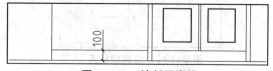

图 9-144　绘制踢脚线

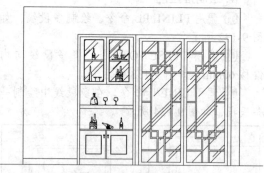

图 9-145　插入图块

9.7.4　绘制其他立面图

运用上述方法完成其他立面图的绘制，如图 9-146—图 9-151 所示。

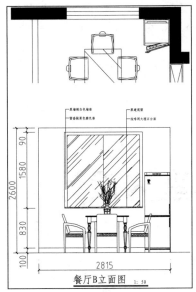

餐厅B立面图 1：50

图 9-146 餐厅 B 立面图

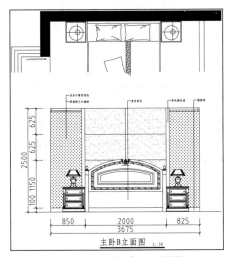

主卧B立面图 1：50

图 9-147 主卧 B 立面图

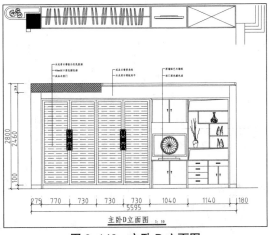

主卧D立面图 1：50

图 9-148 主卧 D 立面图

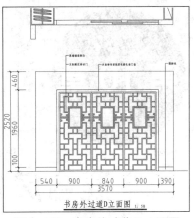

书房外过道D立面图 1：50

图 9-149 书房外过道 D 立面图

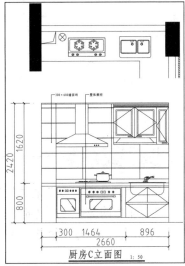

厨房C立面图 1：50

图 9-150 厨房 C 立面图

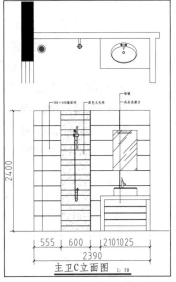

主卫C立面图 1：50

图 9-151 主卫 C 立面图

第 10 章

混合风格复式室内设计

本 章 导 读

复式住宅是受跃层式住宅设计构思启发，一般复式的房型是客厅或餐厅位置上下两层连通，其他位置上下两层分区，有内部楼梯。本例以混合风格复式为例，讲解复式的设计方法和施工图的绘制方法。

本 章 重 点

◇ 混合风格复式设计概述
◇ 调用样板新建文件
◇ 绘制复式原始户型图
◇ 绘制复式平面布置图
◇ 绘制复式地材图
◇ 绘制复式顶棚图
◇ 绘制复式立面图

10.1 混合风格复式设计概述

复式住宅同时具备了省地、省料、省钱的特点。复式住宅也特别适合于三代、四代同堂的大家庭居住，既满足了隔代人的相对独立性，又达到了相互照应的目的。

10.1.1 混合风格及设计特点

近年来，建筑设计和室内设计在总体上呈现多元化的趋势。室内布置中既有趋于现代实用，又有吸收传统的特征，在装潢与陈设中融古今中西于一体。例如传统的屏风、摆设和茶几，配以现代风格的墙面及门窗装修、新型的沙发；欧式古典的琉璃灯具和壁面装修，配以东方传统的家具和埃及的陈设等。混合型风格虽然在设计中不拘一格，运用多种体例，但设计中仍然是匠心独具，深入推敲形体、色彩、材质等方面的总体构图和视觉效果。

如图 10-1 所示为混合装饰风格效果。

图 10-1 混合装饰风格效果

10.1.2 复式住宅特点

● 平面利用系数高，通过夹层复合，可使住宅的使用面积提高 50%~70%。

● 户内隔层为木结构，将隔断、家具、装饰融为一体，既是墙，又是楼板、床、柜，降低了综合造价。

● 上层采用推拉窗户，通风采光好，与一般层高和面积相同的住宅相比，土地利用率可提高 40%。

10.2 调用样板新建文件

本书第 3 章创建了室内装潢施工图样板，该样板已经设置了相应的图形单位、样式、图层和图块等，原始户型图可以直接在此样板的基础上进行绘制。

图 10-2 【选择样板】对话框

01 调用 NEW【新建】命令，打开【选择样板】对话框。

02 选择【室内装潢施工图模板】，如图 10-2 所示。

03 单击【打开】按钮，以样板创建图形，新图形中包含了样板中创建的图层、样式和图块等内容。

04 调用 QSAVE【保存】命令，打开【图形另存为】对话框，在【文件名】框中输入文件名，单击【保存】按钮保存图形。

10.3 绘制复式原始户型图

除了现场量房之外，在进行室内设计时，有时需要从业主提供的原始户型图开始。平面布置图可在原始户型图的基础上进行绘制。如图 10-3 和图 10-4 所示为业主提供的原始户型图，请读者参考前面讲解的方法绘制，这里就不再详细讲解了。

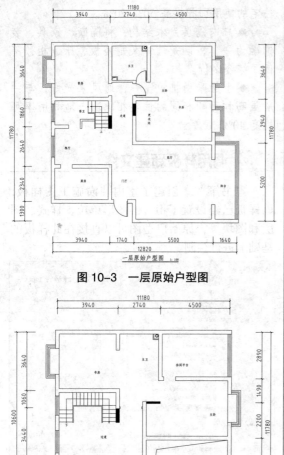

图 10-3　一层原始户型图

图 10-4　二层原始户型图

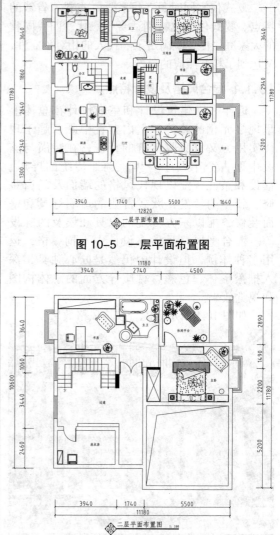

图 10-5　一层平面布置图

图 10-6　二层平面布置图

10.4　绘制复式平面布置图

　　平面布置图是室内施工图中的关键性图样。它是在原始户型图的基础上，根据业主的要求和设计师的设计意图，对室内空间进行详细的功能划分和室内设施定位。平面布置图的绘制重点是各种家用设施图形的绘制和调用，如沙发、床、桌子、椅子和洁具等平面图形。

　　复制一层和二层平面布置图如图 10-5 和图 10-6 所示。本节以门厅、客厅、和二层主卧为例，讲解平面布置图的绘制方法。

10.4.1　绘制门厅和客厅平面布置图

　　门厅和客厅的空间布局如图 10-7 所示，入口处设置有鞋柜和弧形装饰造型墙，下面讲解绘制方法。

1. 复制图形

　　平面布置图可在原始户型图的基础上进行绘制，因此，复制一层原始户型图到一旁，并修改图名为"一层平面布置图"。

2. 绘制鞋柜

01 设置【JJ_ 家具】图层为当前图层。

02 调用 RECTANG/REC 命令，绘制尺寸

为 300mm×1540mm 的矩形表示鞋柜轮廓，如图 10-8 所示。

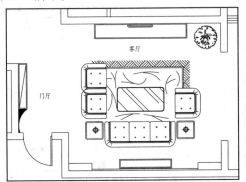

图 10-7　门厅和客厅平面布置图

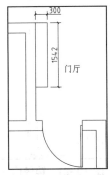

图 10-8　绘制矩形

03 调用 OFFSET/O 命令，将矩形向内偏移 30，如图 10-9 所示。

04 调用 LINE/L 命令，在矩形内绘制一条线段，如图 10-10 所示。

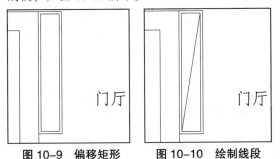

图 10-9　偏移矩形　　　图 10-10　绘制线段

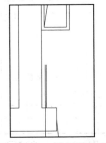

图 10-11　绘制辅助线

3. 绘制弧形装饰墙

01 调用 LINE/L 命令，绘制辅助线，如图 10-11 所示。

02 调用 ARC/A 命令，绘制弧线，然后删除辅助线，如图 10-12 所示。

03 调用 HATCH/H 命令，输入 T【设置】选项，在弧形内填充【STEEL】图案，填充参数和效果如图 10-13 所示。

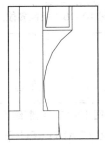

图 10-12　绘制弧线

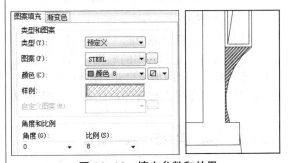

图 10-13　填充参数和效果

4. 绘制电视柜

调用 RECTANG/RE 命令和 OFFSET/O 命令，绘制电视柜，如图 10-14 所示。

图 10-14　绘制电视柜

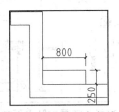

图 10-15　绘制多段线

5. 绘制沙发背景墙

01 调用 PLINE/PL 命令，绘制多段线，如图 10-15 所示。

02 调用 MIRRIR/MI 命令，将多段线镜像到另一侧，如图 10-16 所示。

03 调用 LINE/L 命令，在多段线之间绘制一条线段，如图 10-17 所示。

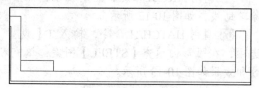

图 10-16　镜像多段线

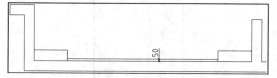

图 10-17　绘制线段

04 调用 RECTANG/REC 命令和 OFFSET/O 命令，绘制装饰柜，如图 10-18 所示。

6. 插入图块

打开本书配套资源中的"第10章\家具图例.dwg"文件，复制其中的电视、植物及客厅沙发等图形到本例图形窗口并调整到合适位置，完成门厅和客厅平面布置图的绘制，如图 10-7 所示。

10.4.2 绘制二层主卧平面布置图

二层主卧平面布置图如图 10-19 所示，主卧中包括了书房和主卫，下面讲解绘制方法。

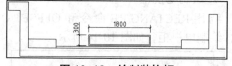

图 10-18　绘制装饰柜

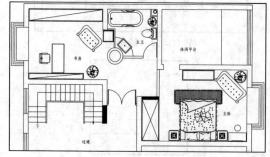

图 10-19　二层主卧平面布置图

1. 绘制门

01 调用 INSERT/I 命令，打开【插入】对话框，插入门图块，效果如图 10-20 所示。

02 调用 MIRROR/MI 命令，对门图块进行镜像，得到双开门，如图 10-21 所示。

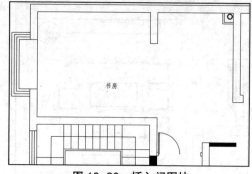

图 10-20　插入门图块

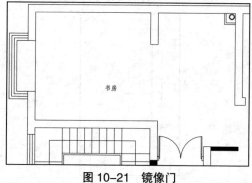

图 10-21　镜像门

2. 绘制隔墙

01 调用 LINE/L 命令，绘制线段，如图 10-22 所示。

02 调用 CIRCLE/C 命令，绘制半径为 280mm 的圆，如图 10-23 所示。

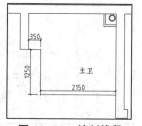

图 10-22　绘制线段　　图 10-23　绘制圆

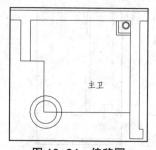

图 10-24　偏移圆

03 调用 OFFSET/O 命令，将圆向外偏移 120mm，如图 10-24 所示。

04 调用 OFFSET/O 命令和 LINE/L 命令，绘制隔墙，并对多余的线段进行修剪，如图 10-25 所示。

05 调用 LINE/L 命令和 TRIM/TR 命令，开门洞，并插入门图块，如图 10-26 所示。

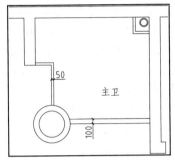

图 10-25 绘制隔墙

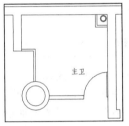

图 10-26 绘制门

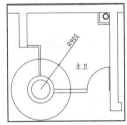

图 10-27 绘制圆

3. 绘制洗手盆台面

01 调用 CIRCLE/C 命令，绘制半径为 900mm 的圆，如图 10-27 所示。

02 调用 TRIM/TR 命令，对圆进行修剪，得到洗手盆台面，如图 10-28 所示。

4. 绘制书柜

调用 RECTANG/REC 命令、OFFSET/O 命令和 LINE/L 命令，绘制书柜，如图 10-29 所示。

5. 绘制装饰台

调用 RECTANG/REC 命令和 OFFSET/O 命令，绘制装饰台，如图 10-30 所示。

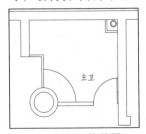

图 10-28 修剪圆

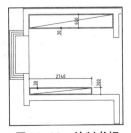

图 10-29 绘制书柜

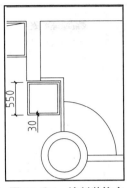

图 10-30 绘制装饰台

6. 绘制门槛线

调用 LINE/L 命令和 OFFSET/O 命令，绘制门槛线，如图 10-31 所示。

7. 绘制衣柜

01 调用 RECTANG/REC 命令，绘制衣柜轮廓，如图 10-32 所示。

02 调用 OFFSET/O 命令，将矩形向内偏移 30mm，如图 10-33 所示。

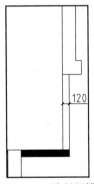

图 10-31 绘制门槛线

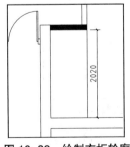

图 10-32 绘制衣柜轮廓

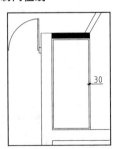

图 10-33 偏移矩形

03 调用 LINE/L 命令，在矩形内绘制对角线，如图 10-34 所示。

8. 绘制电视柜

调用 RECTANG/REC 命令和 OFFSET/O 命令，绘制电视柜，如图 10-35 所示。

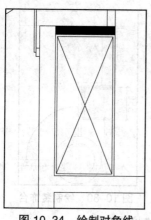

图 10-34　绘制对角线

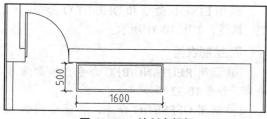

图 10-35　绘制电视柜

9. 绘制梳妆台

01 调用 RECTANG/REC 命令，绘制 880mm×400mm 的矩形表示梳妆台，如图 10-36 所示。

02 绘制尺寸为 550mm×20mm 的矩形表示镜子，如图 10-37 所示。

03 调用 CIRCLE/C 命令，绘制半径为 150mm 的圆表示凳子，如图 10-38 所示。

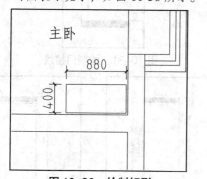

图 10-36　绘制矩形

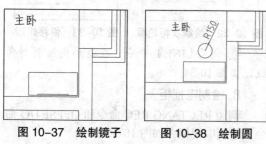

图 10-37　绘制镜子　　图 10-38　绘制圆

10. 插入图块

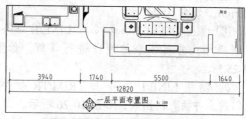

图 10-39　插入立面指向符

打开配套资源中的"第 10 章\家具图例 .dwg"文件，将其中的书桌、植物、浴缸、座便器、洗手盆、贵妃椅、床和床头柜等图形复制到本例图形窗口中，并对图形相交的位置进行修剪，完成后的效果如图 10-19 所示。

10.4.3　插入立面指向符号

当平面布置图绘制完成后，即可调用 INSERT 命令，插入【立面指向符】图块，并输入立面编号，效果如图 10-39 所示。

10.5　绘制复式地材图

地材图是用来表示地面做法的图样，包括地面铺设材料和形式（如分格、图案等）。地材图形成方法与平面布置图相同，不同的是地材图不需要绘制家具，只需绘制地面所使用的材料和固定于地面的设备与设施图形。

本示例是一个以混合风格为主的复式，大量使用了玻化砖、拼花、通体砖、花岗石等地面材料，因此本章主要介绍这些地面材料的画法。

最终绘制完成复式一层和二层地材图如图 10-40、图 10-41 所示。

图 10-40　一层地材图

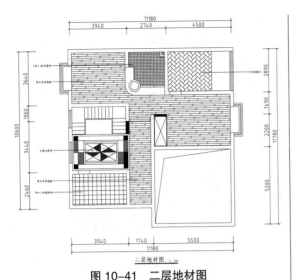

图 10-41　二层地材图

10.5.1 地面装修及画法

　　作为室内空间最基本的组成元素，地面的装饰处理，包括材料的选用、结构形式、装修和装饰处理，直接影响着室内的环境气氛。所以在设计时，需要将其与整个室内环境有机地结合起来。

1. 地面装修基础

　　地面装修一般使用的材料有木地板、塑料地板、水磨石、瓷砖、马赛克、缸砖、大理石、地毯以及一般水泥抹面等。不同的环境对地面的要求也不同，但是防潮、防火、隔声、保温等基本要求是一致的。

　　在家庭地面装修中，通常卧室的地面铺设木地板，具有一定的弹性和温暖感。或满铺地毯，给人以亲切、温馨的感受。

　　厨房和卫生间，通常使用大理石或防滑地砖，便于清洗，不易沾染油污。

　　客厅和餐厅的地面需要考虑材料的耐磨性及耐清洗性，一般多采用天然石材、优质地砖、木地板以及地毯等，这些材料各有优点，视居住者喜好而定。

　　但无论采用何种材料，其质感、肌理效果、色彩纹样等，都应与整个环境相协调。

2. 地材图画法

　　在地材图中，需要画出地面材料的图形，并标注各种材料的名称、规格等。如作分格，则要标出分格的大小，如作图案（如用木地板或地砖拼成各种图案），则要标注尺寸，

达到能够放样的程度。当图案过于复杂时需另画详图，这时应在平面图上注出详图索引符号。

　　地材图地面材料通常是使用 HATCH（图案填充）命令在指定区域填充图案表示。同一种材料可有多种表示形式，没有固定的图样，但要求形象、真实，所绘制的图形比例要尽量与整个图形的比例保持一致，这样就能使整个图形看上去比较协调。如图 10-42 所示为几种常见材料的表示形式。

10.5.2 绘制门厅和客厅地材图

　　如图 10-43 所示为门厅和客厅地材图，下面讲解绘制方法。

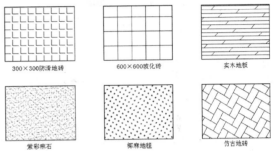

图 10-42　地面材料图样示例

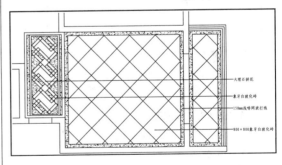

图 10-43　门厅和客厅地材图

1. 复制图形

　　地材图可以在平面布置图的基础上进行绘制，因为地材图需要用到平面布置图中的墙体等相关图形。打开平面布置图图形文件，复制一层平面布置图到一旁，并删除与地材图无关的图形，如图 10-44 所示。

2. 绘制门槛线

　　01 设置【DM_地面】图层为当前图层。

　　02 调用 LINE/L 命令，绘制门槛线，封闭填充图案区域，如图 10-45 所示。

图 10-44　整理图形

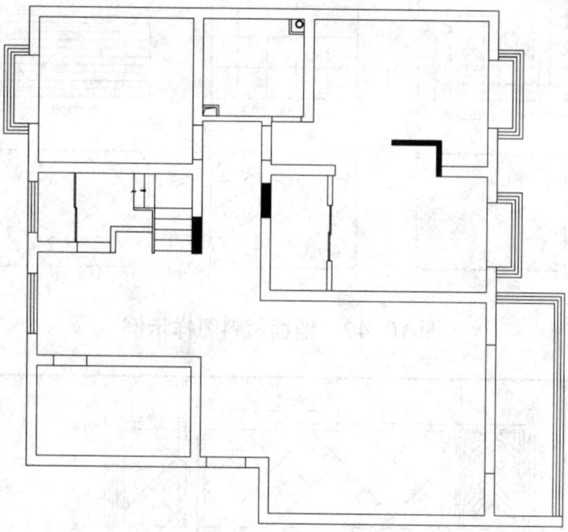

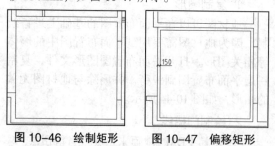

图 10-45　绘制门槛线

3. 绘制客厅地面

01 调用 RECTANG/REC 命令，绘制矩形，如图 10-46 所示。

02 调用 OFFSET/O 命令，将矩形向内偏移 150mm，如图 10-47 所示。

图 10-46　绘制矩形　　图 10-47　偏移矩形

03 调用 HATCH/H 命令，输入 T【设置】选项，在两个矩形之间区域填充【AR-CONC】

图案，填充参数和效果如图 10-48 所示。

04 调用 HATCH/H 命令，在偏移后的矩形内填充【用户定义】图案，填充参数和效果如图 10-49 所示。

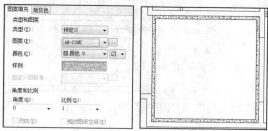

图 10-48　填充参数和效果

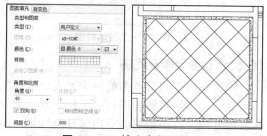

图 10-49　填充参数和效果

4. 绘制门厅地面

01 调用 RECTANG/REC 命令和 LINE/L 命令，绘制尺寸为 1510mm×3460mm 的矩形，并移动到相应的位置，如图 10-50 所示。

02 调用 LINE/L 命令和 OFFSET/O 命令，绘制线段，如图 10-51 所示。

03 调用 HATCH/H 命令，在线段内填充【AR-CONC】图案，如图 10-52 所示。

04 调用 RECTANG/REC 命令，绘制尺寸为 1140mm×3360mm 的矩形，并移动到相应的位置，如图 10-53 所示。

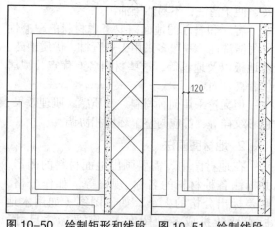

图 10-50　绘制矩形和线段　　图 10-51　绘制线段

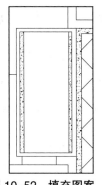
图 10-52 填充图案

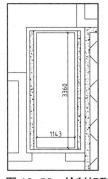
图 10-53 绘制矩形

05 绘制拼花。调用 RECTANG/REC 命令，绘制尺寸为 520mm×1045mm 的矩形，并将矩形旋转 45°，如图 10-54 所示。

06 调用 PLINE/PL 命令，绘制多段线，如图 10-55 所示。

图 10-54 绘制矩形

图 10-55 绘制线段

07 调用 HATCH/H 命令，在线段内填充【AR-CONC】图案，如图 10-56 所示。

08 调用 ROTATE/RO 命令和 COPY/CO 命令，对图形进行旋转和复制，如图 10-57 所示。

09 调用 LINE/L 命令，绘制线段，如图 10-58 所示。

图 10-56 填充图案

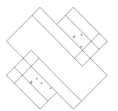
图 10-57 镜像图形

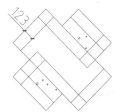
图 10-58 绘制线段

10 调用 COPY/CO 命令，对拼花图案进行复制，其效果如图 10-59 所示。

11 调用 HATCH/H 命令，对拼花周围填充

【AR-CONC】图案，如图 10-60 所示。

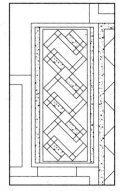
图 10-59 复制拼花图案

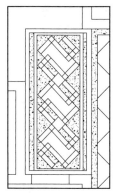
图 10-60 填充图案

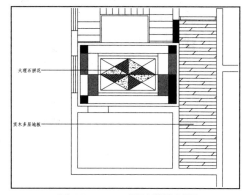

大理石拼花

实木多层地板

图 10-61 二层过道地材图

5. 文字标注

调用 MLEADER/MLD 命令，对门厅和客厅地面进行文字标注，效果如图 10-43 所示。

10.5.3 绘制二层过道地材图

二层过道地材图如图 10-61 所示，下面讲解绘制方法。

1. 绘制地面拼花

01 调用 RECTANG/REC 命令，绘制尺寸为 3940mm×2400mm 的矩形，如图 10-62 所示。

02 调用 OFFSET/O 命令，将矩形向内偏移 100mm，如图 10-63 所示。

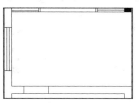
图 10-62 绘制矩形

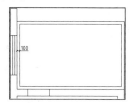
图 10-63 偏移矩形

03 调用 LINE/L 命令和 OFFSET/O 命令，绘制线段，如图 10-64 所示。

04 调用 HATCH/H 命令，在线段内填充【SOLID】图案，效果如图 10-65 所示。

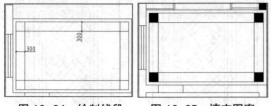

图 10-64　绘制线段　　　图 10-65　填充图案

05 调用 LINE/L 命令，继续绘制线段，并在线段内填充图案，如图 10-66 所示。

06 调用 HATCH/H 命令，输入 T【设置】选项，在线段内填充【CROSS】图案，填充参数和效果如图 10-67 所示。

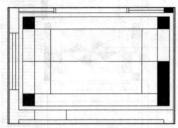

图 10-66　填充图案

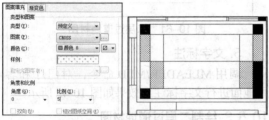

图 10-67　填充参数和效果

07 调用 RECTANG/REC 命令，绘制尺寸为 2340mm×1400mm 的矩形，如图 10-68 所示。

08 调用 OFFSET/O 命令，将矩形向内偏移 100mm，如图 10-69 所示。

09 调用 LINE/L 命令，在矩形内绘制对角线，如图 10-70 所示。

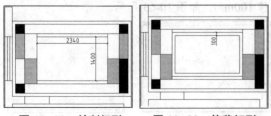

图 10-68　绘制矩形　　　图 10-69　偏移矩形

10 调用 LINE/L 命令，以线段的中点为起点绘制线段，效果如图 10-71 所示。

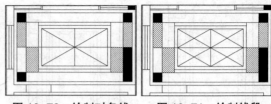

图 10-70　绘制对角线　　　图 10-71　绘制线段

11 调用 HATCH/H 命令，在线段内填充【AR-CONC】图案和【STEEL】图案，效果如图 10-72 所示。

2. 填充实木地板地面图例

调用 HATCH/H 命令，输入 T【设置】选项，在过道区域填充【DOLMIT】图案，填充参数和效果如图 10-73 所示。

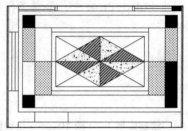

图 10-72　填充图案

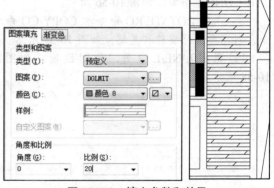

图 10-73　填充参数和效果

3. 文字标注

调用 MLEADER/MLD 命令，标注地面材料名称，如图 10-61 所示，完成二层过道地材图的绘制。

10.6　绘制复式顶棚图

顶棚是指建筑空间上部的覆盖层。顶棚图是用假想水平剖切面从窗台上方把房屋剖开，移去下面的部分后，向顶棚方向正投影所生成的图形。

顶棚图主要用于表示顶棚造型和灯具布置，同时也反映了室内空间组合的标高关系和尺寸等。其内容主要包括各种装饰图形、灯具、说明文字、尺寸和标高等。有时为了更详细地表示顶棚某处的构造和做法，还需要绘制该处的剖面详图。

如图 10-74 和图 10-75 所示为本复式别墅一层和二层顶棚图。通过对本章的学习，读者可掌握顶棚图的绘制方法。

图 10-74　一层顶棚图

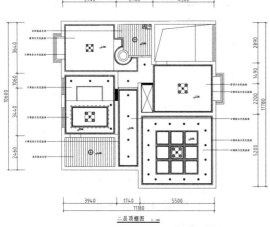

图 10-75　二层顶棚图

10.6.1　绘制餐厅顶棚图

餐厅顶棚图如图 10-76 所示，下面讲解绘制方法。

1. 复制图形

顶棚图可以在平面布置图的基础上绘制，复制复式的平面布置图，并删除与顶棚图无关

的图形，并在门洞处绘制墙体线，如图 10-77 所示。

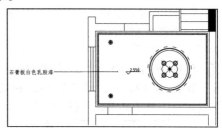

图 10-76　餐厅顶棚图

图 10-77　整理图形

2. 绘制吊顶造型

01 设置【DD_吊顶】图层为当前图层。

02 调用 LINE/L 命令和 OFFSET/O 命令，绘制线段，如图 10-78 所示。

03 调用 RECTANG/REC 命令，绘制矩形，如图 10-79 所示。

04 调用 OFFSET/O 命令，将矩形向内偏移 50mm、30mm 和 20mm，如图 10-80 所示。

图 10-78　绘制线段　　图 10-79　绘制矩形

图 10-80　偏移矩形

05 调用 OFFSET/O 命令，绘制辅助线，如图 10-81 所示。

06 调用 CIRCLE/C 命令，以辅助线的交点为圆心绘制半径为 600mm 的圆，然后删除辅助线，如图 10-82 所示。

07 调用 OFFSET/O 命令，将圆向外偏移 50mm、70mm 和 120mm，将偏移 120mm 后的圆设置为虚线，表示灯带，如图 10-83 所示。

图 10-81　绘制辅助线

图 10-82　绘制圆　　　　图 10-83　偏移圆

3. 布置灯具

01 打开配套资源提供的"第 10 章 \ 家具图例 .dwg"文件，将该文件中的灯具图例表复制到顶棚图中，如图 10-84 所示。

02 调用 COPY/CO 命令，将灯具图形复制到餐厅顶棚图中，效果如图 10-85 所示。

4. 插入标高和文字说明

01 调用 INSERT/I 命令，插入【标高】图块标注标高，如图 10-86 所示。

名称	图例
射灯	✳→
吊灯	✳
防雾射灯	✳
吸顶灯	⊕
排气扇	✿

图 10-84　灯具图例表

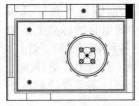 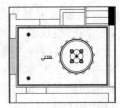

图 10-85　复制灯具图形　　　图 10-86　插入标高

02 调用 MLEADER/MLD 命令，标注顶面材料说明，完成后的效果如图 10-76 所示，餐厅顶棚图绘制完成。

10.6.2　绘制客厅顶棚图

客厅顶棚图如图 10-87 所示，下面讲解绘制方法。

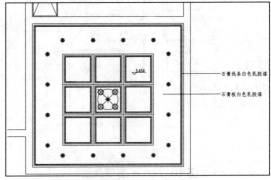

石膏线条白色乳胶漆
石膏板白色乳胶漆

图 10-87　客厅顶棚图

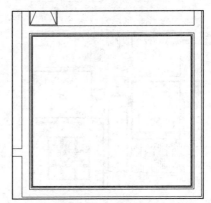

图 10-88　偏移矩形

1. 绘制角线

01 调用 RECTANG/REC 命令，绘制矩形，然后将矩形依次向内偏移 50mm、30mm 和 20mm，表示角线，如图 10-88 所示。

2. 绘制吊顶造型

01 调用 RECTANG/REC 命令，绘制边长为 3156mm 的矩形，并移动到相应的位置，如图 10-89 所示。

02 调用 LINE/L 命令和 OFFSET/O 命令，划分矩形，如图 10-90 所示。

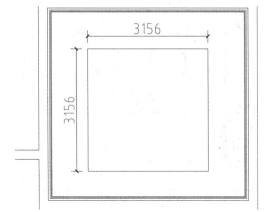

图 10-89　绘制矩形

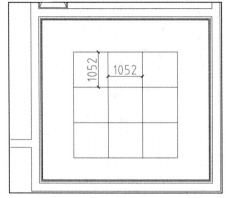

图 10-90　划分矩形

03 调用 RECTANG/REC 命令，绘制矩形，并将矩形向内偏移 50、30 和 20，如图 10-91 所示。

04 调用 COPY/CO 命令，将矩形复制到其他位置，如图 10-92 所示。

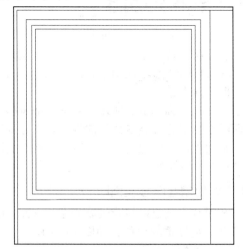

图 10-91　偏移矩形

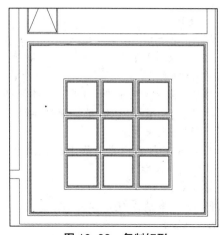

图 10-92　复制矩形

3. 布置灯具

01 调用 COPY/CO 命令，复制艺术吊灯图例到顶棚图中，如图 10-93 所示。

02 调用 LINE/L 命令和 OFFSET/O 命令，绘制辅助线，如图 10-94 所示。

03 调用 COPY/CO 命令，复制射灯图例到辅助线相交处，然后删除辅助线，如图 10-95 所示。

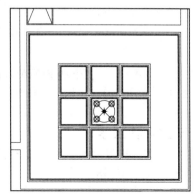

图 10-93　复制艺术吊灯

图 10-94　绘制辅助线　　图 10-95　复制射灯

04 调用 ARRAY/AR 命令，对射灯图例进行阵列，命令行提示如下：

命令：ARRAY↵

// 调用阵列命令

选择对象：找到 1 个

// 选择射灯图形

选择对象：输入阵列类型 [矩形 (R)/ 路径 (PA)/ 极轴 (PO)] < 矩形 >:R↵// 选择矩形阵列方式

类型 = 矩形 关联 = 是

为项目数指定对角点或 [基点 (B)/ 角度 (A)/ 计数 (C)] < 计数 >: C↵

// 选择计数选项

输入行数或 [表达式 (E)] <4>: 1↵

// 输入行数为 1

输入列数或 [表达式 (E)] <4>: 4↵

// 输入列数为 4

指定对角点以间隔项目或 [间距 (S)] < 间距 >: S↵

// 选择间距选项

指定列之间的距离或 [表达式 (E)] <205.3333>: 1052↵

// 输入列之间的距离

按 Enter 键接受或 [关联 (AS)/ 基点 (B)/ 行 (R)/ 列 (C)/ 层 (L)/ 退出 (X)] < 退出 >: ↵

// 按 Enter 键结束绘制，阵列结果如图 10-96 所示

⑤ 调用 COPY/CO 命令和 ROTATE/RO 命令，布置两侧和下方的灯具，效果如图 10-97 所示。

4. 标注标高和文字

① 调用 INSERT/I 命令，插入【标高】图块标注标高，如图 10-98 所示。

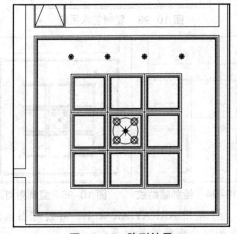

图 10-96　阵列结果

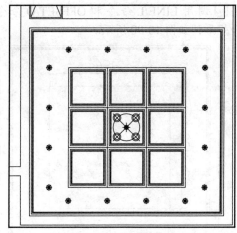

图 10-97　布置灯具

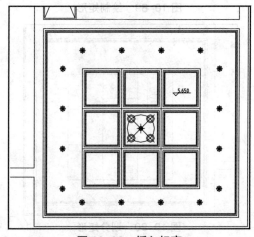

图 10-98　插入标高

② 调用 MLEADEREDIT/MLD 命令标注文字说明，客厅顶棚图绘制完成。

10.7　绘制复式立面图

施工立面图是室内墙面与装饰物的正投影图，它标明了墙面装饰的式样及材料、位置尺寸，墙面与门、窗、隔断的高度尺寸，墙与顶、地的衔接方式等。

立面是装饰细节的体现，家居装饰风格在立面图中将得到淋漓尽致的体现。本章分别以客厅和父母房立面为例，介绍混合风格立面图的画法与相关规则。

10.7.1　绘制客厅 B 立面图

客厅 B 立面是电视背景墙所在的立面，因此具有举足轻重的地位，如图 10-99 所示，下面讲解绘制方法。

1. 复制图形

调用 COPY/CO 命令，复制复式一层平面布置图上客厅 B 立面的平面部分。

2. 绘制立面轮廓线

01 设置【LM_立面】图层为当前图层。

02 调用 LINE/L 命令，绘制客厅 B 立面墙体投影线，如图 10-100 所示。

03 调用 LINE/L 命令，在投影线下方绘制一条水平线段表示地面，如图 10-101 所示。

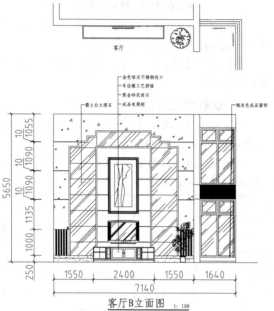

图 10-99　客厅 B 立面图

04 调用 OFFSET/O 命令向上偏移地面，得到标高为 5650mm 的顶面，如图 10-102 所示。

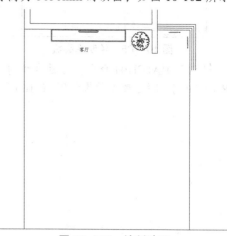

图 10-101　绘制地面

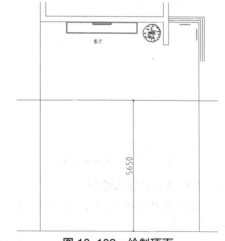

图 10-102　绘制顶面

05 调用 TRIM/TR 命令或使用夹点功能，修剪得到 B 立面的基本轮廓，并转换至【QT_墙体】图层，如图 10-103 所示。

3. 绘制墙体

调用 LINE/L 命令，利用投影法绘制墙体，并进行修剪，效果如图 10-104 所示。

4. 绘制踢脚线

01 调用 LINE/L 命令和 OFFSET/O 命令，绘制踢脚线，如图 10-105 所示。

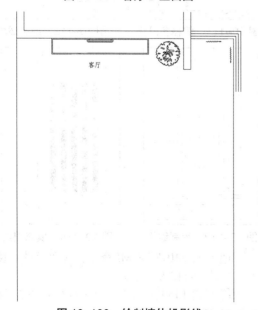

图 10-100　绘制墙体投影线

图 10-103　修剪立面轮廓　图 10-104　绘制墙体

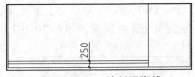

图 10-105　绘制踢脚线

02 调用 HATCH/H 命令，在踢脚线内填充【AR-CONC】图案，填充效果如图 10-106 所示。

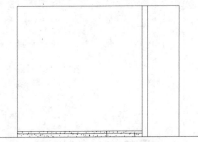

图 10-106　填充踢脚线

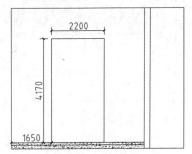

图 10-107　绘制多段线

5. 绘制电视背景墙造型

01 调用 PLINE/PL 命令，绘制多段线，如图 10-107 所示。

02 调用 OFFSET/O 命令，将多段线向外偏移 50mm，如图 10-108 所示。

03 调用 LINE/L 命令和 OFFSET/O 命令，绘制线段细化背景墙，如图 10-109 所示。

04 调用 PLINE/PL 命令，绘制多段线，如图 10-110 所示。

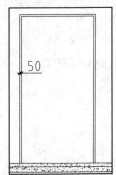

图 10-108　偏移多段线　　图 10-109　细化背景墙

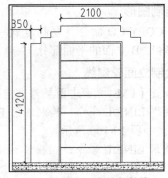

图 10-110　绘制多段线

05 调用 OFFSET/O 命令，将多段线向外偏移 50mm，如图 10-111 所示。

06 调用 LINE/L 命令，绘制线段，如图 10-112 所示。

6. 绘制墙面造型

01 调用 LINE/L 命令和 OFFSET/O 命令，绘制线段，如图 10-113 所示。

02 调用 HATCH/H 命令，在线段内填充【SOLID】图案，效果如图 10-114 所示。

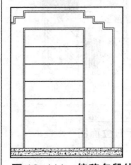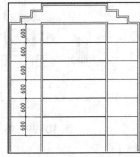

图 10-111　偏移多段线　　图 10-112　绘制线段

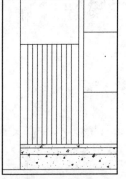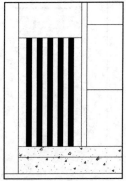

图 10-113　绘制线段　　图 10-114　填充图案

03 调用 MIRROR/MI 命令，对图形进行镜像，如图 10-115 所示。

04 调用 LINE/L 命令，绘制线段划分墙面，如图 10-116 所示。

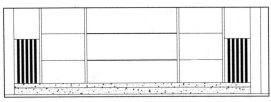

图 10-115　镜像图形

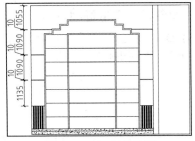

图 10-116　划分墙面

7. 插入图块

按 Ctrl+O 快捷键，打开配套资源提供的"第10 章 \ 家具图例 .dwg"文件，选择其中的电视、装饰画和电视柜等图块，将其复制至客厅立面区域，并进行修剪，结果如图 10-117 所示。

8. 填充墙面

01 调用 HATCH/H 命令，输入 T【设置】选项，对电视所在的墙面填充【AR-SAND】图案，填充参数和效果如图 10-118 所示。

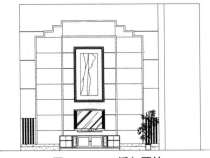

图 10-117　插入图块

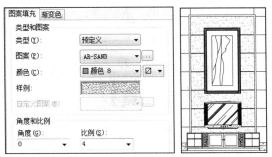

图 10-118　填充参数和效果

02 调用 HATCH/H 命令，对电视两侧区域

填充【AR-RROOF】图案，填充参数和效果如图 10-119 所示。

03 对墙面区域填充【AR-CONC】图案，填充效果如图 10-120 所示。

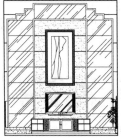

图 10-119　填充图案

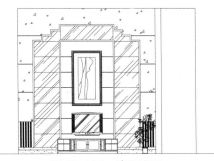

图 10-120　填充墙面

9. 绘制楼板

01 调用 LINE/L 命令，绘制线段，如图10-121 所示。

02 调用 HATCH/H 命令，在线段内填充【SOLID】图案表示楼板，如图 10-122 所示。

10. 绘制阳台窗户

01 调用 RECTANG/REC 命令、LINE/L 命令和 OFFSET/O 命令，绘制窗户轮廓，如图10-123 所示。

02 调用 HATCH/H 命令，对窗户填充【AR-RROOF】图案，效果如图 10-124 所示。

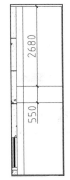
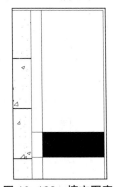

图 10-121　绘制线段　图 10-122　填充图案

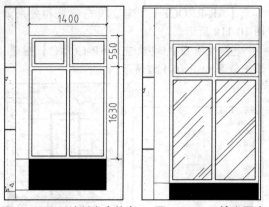

图 10-123　绘制窗户轮廓　　图 10-124　填充图案

03 调用 COPY/CO 命令，将窗户图形复制到下方，如图 10-125 所示。

04 从图库中插入窗帘图形到窗户的右侧，如图 10-126 所示。

11. 标注尺寸和材料说明

01 设置【BZ_标注】图层为当前图层，设置当前注释比例为 1：50。

02 调用 DIM 命令，标注尺寸，结果如图 10-127 所示。

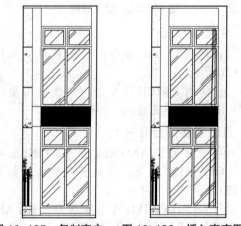

图 10-125　复制窗户　　图 10-126　插入窗帘图形

图 10-127　尺寸标注

03 调用 MLEADER/MLD 命令进行材料标注，标注结果如图 10-128 所示。

12. 插入图名

调用插入图块命令 INSERT/I，插入"图名"图块，设置 B 立面图名称为"客厅 B 立面图"，客厅 B 立面图绘制完成。

10.7.2　绘制客厅 D 立面图

客厅 D 立面是沙发所在的背景墙，如图 10-129 所示，下面讲解绘制方法。

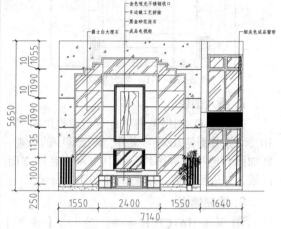

图 10-128　材料标注

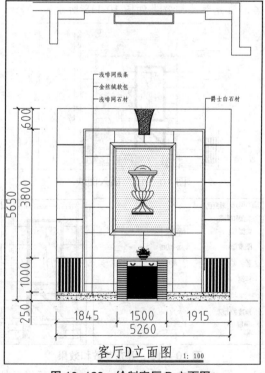

图 10-129　绘制客厅 D 立面图

1. 复制图形

调用 COPY/CO 命令，复制一层平面布置图上客厅 D 立面的平面部分，并对图形进行旋转。

2. 绘制立面外轮廓

01 调用 LINE/L 命令，应用投影法绘制客厅 D 立面左、右侧轮廓线和地面（客厅地面），结果如图 10-130 所示。

02 调用 OFFSET/O 命令，向上偏移地面线 5650mm，得到客厅顶面，如图 10-131 所示。

03 调用 TRIM/TR 命令，修剪出客厅立面外轮廓，结果如图 10-132 所示。

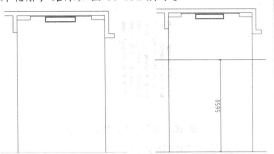

图 10-130　绘制墙体和地面　图 10-131　绘制顶面

图 10-132　修剪立面外轮廓

3. 绘制装饰柜

01 调用 RECTANG/REC 命令，绘制尺寸为 1500mm×1200mm 的矩形表示装饰柜轮廓，如图 10-133 所示。

02 调用 LINE/L 命令，绘制线段表示面板，如图 10-134 所示。

03 调用 LINE/L 命令和 OFFSET/O 命令，划分装饰柜，如图 10-135 所示。

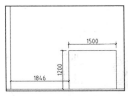

图 10-133　绘制矩形　　图 10-134　绘制线段

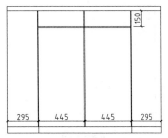

图 10-135　划分装饰柜

04 调用 LINE/L 命令和 OFFSET/O 命令，细化装饰柜，如图 10-136 所示。

05 调用 HATCH/H 命令，输入 T【设置】选项，在装饰柜填充【AR-PARQ1】图案，填充参数和效果如图 10-137 所示。

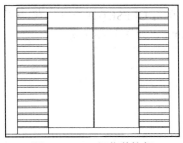

图 10-136　细化装饰柜

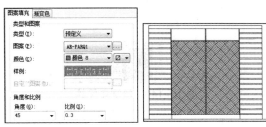

图 10-137　填充参数和效果

4. 绘制踢脚线

01 调用 LINE/L 命令和 OFFSET/O 命令，绘制踢脚线，如图 10-138 所示。

02 调用 HATCH/H 命令，在踢脚线内填充【AR-CONC】图案，填充效果如图 10-139 所示。

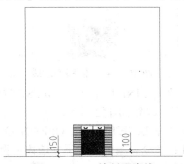

图 10-138　绘制踢脚线

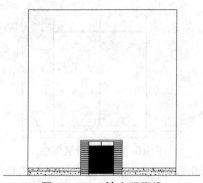

图 10-139　填充踢脚线

5.绘制背景墙造型

01 调用 PLINE/PL 命令，绘制多段线，如图 10-140 所示。

02 调用 OFFSET/O 命令，将多段线向内偏移 50mm，如图 10-141 所示。

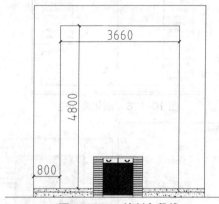

图 10-140　绘制多段线

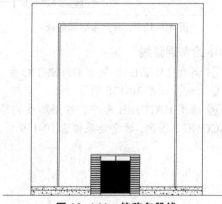

图 10-141　偏移多段线

03 调用 LINE/L 命令和 OFFSET/O 命令，绘制线段，如图 10-142 所示。

04 调用 LINE/L 命令、OFFSET/O 命令和 HATCH/H 命令，绘制左侧下方墙体造型，如图 10-143 所示。

图 10-142　绘制线段

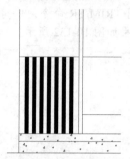

图 10-143　绘制墙体造型

05 调用 MIRROR/MI 命令，将造型镜像到右侧，如图 10-144 所示。

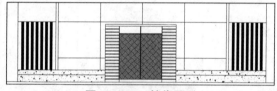

图 10-144　镜像图形

06 调用 LINE/L 命令和 OFFSET/O 命令，绘制墙体造型，如图 10-145 所示。

6.插入图块

按 Ctrl+O 快捷键，打开配套资源提供的"第 10 章 \ 家具图例 .dwg"文件，选择其中的陈设品、拉手和装饰画等图块，将其复制至客厅立面区域，并进行修剪，结果如图 10-146 所示。

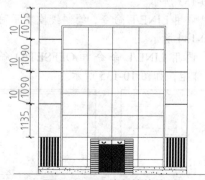

图 10-145　绘制墙体造型

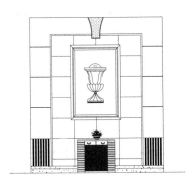

图 10-146 插入图块

7. 标注尺寸和材料

01 设置【BZ_标注】图层为当前图层，设置当前注释比例为 1：50。

02 调用 DIM 命令，标注尺寸，结果如图 10-147 所示。

03 调用 MLEADER/MLD 命令进行材料标注，标注结果如图 10-148 所示。

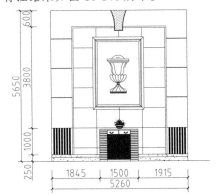

图 10-147 标注尺寸

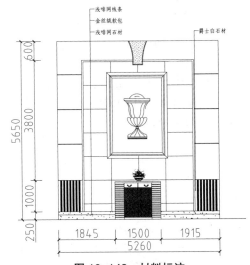

图 10-148 材料标注

8. 插入图名

调用插入图块命令 INSERT/I，插入【图名】图块，设置 D 立面图名称为"客厅 D 立面图"，客厅 D 立面图绘制完成。

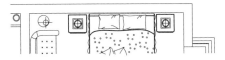

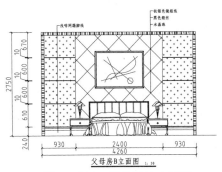

图 10-149 父母房 B 立面图

10.7.3 绘制父母房 B 立面图

父母房 B 立面图如图 10-149 所示，B 立面是床背景墙所在的立面，下面讲解绘制方法。

1. 复制图形

调用 COPY/CO 命令，复制一层平面布置图上父母房 B 立面的平面部分。

2. 绘制 B 立面基本轮廓

01 设置【LM_立面】图层为当前图层。

02 调用 LINE/L 命令，根据平面图绘制 B 立面墙体投影线和地面轮廓线，如图 10-150 所示。

03 调用 OFFSET/O 命令，向上偏移地面轮廓线，偏移距离为 2750mm，得到顶面轮廓线，如图 10-151 所示。

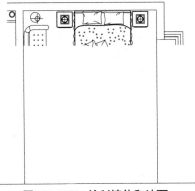

图 10-150 绘制墙体和地面

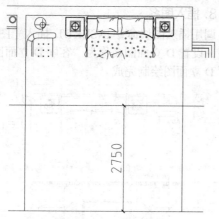

图 10-151 绘制顶面

04 调用 TRIM/TR 命令，修剪多余线段，并将立面外轮廓转换至【QT_墙体】图层，如图 10-152 所示。

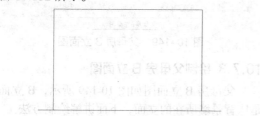

图 10-152 修剪立面轮廓

图 10-153 绘制线段

3. 背景墙造型

01 调用 LINE/L 命令，绘制线段，如图 10-153 所示。

02 调用 HATCH/H 命令，在多段线内填充【AR-RROOF】图案，如图 10-154 所示。

03 调用 LINE/L 命令和 OFFSET/O 命令，绘制踢脚线，如图 10-155 所示。

图 10-154 填充图案效果

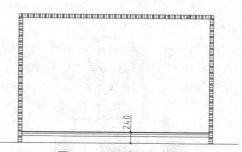

图 10-155 绘制踢脚线

04 调用 PLINE/PL 命令，绘制多段线，如图 10-156 所示。

05 调用 HATCH/H 命令，在多段线内填充【用户定义】图案，填充效果如图 10-157 所示。

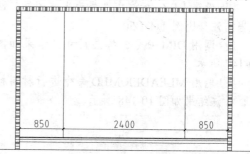

图 10-156 绘制线段

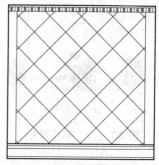

图 10-157 填充图案效果

06 调用 LINE/L 命令和 OFFSET/O 命令，绘制线段，如图 10-158 所示。

07 调用 HATCH/H 命令，输入 T【设置】选项，对背景墙填充【CROSS】图案，填充参数和效果如图 10-159 所示。

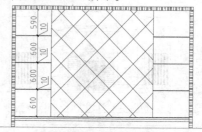

图 10-158 绘制线段

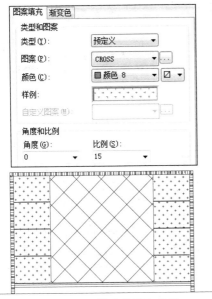

图 10-159　填充参数和效果

4. 插入图块

从图库中调用床、床头柜、装饰画和台灯等图块，并进行修剪，完成后的效果如图 10-160 所示。

5. 标注尺寸和说明文字

01 设置【BZ_标注】图层为当前图层，设置当前注释比例为 1：50。

02 调用 DIM 命令，标注尺寸，结果如图 10-161 所示。

图 10-160　插入图块

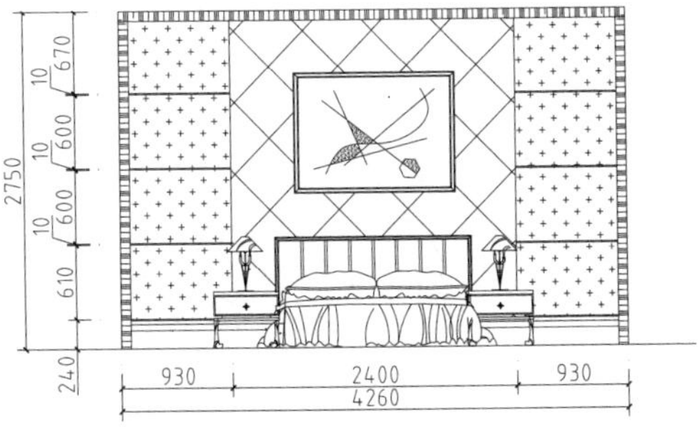

图 10-161　尺寸标注

03 调用 MLEADER/MLD 命令进行材料标注，标注结果如图 10-162 所示。

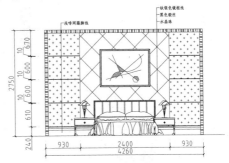

图 10-162　材料标注

6. 插入图名

调用插入图块命令 INSERT/I，插入【图名】图块，设置立面图名称为"父母房 B 立面图"，父母房 B 立面图绘制完成。

10.7.4　绘制其他立面图

按照上述方法绘制其他立面图，如图 10-163—图 10-166 所示。

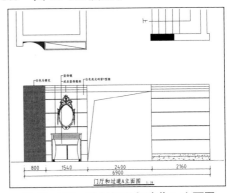

图 10-163　绘制门厅和过道 A 立面图

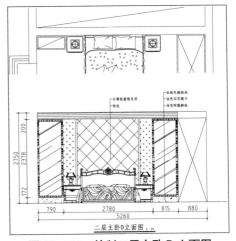

图 10-164　绘制二层主卧 D 立面图

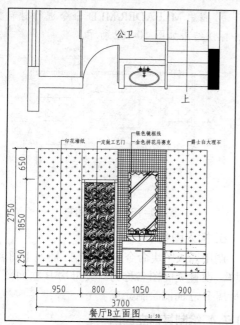

图 10-165 餐厅 B 立面图

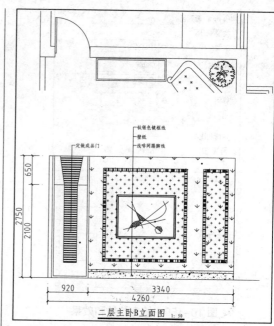

图 10-166 二层主卧 B 立面图

第11章

欧式风格别墅室内设计

本 章 导 读

　　欧式装修风格以其典雅、高贵的气质见长，特别是在生活元素多元化的今天，欧式风格的家居设计更以其浪漫情调备受青睐。欧式风格家居有其特有的表现元素，如壁炉、欧式家具、复杂的线角、具有优美弧形的门造型等，这些欧式元素的画法都是施工图初学者的难点。本章通过一栋双层豪华别墅的设计实例，详细讲解欧式风格的设计要点及施工图绘制方法。

本 章 重 点

- ✧ 欧式风格概述
- ✧ 调用样板新建文件
- ✧ 绘制别墅原始户型图
- ✧ 绘制别墅平面布置图
- ✧ 绘制别墅地材图
- ✧ 绘制别墅顶棚图
- ✧ 绘制别墅立面图

11.1 欧式风格概述

欧式风格按不同的地域文化可分为北欧、简欧和传统欧式，欧式的居室不只是豪华大气，更多的是给人一种惬意和浪漫的感觉。通过完美的曲线，精益求精的细节处理，给人一种舒服的感觉。

如图 11-1 所示为典型的欧式风格设计效果。

图 11-1　欧式风格效果

11.1.1 欧式风格构件

欧式风格室内构件有圆柱、旋转楼梯、壁炉、欧洲窗户等，如图 11-2 所示。

欧式柱的设计很有讲究，可以设计成典型的罗马柱造型，使整体空间具有更强烈的西方传统审美气息。

壁炉是西方文化的典型载体，选择欧式风格家装时，可以设计一个真的壁炉，也可以设计一个壁炉造型，辅以灯光，营造西方生活情调。

门窗顶套线　柱　窗帘盒　顶花　壁炉

图 11-2　欧式风格构件

11.1.2 欧式风格家具

欧式风格家具常以兽腿、花束及螺钿雕刻来装饰，线条部位常以金钱、金边装饰，如图 11-3 所示。

图 11-3　欧式风格家具

11.1.3 欧式风格灯具

在欧式风格的家居空间里，灯饰设计应选择具有西方风情的造型，如壁灯。在整体明快、简约、单纯的房屋空间里，布置西方文化底蕴的壁灯，泛着影影绰绰的灯光，朦胧、浪漫之感油然而生。

如图 11-4 所示为几种典型的欧式风格灯具。

图 11-4　欧式风格灯具

11.1.4 欧式风格装饰要素

欧式风格装饰要素有墙纸、布艺窗帘、地毯、灯具和壁画等，通常欧式风格的室内装饰的墙纸、布艺、地毯等都带有艳丽的图案。

在欧式风格的家居空间里，最好能在墙上挂金属框抽象画或摄影作品，也可以选择一些西方艺术家名作的赝品，比如人体画，直接把西方艺术带到家里，以营造浓郁的艺术氛围，表现主人的文化涵养。

11.1.5 颜色设计要点

欧式风格中豪华、气派的室内场景多以白色、黄色或红色为主色调，以金色作局部装饰，其他颜色作点缀，烘托出宫殿式的效果。

素雅温馨的居室常采用白色或米黄色作为室内的主色调，以颜色素雅的布艺或墙纸装饰，室内的装饰品常为金色或银色。

11.2 调用样板新建文件

图 11-5 【选择样板】对话框

本书第 3 章创建了室内装潢施工图样板，该样板已经设置了相应的图形单位、样式、图层和图块等，原始户型图可以直接在此样板的基础上进行绘制。

01 调用 NEW【新建】命令，打开【选择样板】对话框。

02 选择【室内装潢施工图模板】，如图 11-5 所示。

03 单击【打开】按钮，以样板创建图形，新图形中包含了样板中创建的图层、样式和图块等内容。

04 调用 QSAVE【保存】命令，打开【图形另存为】对话框，在【文件名】框中输入文件名，单击【保存】按钮保存图形。

11.3 绘制别墅原始户型图

本欧式别墅一、二层原始户型图如图 11-6 和图 11-7 所示，请读者运用本书第 5 章介绍的方法进行绘制，这里就不再重复了。

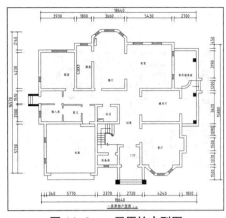

图 11-6 一层原始户型图

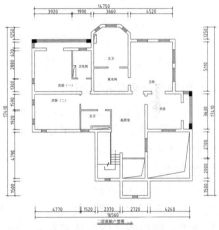

图 11-7 二层原始户型图

11.4 绘制别墅平面布置图

本章讲述欧式风格平面布置图的画法，绘制完成的一层和二层平面布置图如图 11-8 和图 11-9 所示。

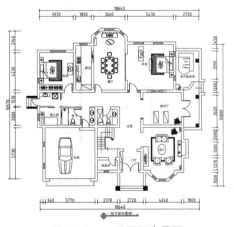

图 11-8 一层平面布置图

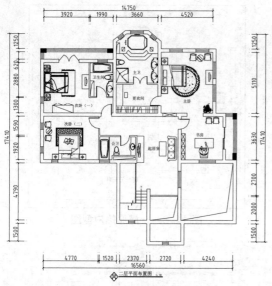

图 11-9 二层平面布置图

11.4.1 绘制客厅平面布置图

欧式客厅平面布置图如图 11-10 所示，为了体现出欧式风格的特点，这里选用了外形轮廓为弧形的欧式沙发图块。

1. 绘制壁炉

壁炉是欧式风格家居不可或缺的装饰元素，在平面布置图中只需大致表示出其外轮廓和位置即可，壁炉的详细做法将在立面图中表达。

01 设置【JJ_家具】图层为当前图层。

02 调用 RECTANG/REC 命令，在客厅右侧位置绘制 400mm×1800mm 的矩形表示壁炉轮廓，并移动到相应的位置，如图 11-11 所示。

03 调用 OFFSET/O 命令，向内偏移矩形，距离分别为 20mm 和 5mm，如图 11-12 所示。

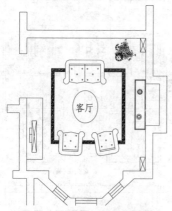

图 11-10 客厅平面布置图

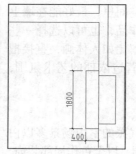

图 11-11 绘制矩形　　图 11-12 偏移矩形

04 调用 LINE/L 命令绘制壁炉四角的转角线，如图 11-13 所示。

2. 绘制壁炉两侧造型

01 调用 RECTANG/REC 命令，绘制 200mm×500mm 的矩形表示壁炉两侧的高柜，如图 11-14 所示。

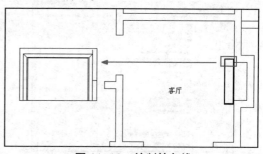

图 11-13 绘制转角线

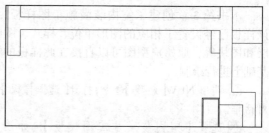

图 11-14 绘制矩形

02 调用 LINE/L 命令绘制矩形对角线，如图 11-15 所示。

03 调用 COPY/CO 命令，将高柜图形复制到壁炉另一侧，如图 11-16 所示。

3. 绘制电视柜

调用 RECTANG/REC 命令，在图 11-17 所示绘制 600mm×2220mm 的矩形表示电视柜。

4. 插入图块

打开本书配套资源中的"第 11 章\家具图例.dwg"文件，分别选择植物、电视机、音响及沙发等图形，按 Ctrl+C 键复制，按 Ctrl+Tab

键返回平面布置图窗口，按 Ctrl+V 键粘贴图形，然后使用 MOVE 命令将图形移到相应的位置，结果如图 11-10 所示。

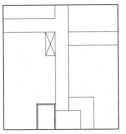

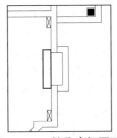

图 11-15　绘制对角线　　图 11-16　镜像高柜图形

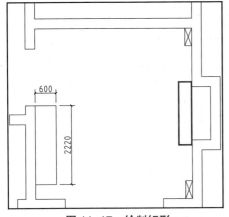

图 11-17　绘制矩形

11.4.2　绘制二层书房平面布置图

书房安排在与主卧相邻的位置，以方便主人休息和工作。书房平面布置图如图 11-18 所示，设置了书桌、书柜等家具。

1. 绘制门

01 调用 INSERT/I 命令插入门图块，如图 11-19 所示。

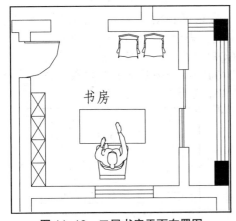

图 11-18　二层书房平面布置图

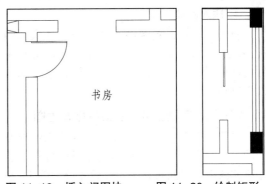

图 11-19　插入门图块　　图 11-20　绘制矩形

2. 绘制推拉门

01 调用 RECTANG/REC 命令，绘制尺寸为 20mm×915mm 的矩形，如图 11-20 所示。

02 调用 COPY/CO 命令，对矩形进行复制，如图 11-21 所示。

03 调用 RECTANG/REC 命令，绘制尺寸为 65mm×915mm 的矩形，如图 11-22 所示。

3. 绘制书柜

01 绘制书柜轮廓。调用 RECTANG/REC 命令，绘制尺寸为 350mm×550mm 的矩形，如图 11-23 所示。

02 调用 LINE/L 命令，绘制书柜内交叉线，如图 11-24 所示。

03 调用 COPY/CO 命令，向上复制图形，得到如图 11-25 所示效果。

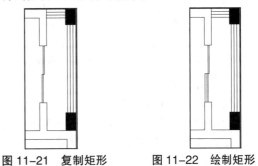

图 11-21　复制矩形　　　图 11-22　绘制矩形

图 11-23　绘制矩形

4. 插入图块

打开本书配套资源中的"第 11 章\家具图例.dwg"文件，分别将其中的家具等图形复制到当前图形中，并适当调整其位置，结果如图 11-18 所示。

11.4.3 绘制二层主卧和主卫平面布置图

二层主卧和主卫空间设计是本欧式别墅设计的一个亮点，平面布置功能齐全，材料和装饰比较豪华。平面布置图完成后效果如图 11-26 所示。

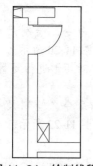 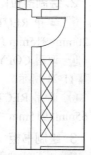

图 11-24　绘制线段　　　图 11-25　复制图形

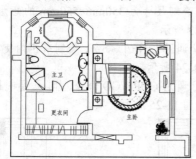

图 11-26　二层主卧和主卫平面布置图

1. 绘制主卧电视柜

01 调用 RECTANG/REC 命令，如图 11-27 所示绘制 600mm×1200mm 矩形表示电视柜。

02 调用 LINE/L 命令，绘制穿墙柜，如图 11-28 所示。使用穿墙柜可以有效节省空间。

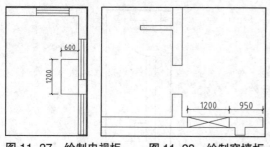

图 11-27　绘制电视柜　　图 11-28　绘制穿墙柜

2. 绘制更衣间门

调用 INSERT/I 命令，插入门图块，表示更衣间门，如图 11-29 所示。

3. 绘制衣柜

01 调用 OFFSET/O 命令，向内侧偏移墙线，偏移距离为 600mm，并将偏移后的线段转换至"JJ_家具"图层，结果如图 11-30 所示。

02 调用 OFFSET/O 命令，向内偏移衣柜轮廓线 300mm，得衣柜挂杆，如图 11-31 所示。

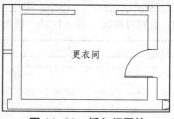

图 11-29　插入门图块

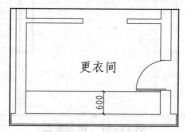

图 11-30　偏移线段

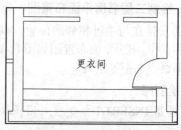

图 11-31　偏移线段

03 调用 LINE/L 命令，在衣柜内右侧绘制垂直线段表示衣架，如图 11-32 所示，然后调用 COPY/CO 命令，复制出其他衣架，并使用 ROTATE/RO 命令随意旋转衣架，使之产生不规则感，结果如图 11-33 所示。

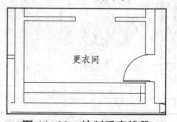

图 11-32　绘制垂直线段

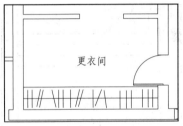

图 11-33　复制和旋转线段

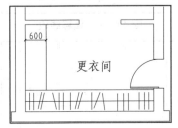

图 11-34　绘制线段

4. 绘制梳妆台凳子

01 调用 LINE/L 命令，绘制线段表示梳妆台，如图 11-34 所示。

02 梳妆台凳子用圆角的矩形表示，使用 RECTANG/REC 命令绘制圆角矩形，如图 11-35 所示。

03 调用 MOVE/M 命令，将圆角矩形移动到梳妆台位置，如图 11-36 所示。

图 11-35　绘制圆角矩形

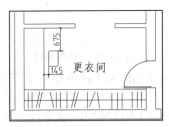

图 11-36　移动圆角矩形

5. 绘制双开门

调用 INSERT/I 命令和 MIRROR/MI 命令，绘制双开门，如图 11-37 所示。

6. 绘制浴池

01 调用 LINE/L 命令，以管道右下角为线

段起点，向右绘制一条水平线，如图 11-38 所示。

02 调用 OFFSET/O 命令，向内偏移线段，如图 11-39 所示。

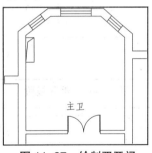

图 11-37　绘制双开门

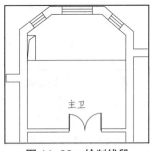

图 11-38　绘制线段

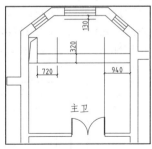

图 11-39　偏移线段

03 调用 FILLET/F 命令，对偏移的线段进行圆角处理，得到如图 11-40 所示的矩形。

04 调用 OFFSET/O 命令，根据偏移线段得出四条辅助线线段，如图 11-41 所示。

05 调用 LINE/L 命令，绘制斜线连接辅助线端点，如图 11-42 所示。

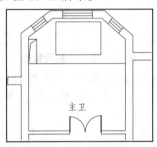

图 11-40　圆角线段

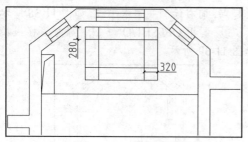

图 11-41　偏移线段

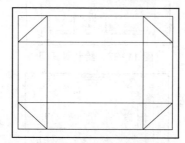

图 11-42　绘制线段

06 删除辅助线，并调用 TRIM/TR 多余线段，得到浴池轮廓如图 11-43 所示。

07 调用 OFFSET/O 命令向内偏移浴池轮廓线，偏移距离为 50mm，然后调用 FILLET/F 命令，对偏移的线段进行圆角处理，圆角半径为 0，得到浴池边缘轮廓，如图 11-44 所示。

08 调用 LINE/L 命令，绘制如图 11-45 所示浴池边缘转角线。

图 11-43　修剪图形　　图 11-44　偏移并圆角

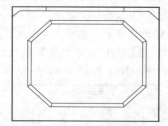

图 11-45　绘制转角线

09 绘制浴池踏步。调用 OFFSET/O 命令，分别向上、向下偏移线段，偏移距离为 270mm，如图 11-46 所示。

10 调用 LINE/L 命令，绘制如图 11-47 所示垂直线段，垂直线段位于偏移线段的中点。

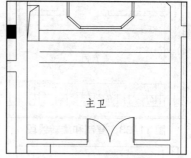

图 11-46　偏移线段

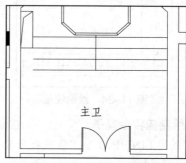

图 11-47　绘制垂直线段

11 调用 OFFSET/O 命令，向垂直线段两侧偏移出辅助线，如图 11-48 所示。

12 调用 LINE/L 命令，绘制如图 11-49 所示斜线。

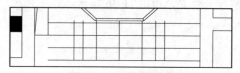

图 11-48　偏移线段

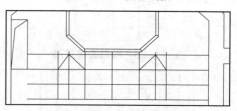

图 11-49　绘制线段

13 调用 OFFSET/O 命令，向下偏移如图 11-50 所示线段，偏移距离为 270mm。

14 调用 EXTEND/EX 命令，延伸偏移线段，使之与踏步轮廓线相交，如图 11-51 所示。

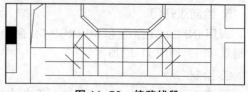

图 11-50　偏移线段

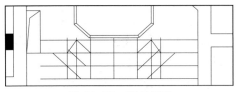

图 11-51 延长线段

⑮ 删除辅助线，并调用 TRIM/TR 命令，修剪多余线段，结果如图 11-52 所示。

⑯ 调用 RECTANG/REC 命令，绘制浴池两侧的石墩，如图 11-53 所示。

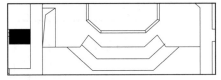

图 11-52 修剪结果

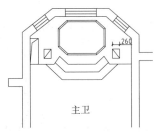

图 11-53 绘制石墩

⑰ 使用 LINE/L、CIRCLE/C 和 ARC/A 等命令，绘制浴池的其他部分，结果如图 11-54 所示。

⑱ 调用 PLINE/PL 命令、ROTATE/RO 命令和 MIRROR/MI 命令，绘制窗帘，如图 11-55 所示。

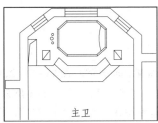

图 11-54 绘制浴池其他部分

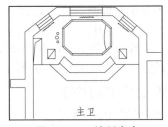

图 11-55 绘制窗帘

7. 绘制洗手台

① 调用 OFFST/O 命令，向内偏移墙体线，得到洗手台造型轮廓线，如图 11-56 所示。

② 调用 TRIM/TR 命令，修剪多余线段，如图 11-57 所示。

③ 调用 ARC/A 命令，绘制洗手台的弧形边，如图 11-58 所示。

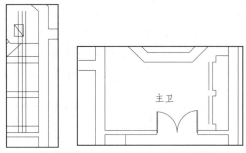

图 11-56 偏移线段　　　图 11-57 修剪线段

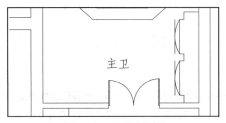

图 11-58 绘制弧线

④ 删除多余线段，如图 11-59 所示。

⑤ 在墙角位置绘制 80mm×150mm 的矩形表示洗手台装饰柱轮廓，如图 11-60 所示。

⑥ 调用 HATCH/H 命令，在装饰柱内填充【ANSI31】图案，填充效果如图 11-61 所示。

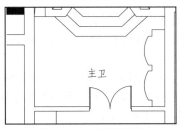

图 11-59 删除线段

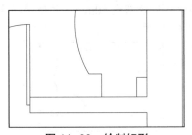

图 11-60 绘制矩形

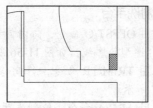

图 11-61　填充效果

07 调用 COPY/CO 命令，将装饰柱复制到洗手台另一侧，如图 11-62 所示。

08 调用 OFFSET/O 命令，向内偏移洗手台轮廓线，并调用 FILLET/F 命令进行圆角处理，表现出大理石台面的边缘倒角效果，如图 11-63 所示。

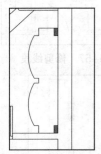
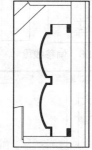

图11-62　复制结果　图11-63　偏移轮廓线并进行倒角

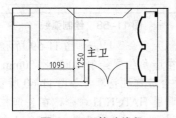

图 11-64　偏移线段

8. 绘制玻璃淋浴房

01 调用 OFFSET/O 命令，根据淋浴房尺寸，偏移线段，如图 11-64 所示。

02 调用 TRIM/TR 命令，修剪偏移的线段，得到淋浴房轮廓线，并将线段转换至【JJ_家具】图层，如图 11-65 所示。

03 绘制挡水条，调用 OFFSET/O 命令，向内偏移淋浴房轮廓线 50mm，并修剪多余线段，如图 11-66 所示。

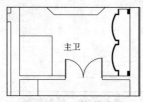

图 11-65　修剪线段

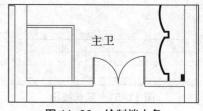

图 11-66　绘制挡水条

04 绘制淋浴房门洞，调用 OFFSET/O 命令，偏移墙体线，如图 11-67 所示。

05 调用 TRIM/TR 命令，修剪多余线段，得到门洞如图 11-68 所示。

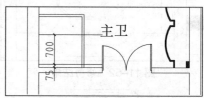

图 11-67　偏移线段

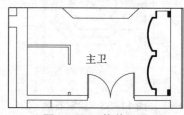

图 11-68　修剪门洞

06 调用 LINE/L 命令绘制地面分界线，如图 11-69 所示。

07 调用 LINE/L 命令和 ARC/A 命令绘制淋浴房门，如图 11-70 所示。

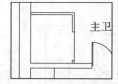

图 11-69　绘制地面分界线　图 11-70　绘制淋浴房门

08 调用 CIRCLE/C 命令和 LINE/L 命令绘制淋浴房地漏图形，结果如图 11-71 所示。

9. 插入家具图块

打开本书配套资源中的"第 11 章 \ 家具图例 .dwg"文件，分别将主卧、更衣间与主卫所需的家具、洁具等图块复制到当前图形窗口内，适当调整其位置，结果如图 11-26 所示。

11.4.4 插入立面指向符号

当平面布置图绘制完成后，即可调用INSERT 命令，插入"立面指向符"图块，并输入立面编号即可，效果如图 11-72 所示。

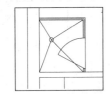

图 11-71　绘制地漏

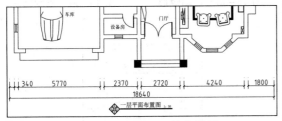

图 11-72　插入立面指向符号

11.5 绘制别墅地材图

　　欧式风格家居地面一般使用大理石和拼花，以表现欧式家居的豪华和高贵。本章绘制完成的欧式风格一层地材图如图 11-73 所示，二层地材图如图 11-74 所示。

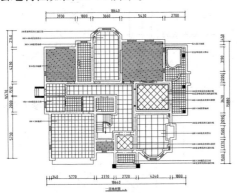

图 11-73　一层地材图

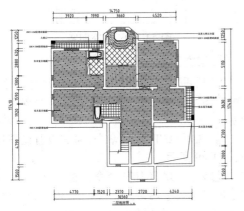

图 11-74　二层地材图

11.5.1　绘制门厅地材图

　　入口地面材料有 600mm×600mm 地砖、花岗石波打线和仿古地砖，如图 11-75 所示，下面介绍其绘制方法。

1. 复制图形

01 地材图在平面布置图的基础上进行绘制，因此调用 COPY/CO 命令，将平面布置图复制一份。

02 删除平面布置图中与地材图无关的图形，并修改图名，结果如图 11-76 和图 11-77 所示。

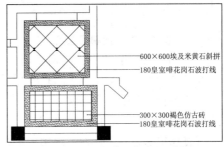

图 11-75　入户口与门厅地面

图 11-76　清理一层平面布置图

2. 绘制地面波打线

01 设置【DM_地面】为当前图层。

02 调用 LINE/L 命令，在门洞内绘制门槛线，如图 11-78 所示。

图 11-77　清理二层平面布置图

图 11-78　绘制门槛线

03 调用 PLINE/PL 命令，绘制多段线，并将多段线向内偏移 180mm，如图 11-79 所示。

3. 绘制地面拼花

01 绘制辅助线。调用 LINE/L 命令，以门厅左侧波打线中点为起点，向右绘制水平线段，如图 11-80 所示。

02 调用 RECTANG/REC 命令，绘制边长为 600mm×600mm 的矩形，如图 11-81 所示。

03 选择矩形，调用 ROTATE/RO 命令，将其旋转 45°，如图 11-82 所示。

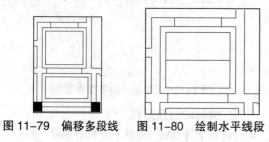

图 11-79　偏移多段线　　图 11-80　绘制水平线段

图 11-81　绘制矩形　　图 11-82　旋转结果

04 调用 MOVE/M 命令，移动矩形，使矩形角点与辅助线中点对齐，如图 11-83 所示。

05 调用 COPY/CO 命令连续复制矩形，使效果如图 11-84 所示。

06 调用 TRIM/TR 命令，修剪多余线段，结果如图 11-85 所示。

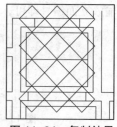

图 11-83　移动矩形　　图 11-84　复制结果

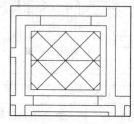

图 11-85　修剪结果

07 调用 OFFSET/O 命令，分别向上、向下偏移辅助线 50mm，如图 11-86 所示。

08 删除辅助线，调用 TRIM/TR 命令，修剪出如图 11-87 所示效果。

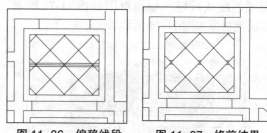

图 11-86　偏移线段　　图 11-87　修剪结果

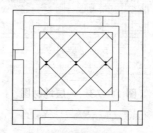

图 11-88　填充图案

4. 填充图案

01 调用 HATCH/H 命令，在门厅地面小三角拼花图案内填充【SOLID】图案，如图 11-88 所示。

02 调用 HATCH/H 命令，填充波打线图案，如图 11-89 所示。

03 调用 HATCH/H 命令，在入户口地面填充【用户定义】图案，其间距为 300mm，如图 11-90 所示，表示地砖。

图 11-89　填充波打线

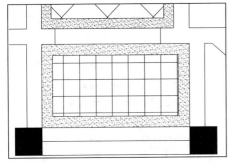

图 11-90　填充地面

5. 标注和说明文字

调用 MLEADER/MLD 命令，对地面材料进行文字说明，如图 11-75 所示。

11.5.2　绘制客厅地材图

客厅地面使用的材料为 600mm×600mm 地砖和花岗石波打线，如图 11-91 所示。

1. 绘制波打线

调用 PLINE/PL 命令，沿客厅墙体绘制多段线，并将多段线向内偏移 180mm，得到波打线，如图 11-92 所示。

2. 填充图案

调用 HATCH/H 命令，填充图案表示相应的地面材料，其参数设置和效果如图 11-93 所示。

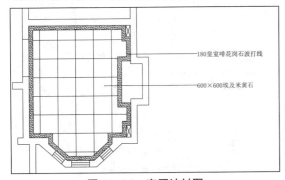

图 11-91　客厅地材图

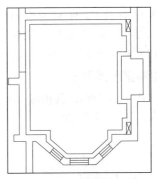

图 11-92　绘制波打线

3. 标注和说明文字

调用 MLEADER/MLD 命令对地面材料进行文字说明，完成后的效果如图 11-91 所示。

11.5.3　绘制卧室地材图

本例所有卧室及书房均铺设"实木复合地板"，"实木复合地板"图案填充参数如图 11-94 所示。

如果要修改地板的铺设方向（如二层主卧更衣间地板铺设方向就与卧室不同），只需在"图案填充和渐变色"对话框中修改"角度"参数即可。

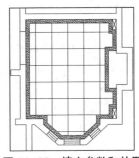

图 11-93　填充参数和效果

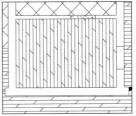

图 11-94　复合木地板填充参数

11.6　绘制别墅顶棚图

欧式风格家居顶棚设计一般较为复杂，喜用大型灯池，并用华丽的枝形吊灯营造气氛。

如图 11-95 和图 11-96 所示为欧式风格别墅一~二层顶棚图。通过对本章的学习，将熟练掌握欧式装潢室内顶棚设计和施工图绘制方法。

11.6.1 绘制客厅顶棚图

首层客厅上方为空，其顶棚图形绘制在二层顶棚图内，如图 11-97 所示。

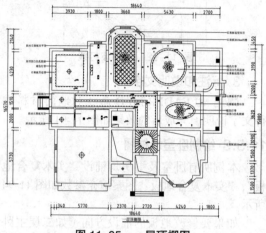

图 11-95　一层顶棚图

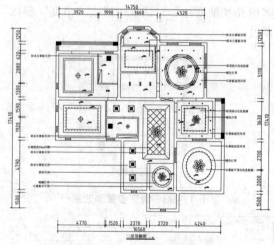

图 11-96　二层顶棚图

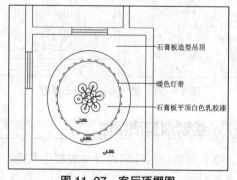

石膏板造型吊顶
暖色灯带
石膏板平顶白顶乳胶漆

图 11-97　客厅顶棚图

1. 复制图形

01 顶棚图可在地材图的基础上绘制。复制出地材图，删除与顶棚图无关的图形，如图 11-98 和图 11-99 所示。

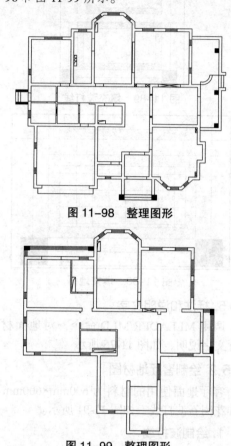

图 11-98　整理图形

图 11-99　整理图形

02 调用 LINE/L 命令，在未有墙体线的区域绘制墙体线，然后在一层客厅、门厅、设备房内绘制折线，表示此处为上空，如图 11-100 和图 11-101 所示。

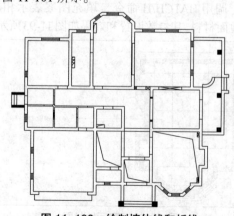

图 11-100　绘制墙体线和折线

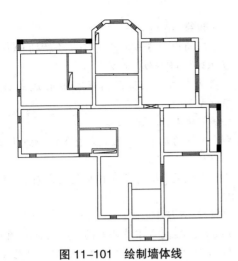

图 11-101　绘制墙体线

2. 绘制吊顶造型

01 设置【DD_吊顶】为当前图层。

02 调用 OFFSET/O 命令，向内偏移墙体线，偏移距离为 600mm，如图 11-102 所示。

03 调用 EXTEND/EX 命令，延伸辅助线使之相交于墙体，如图 11-103 所示。

04 调用 ELLIPSE/EL 命令，在前面偏移的线段内绘制椭圆表示客厅一级吊顶，椭圆的两个轴端点分别与偏移线段中点对齐，如图 11-104 所示。

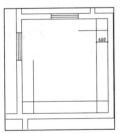

图 11-102　偏移线段

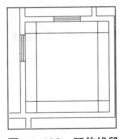

图 11-103　延伸线段

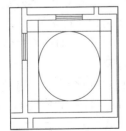

图 11-104　绘制椭圆

05 删除偏移的线段，结果如图 11-105 所示。

06 调用 OFFSET/O 命令，向内偏移椭圆，偏移距离为 400mm，得到二级吊顶，如图 11-106 所示。

3. 布置灯具

欧式客厅主要由吊灯和灯带产生照明。灯带图形通过偏移椭圆形吊顶轮廓得到，吊灯图形从图库中调用，完成后的效果如图 11-107 所示。

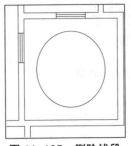

图 11-105　删除线段

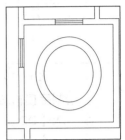

图 11-106　偏移椭圆

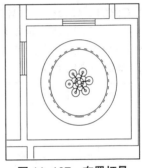

图 11-107　布置灯具

11.6.2 标注标高和文字说明

01 设置【BZ_标注】为当前图层。

02 调用 INSERT/I 命令，插入【标高】图块标注标高，如图 11-108 所示。

03 调用 MLEADER/MLD 命令，对顶棚材料进行文字说明，完成后的效果如图 11-97 所示，客厅顶棚绘制完成。

11.6.3 绘制过道顶棚图

过道顶棚图如图 11-109 所示，绘制方法如下。

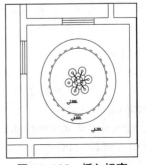

图 11-108　插入标高

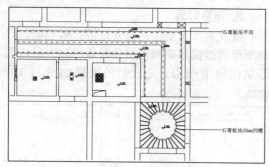

图 11-109　过道顶棚图

1. 绘制吊顶轮廓

01 设置【DD_吊顶】为当前图层。

02 调用 LINE/L 命令，绘制一条辅助线，如图 11-110 所示。

03 调用 CIRCLE/C 命令，以辅助线的中点为圆心，绘制半径为 750 的圆，如图 11-111 所示。

04 调用 OFFSET/O 命令，将辅助线向右偏移 20mm，如图 11-112 所示。

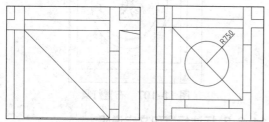

图 11-110　绘制辅助线

图 11-111　绘制圆

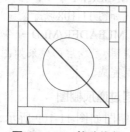

图 11-112　偏移线段

05 调用 ARRAY/AR 命令，将两条辅助线进行环形阵列，命令行提示如下：

命令：ARRAY↵

　　// 调用阵列命令

选择对象：指定对角点：找到 2 个

　　// 选择辅助线作为阵列对象

选择对象：输入阵列类型 [矩形 (R)/ 路径 (PA)/ 极轴 (PO)] < 极轴 >：PO↵

　　// 选择极轴阵列方式

类型 = 极轴　关联 = 是

指定阵列的中心点或 [基点 (B)/ 旋转轴 (A)]:

　　// 拾取圆心为阵列的中心

输入项目数或 [项目间角度 (A)/ 表达式 (E)] <3>：A↵

　　// 选择"项目间的角度"选项

指定项目间的角度或 [表达式 (EX)] <90>：15↵

　　// 指定项目间的角度

指定项目数或 [填充角度 (F)/ 表达式 (E)] <4>：12↵

　　// 指定阵列项目数

按 Enter 键接受或 [关联 (AS)/ 基点 (B)/ 项目 (I)/ 项目间角度 (A)/ 填充角度 (F)/ 行 (ROW)/ 层 (L)/ 旋转项目 (ROT)/ 退出 (X)] : ↵

　　// 按 Enter 键结束绘制，阵列结果如图 11-113 所示

06 调用 TRIM/TR 命令，修剪多余线段，结果如图 11-114 所示，得到放射状的凹槽吊顶。

07 调用 PLINE/PL 命令，绘制多段线，将多段线向内偏移 200mm，如图 11-115 所示。

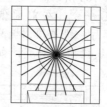

图 11-113　阵列结果　　　图 11-114　修剪结果

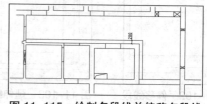

图 11-115　绘制多段线并偏移多段线

08 调用 OFFSET/O 命令，向内偏移吊顶造型轮廓线，结果如图 11-116 所示。

2. 绘制灯带

调用 OFFSET/O 命令，通过偏移吊顶轮廓线完成灯带绘制，结果如图 11-117 所示。

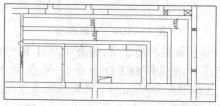

图 11-116　偏移吊顶造型轮廓线

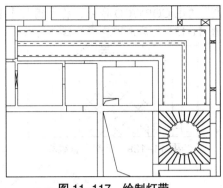

图 11-117 绘制灯带

3. 标注标高和文字说明

01 调用 INSERT/I 命令，插入"标高"图块标注标高，如图 11-118 所示。

02 调用 MLEADER/MLD 命令，对顶棚材料进行文字说明，完成后的效果如图 11-109 所示，过道顶棚图绘制完成。

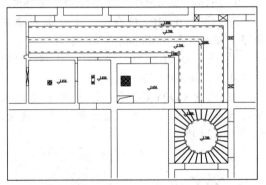

图 11-118 插入标高

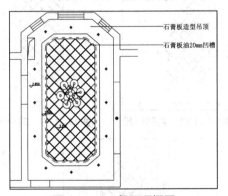

图 11-119 餐厅顶棚图

11.6.4 绘制餐厅顶棚图

欧式餐厅顶部喜用大型灯池，并用华丽的枝形吊灯营造气氛。本餐厅顶棚图如图 11-119 所示，其吊顶为倒角矩形，并且顶棚有网状凹槽装饰。

1. 绘制吊顶轮廓

01 调用 OFFSET/O 命令，向内偏移墙体线，偏移距离为 600mm，如图 11-120 所示。

02 调用 FILLET/F 命令，对偏移线段进行圆角处理（圆角半径为 0），然后将线段转换至【DD_吊顶】图层，结果如图 11-121 所示。

03 调用 LINE/L 命令，以左侧的斜线端点为起点，绘制一条水平线，如图 11-122 所示。

04 调用 MIRROR/MI 命令，将斜线镜像复制到另一侧，如图 11-123 所示。

05 调用 OFFSET/O 命令，向内偏移 200mm，绘出二级吊顶轮廓，如图 11-124 所示。

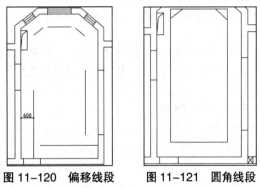

图 11-120 偏移线段　　图 11-121 圆角线段

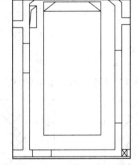

图 11-122 绘制水平线段

06 调用 TRIM/TR 命令，修剪多余线段，结果如图 11-125 所示。

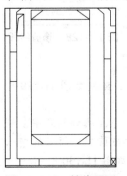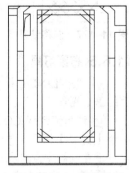

图 11-123 镜像图形　　图 11-124 偏移线段

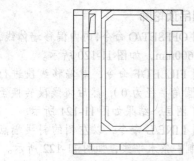

图 11-125　修剪线段

07 调用 HATCH/H 命令，输入 T【设置】选项，填充吊顶石膏板凹槽图案，参数和效果如图 11-126 所示。

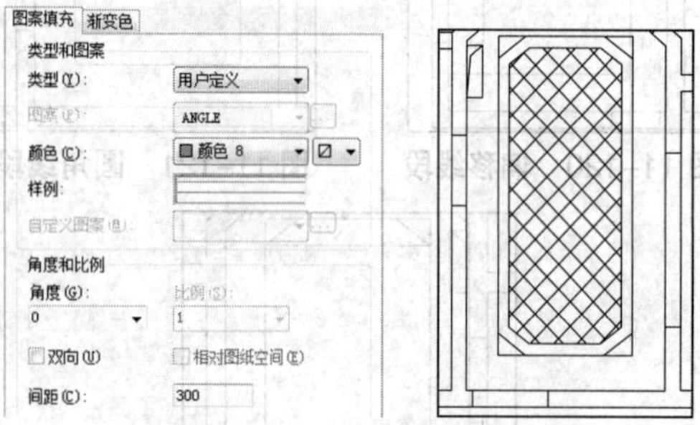

08 选择填充图案，调用 EXPLODE/X 命令将其分解。

09 调用 OFFSET/O 命令，将分解后的线段向上偏移 20mm，偏移结果如所图 11-127 示。

10 调用 TRIM/TR 命令，修剪多余线段，结果如图 11-128 所示。

图 11-126　填充参数和效果

图 11-127　偏移结果

图 11-128　修剪线段

11.6.5 布置灯具

01 调用 LINE/L 命令，绘制如图 11-129 所示的垂直线段。

02 调用 COPY/CO 命令，从灯具表中复制一个【筒灯】图形到餐厅吊顶中，筒灯的中心点与垂直线的中点对齐，如图 11-130 所示。

03 删除垂直线段。

04 调用 COPY/CO 命令，将【筒灯】复制到如图 11-131 所示吊顶轮廓的四个角点。

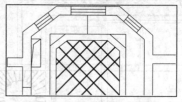

图 11-129　绘制垂直线段

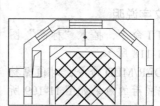

图 11-130　复制筒灯

图 11-131　镜像筒灯

05 调用 OFFSET/O 命令，向左偏移垂直线段，偏移距离为 300mm，如图 11-132 所示。

06 调用 DIVIDE/DIV 命令，将偏移线段等分成 4 份，如图 11-133 所示。

07 调用 COPY/CO 命令，复制【筒灯】，使之与等分点对齐，然后删除等分点和线段，如图 11-134 所示。

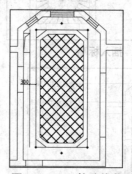

图 11-132　偏移线段

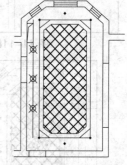

图 11-133　等分线段

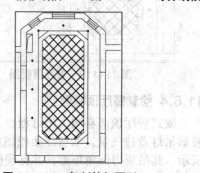

图 11-134　复制筒灯图形

08 调用 MIRROR/MI 命令，将等分点上的筒灯镜像到另一侧，结果如图 11-135 所示。

09 调用 COPY/CO 命令，复制【吊灯】图形到餐厅顶面中心位置，如图 11-136 所示。

10 调用 TRIM/TR 命令，将与吊灯重叠在一起的吊顶图案和吊顶直角删除，结果如图 11-137 所示。

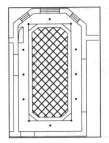 

图 11-135　镜像筒灯　　图 11-136　复制吊灯

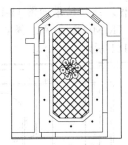

图 11-137　修剪图形

11 调用 COPY/CO 命令，复制筒灯图形到墙体线位置，如图 11-138 所示。

12 调用 OFFSET/O 命令，绘制灯带，如图 11-139 所示。

11.6.6　标注标高和说明文字

01 调用 INSERT/I 命令，插入"标高"图块标注标高，如图 11-140 所示。

02 调用 MLEADER/MLD 命令，对顶棚材料进行文字说明，如图 11-119 所示，餐厅顶棚绘制完成。

图 11-138　复制筒灯图形　　图 11-139　绘制灯带

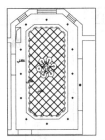

图 11-140　插入标高

11.7　绘制别墅立面图

欧式强调线形流动的变化，顶、壁、门窗等装饰线角丰富复杂，工艺繁琐，这无疑大大增加了立面图的绘图工作量和复杂程度，使得欧式立面图的绘制成为公认的难点。

为此，本章精选客厅、厨房和主卧典型立面施工图，详细讲解欧式立面施工图的画法，并简单介绍了相关结构和工艺。

11.7.1　绘制客厅 C 立面图

客厅 C 立面图是客厅装饰的重点，该立面包括石膏线、装饰柱、壁炉和镜面等比较典型的欧式元素，如图 11-141 所示。

1. 绘制 C 立面基本轮廓

01 设置【LM_立面】为当前图层，设置当前注释比例为 1：50。

02 调用 COPY/CO 命令，复制平面布置图上客厅 C 立面的平面部分，并对图形进行旋转。

03 调用 LINE/L 命令，绘制 C 立面左、右侧墙体和地面轮廓线，如图 11-142 所示。

04 根据顶棚图的客厅标高，调用 OFFSET/O 命令，向上偏移地面轮廓线，偏移距离为7000mm，得到顶面轮廓线，如图 11-143 所示。

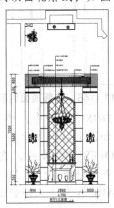

图 11-141　客厅 C 立面图

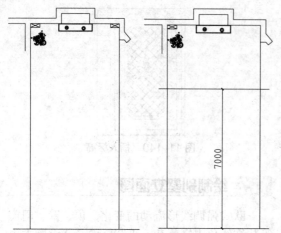

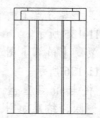

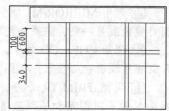

图 11-147 修剪多余线段　图 11-148 绘制辅助线

图 11-142 绘制墙体和地面　图 11-143 偏移线段

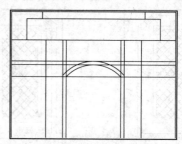

05 调用 TRIM/TR 命令，修剪多余线段，结果如图 11-144 所示。

2.绘制造型墙

01 根据造型尺寸，调用 OFFSET/O 命令，向内偏移墙体线，结果如图 11-145 所示。

02 使用 OFFSET/O 命令，根据客厅吊顶标高，偏移顶面轮廓线如图 11-146 所示。

图 11-149 绘制圆弧

06 删除辅助线，结果如图 11-150 所示。

07 调用 TRIM/TR 命令，修剪多余线段，结果如图 11-151 所示。

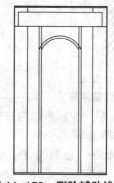

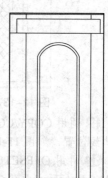

图 11-144 修剪线段　图 11-145 偏移墙体线

图 11-150 删除辅助线　图 11-151 修剪线段

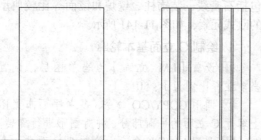

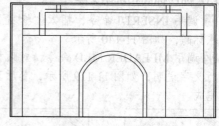

图 11-152 偏移线段

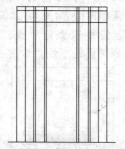

图 11-146 偏移顶面轮廓线

3.绘制细部结构

01 调用 OFFSET/O 命令，偏移吊顶凹槽轮廓，如图 11-152 所示。

03 调用 TRIM/TR 命令，修剪多余线段，得到吊顶轮廓如图 11-147 所示。

04 调用 OFFSET/O 命令，向下偏移所指线段，得到三条辅助线，如图 11-148 所示。

05 调用 ARC/A 命令，绘制如图 11-149 所示弧形造型。

02 调用 TRIM/TR 命令，修剪多余线段，结果如图 11-153 所示。

03 绘制凹槽结构。调用 OFFSET/O 命令和 TRIM/TR 命令绘制凹槽，结果如图 11-154 所示。

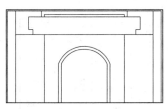

图 11-153　修剪线段

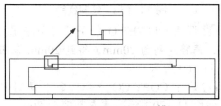

图 11-154　绘制凹槽

04 绘制二极吊顶边的弧形。调用 COPY/CO 命令，向内侧复制线段，得到圆形吊顶阴影线，如图 11-155 所示。

05 绘制一级吊顶收边线。调用 RECTANG/REC 命令，绘制 20mm×50mm 的矩形表示收边线（剖面轮廓），如图 11-156 所示。

06 调用 COPY/CO 命令，将矩形向上复制，复制距离为 150mm，结果如图 11-157 所示。

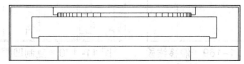

图 11-155　绘制圆形吊顶阴影线

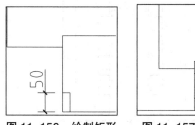

图 11-156　绘制矩形　　图 11-157　复制矩形

07 调用 MIRROR/MI 命令，将前面绘制的两个矩形（收边线剖面轮廓）复制到一级吊顶的另一侧，结果如图 11-158 所示。

08 调用 LINE/L 命令，将左、右侧的矩形（收边线剖面轮廓）用水平线相连，得到收边线正面轮廓，如图 11-159 所示。

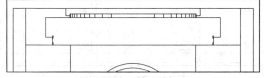

图 11-158　镜像矩形

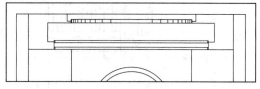

图 11-159　绘制水平线

09 调用 LINE/L 和 COPY/CO 等相关命令，绘制一级吊顶弧形部分阴影线，如图 11-160 所示。

10 调用 OFFSET/O 命令，向内偏移线段，偏移距离为 50mm，得到一、二级吊顶之间的金黄色造型。调用 H 命令，然后输入 T 选项，在造型中填充【ANSI33】图案，效果如图 11-161 所示。

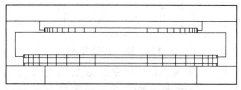

图 11-160　绘制线段

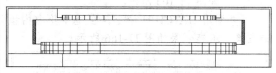

图 11-161　绘制金黄色造型

11 金黄色造型用【LINE】图案表示，其填充参数和填充效果如图 11-162 所示。

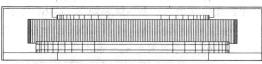

图 11-162　填充参数和效果

12 调用 RECTANG/REC 命令，捕捉并单击吊顶左下角，绘制 40mm×80mm 的矩形，得到造型剖面，如图 11-163 所示。

13 调用 COPY/CO 命令，向下复制矩形，复制的距离为 320mm，结果如图 11-164 所示。

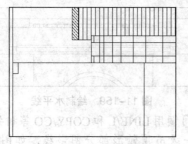

图 11-163　绘制矩形

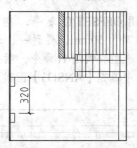

图 11-164　复制矩形

⓮ 调用 LINE/L 命令，分别以矩形的角点为起点，绘制水平线，然后镜像得到同样造型的轮廓，如图 11-165 所示。

⓯ 调用 HATCH/H 命令，在造型轮廓内填充图案，填充效果如图 11-166 所示。

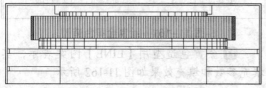

图 11-165　绘制水平线

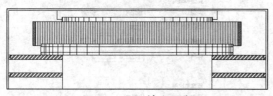

图 11-166　填充图案

⓰ 调用 MIRROR/MI 命令，选择刚绘制的造型镜像到立面另一侧，结果如图 11-167 所示。

⓱ 绘制墙面凹槽。调用 LINE/L 命令，在如图 11-168 所示位置绘制一条水平线段。

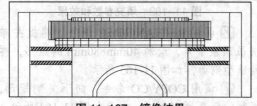

图 11-167　镜像结果

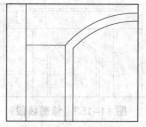

图 11-168　绘制线段

⓲ 调用 OFFSET/O 命令，向下偏移水平线段，偏移距离为 20mm，得到 20mm 宽凹槽，如图 11-169 所示。

⓳ 调用 COPY/CO 命令，向下复制凹槽，结果如图 11-170 所示，复制距离为 800。

⓴ 调用 MIRROR/MI 命令，将左侧所有凹槽镜像复制到立面另一侧，结果如图 11-171 所示。

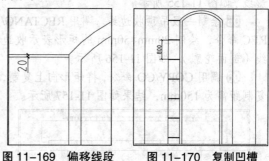

图 11-169　偏移线段　　**图 11-170　复制凹槽**

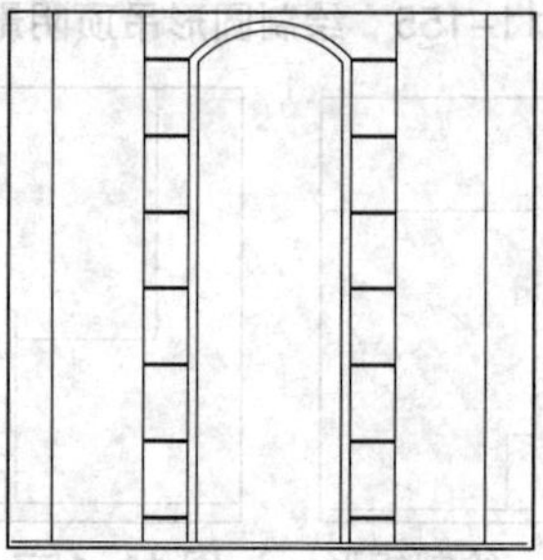

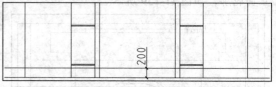

图 11-171　镜像结果

㉑ 绘制踢脚线。调用 OFFSET/O 命令，向上偏移地面轮廓线，偏移距离为 200mm，得到踢脚线轮廓，如图 11-172 所示。

㉒ 继续调用 OFFSET/O 命令，向下偏移踢脚线轮廓 20mm，如图 11-173 所示。

图 11-172　偏移线段

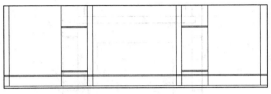

图 11-173　偏移线段

23 绘制踢脚线剖面。调用 OFFSET/O 命令，向右侧偏移立面左侧内墙面，偏移距离为 10mm 和 20mm，如图 11-174 所示。

24 调用 TRIM/TR 命令，修剪线段，结果如图 11-175 所示。

25 调用 ARC/A 命令，绘制如图 11-176 所示圆弧。

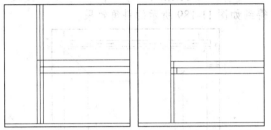

图 11-174　偏移线段　　图 11-175　修剪线段

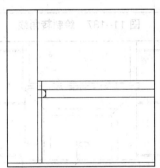

图 11-176　绘制圆弧

26 调用 TRIM/TR 命令，修剪多余线段，结果如图 11-177 所示。

27 调用 MIRROR/MI 命令，将踢脚线剖面镜像复制到另一侧，结果如图 11-178 所示。

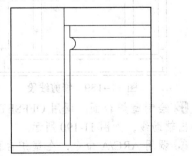

图 11-177　修剪结果

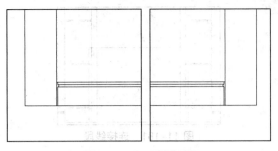

图 11-178　镜像结果

4. 绘制壁炉

壁炉是欧式客厅不可或缺的元素，有装饰作用和实用价值。本欧式别墅壁炉为假壁炉，只有壁炉架，没有设计烟囱，壁炉内放置的是工艺品，起到的是装饰作用。

01 调用 LINE/L 命令，以地面轮廓线的中点为线段起点，向上移动光标绘制一条垂直辅助线，如图 11-179 所示。

02 调用 OFFSET/O 命令，分别向左、向右偏移辅助线，偏移距离为 950mm。向上偏移地面轮廓线，偏移距离为 1400mm，结果如图 11-180 所示。

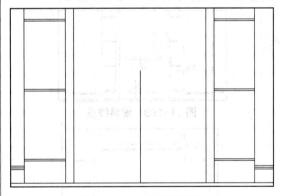

图 11-179　绘制辅助线

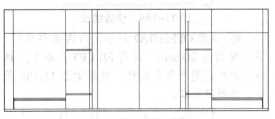

图 11-180　偏移线段

03 删除辅助线，调用 FILLET/F 命令，连接壁炉外轮廓线，结果如图 11-181 所示。

04 调用 TRIM/TR 命令，修剪壁炉内的多余线段，如图 11-182 所示。

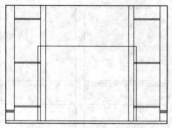

图 11-181　连接线段

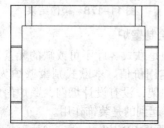

图 11-182　修剪结果

05 调用 OFFSET/O 命令，根据壁炉造型尺寸，向内偏移壁炉外轮廓线，如图 11-183 所示。

06 调用 TRIM/TR 命令，修剪出壁炉轮廓，结果如图 11-184 所示。

07 调用 EXTEND/EX 命令，将线段延伸到壁炉轮廓线，结果如图 11-185 所示。

图 11-183　偏移线段

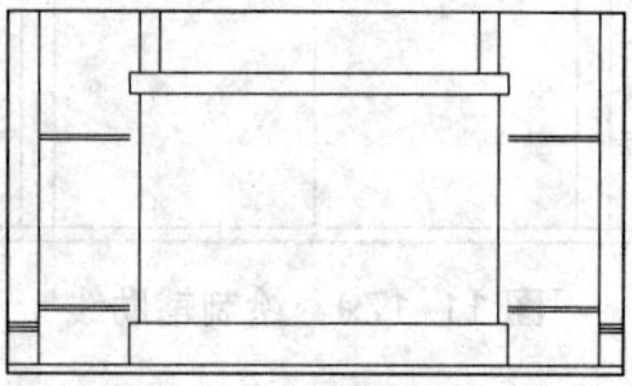

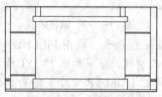

图 11-184　修剪线段

08 调用 OFFSET/O 命令，向内偏移线段，偏移距离为 300mm。调用 FILLET/F 命令，对偏移的线段进行圆角处理，结果如图 11-186 所示，得到壁炉口。

图 11-185　延伸结果

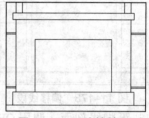

图 11-186　连接结果

09 调用 LINE/L 命令，绘制壁炉转角线，如图 11-187 示。

10 调用 OFFSET/O 命令，向下偏移距离为 50mm。调用 LINE/L 命令，分别捕捉偏移线段的两端，绘制斜线，如图 11-188 所示。

11 调用 TRIM/TR 命令，修剪多余线段，得到如图 11-189 所示的斜角效果。

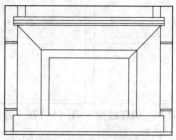

图 11-187　绘制转角线

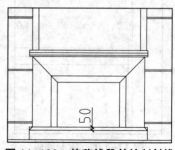

图 11-188　偏移线段并绘制斜线

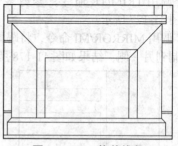

图 11-189　修剪线段

12 绘制壁炉台面。调用 OFFSET/O 命令，偏移出辅助线，如图 11-190 所示。

13 调用 ARC/A 命令，在壁炉台面左上角绘制圆弧磨边，如图 11-191 所示。

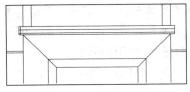

图 11-190　偏移辅助线

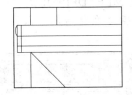

图 11-191　绘制圆弧

⓮ 调用 SPLINE/SP 命令，绘制下方石材磨边，结果如图 11-192 所示。

⓯ 删除辅助线，调用 TRIM/TR 命令，修剪多余线段，如图 11-193 所示。

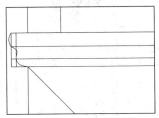

图 11-192　绘制石材磨边

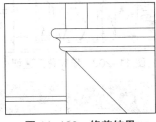

图 11-193　修剪结果

⓰ 选择弧线，调用 MIRROR/MI 命令，将其镜像复制到壁炉另一侧，并调用 TRIM/TR 命令修剪多余线段，结果如图 11-194 所示。

5. 绘制其他部分

⓵ 绘制立面拱形装饰造型。调用 LINE/L 命令，在拱形圆弧的中点位置绘制一条垂直线段和一条水平线段，如图 11-195 所示。

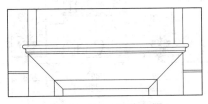

图 11-194　镜像复制

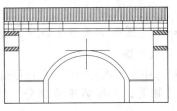

图 11-195　绘制线段

⓶ 调用 OFFSET/O 命令，根据造型尺寸，偏移出如图 11-196 所示辅助线。

⓷ 调用 LINE/L 命令，在辅助线的基础上绘制线段，如图 11-197 所示。

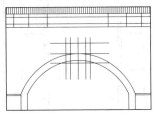

图 11-196　偏移线段

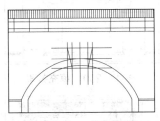

图 11-197　绘制线段

⓸ 删除所有垂直辅助线与中间的一条水平线，结果如图 11-198 所示。

⓹ 调用 TRIM/TR 命令，修剪多余线段，得到如图 11-199 所示造型。

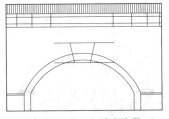

图 11-198　删除线段

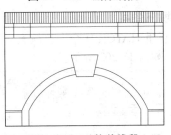

图 11-199　修剪线段

06 调用 HATCH/H 命令，在弧形造型中填充【ANSI32】图案，填充效果如图 11-200 所示。

6. 插入图块

从图库中调入相关图块，包括吊灯、壁灯、烛台、植物等，并修剪重叠部分，结果如图 11-201 所示。

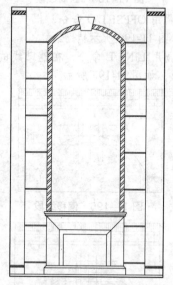

图 11-200 填充效果

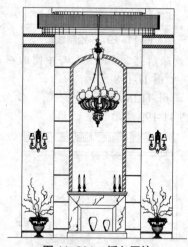

图 11-201 插入图块

7. 填充图案

01 调用 HATCH/H 命令，填充立面吊顶剖面图案，如图 11-202 所示。

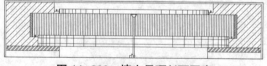

图 11-202 填充吊顶剖面图案

02 使用填充命令，填充背景造型图案（镜子），填充参数和填充结果如图 11-203 所示。

8. 标注尺寸和材料说明

01 调用 DIM 命令标注尺寸，如图 11-204 所示。

02 调用 MLEADER/MLD 命令进行文字说明，主要包括立面材料及其做法的相关说明，如图 11-205 所示。

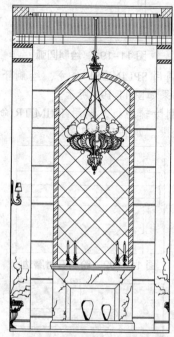

图 11-203 填充背景造型

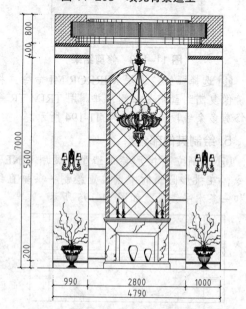

图 11-204 标注尺寸

9. 插入图名

调用 INSERT/I 命令，插入【图名】图块，设置名称为"客厅 C 立面图"。

11.7.2 插入剖切索引符号

剖切索引符号用于表示剖切的位置、详图编号以及详图所在的图纸编号。在创建样板时，剖切索引符号已经创建为图块，这里只需调用即可。

调用 INSERT 命令，打开"插入"对话框，在"名称"列表中选择图块"剖切索引"，单击【确定】按钮，在需要剖切的位置适当拾取一点确定剖切索引符号的位置，然后按系统提示操作：

命令 :INSERT↙

// 调用 INSERT 命令

指定插入点或 [基点 (B)/ 比例 (S)/ 旋转 (R)]:
输入属性值

输入被索引图号 : <->:↙

// 输入索引编号，即该详图的编号，此处直接按回车键，采用默认值 "-"，表示详图位于当前图纸

输入索引编号 : <01>:01↙

// 输入详图所在图纸的编号

使用同样的方法插入其他剖切索引符号，并进行调整，使其结果如图 11-206 所示。

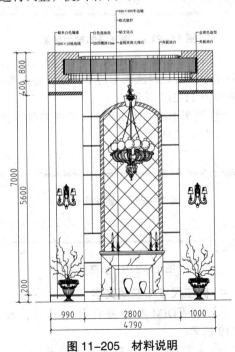

图 11-205 材料说明

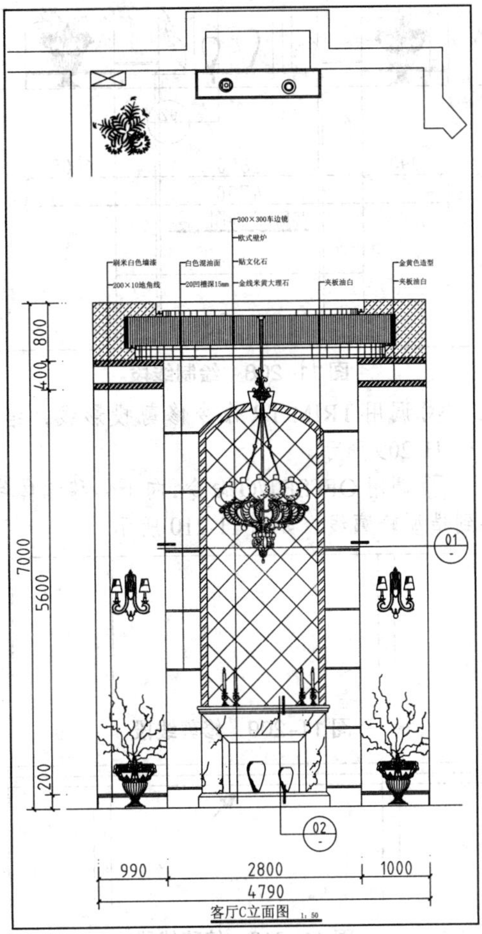

图 11-206 插入剖切索引符号

11.7.3 绘制⑴剖面图

⑴剖面图如图 11-207 所示，主要表达了夹板及车边镜的安装关系。

1. 绘制基本轮廓线

01 设置【JD_ 节点】为当前图层。

02 调用 LINE/L 命令，根据客厅 C 立面图绘制垂直投影线，并绘制一条水平线表示立面所在的墙体线，如图 11-208 所示。

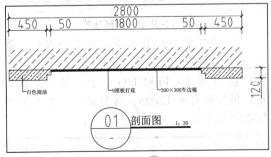

图 11-207 ⑴剖面图

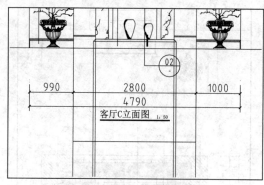

图 11-208　绘制线段

03 调用 TRIM/TR 命令修剪投影线，结果如图 11-209 所示。

04 调用 OFFSET/O 命令，向下偏移墙体线，得到造型轮廓线，如图 11-210 所示。

图 11-209　修剪线段

图 11-210　偏移线段

05 调用 TRIM/TR 命令，修剪出剖面轮廓线，如图 11-211 所示。

2. 绘制细部轮廓

01 调用 OFFSET/O 命令，向下偏移墙体线，偏移距离为 9mm，得到造型底板厚度，如图 11-212 所示。

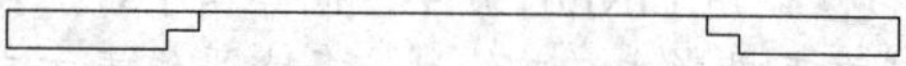

图 11-211　修剪线段

图 11-212　偏移线段

02 调用 TRIM/TR 命令修剪多余线段，结果如图 11-213 所示。

03 并调用 OFFSET/O 命令，向下偏移底板，偏移距离为 12mm，得到镜子，结果如图 11-214 所示。

图 11-213　修剪线段

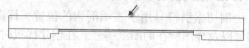

图 11-214　偏移

04 调用 RECTANG/REC 命令，绘制矩形表示墙体，如图 11-215 箭头所示。

图 11-215　绘制墙体矩形

3. 填充图案

01 调用 HATCH/H 命令，输入 T【设置】选项，填充墙体剖面图案，填充参数如图 11-216 所示。

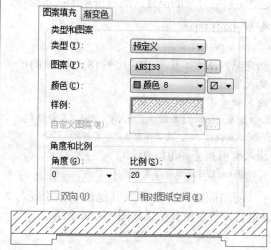

图 11-216　填充墙体剖面图案

02 调用 EXPLODE/X 命令，分解表示墙体的矩形，然后删除矩形的上、左、右三条边，结果如图 11-217 所示。

03 调用 HATCH/H 命令，填充其他剖面图案，如图 11-218 所示。

图 11-217　删除矩形边

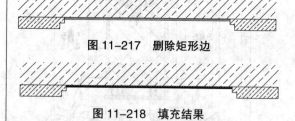

图 11-218　填充结果

4. 标注尺寸和说明文字

01 调用 DIM 命令进行尺寸标注，如图 11-219 所示。

02 调用 MLEADER/MLD 命令进行文字说明，如图 11-220 所示。

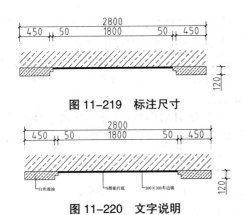

图 11-219 标注尺寸

图 11-220 文字说明

03 调用 INSERT 命令，插入【剖切索引】和【图名】图块到剖面图的下方，完成 01 剖面图的绘制。

11.7.4 绘制 02 剖面图和大样图

02 剖面图和大样图如图 11-221 所示，该剖面图详细表达了壁炉内部的做法，其绘制方法如下。

1. 绘制剖面轮廓

01 设置【JD_ 节点】为当前图层。根据 C 立面图绘制投影线，并绘制一条垂直线段表示剖面墙体，如图 11-222 所示。

02 调用 TRIM/TR 命令，修剪多余线段，如图 11-223 所示。

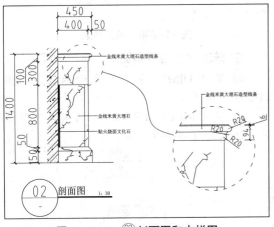

图 11-221 02 剖面图和大样图

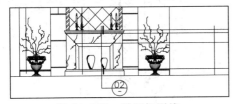

图 11-222 绘制投影线

03 调用 OFFSET/O 命令，向右偏移墙体线，偏移距离分别为 400、450，如图 11-224 所示。

04 调用 TRIM/TR 命令，修剪多余线段，得到如图 11-225 所示壁炉侧面轮廓。

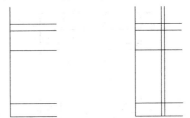

图 11-223 修剪线段　图 11-224 偏移线段

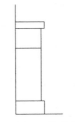

图 11-225 修剪线段

2. 绘制结构

01 调用 OFFSET/O 命令，偏移得到结构线，如图 11-226 所示。

02 调用 LINE/L 命令，绘制角线斜面，如图 11-227 所示。

03 调用 TRIM/TR 命令，修剪多余线段，结果如图 11-228 所示。选择如图 11-229 箭头所指线段，将线型改为虚线。

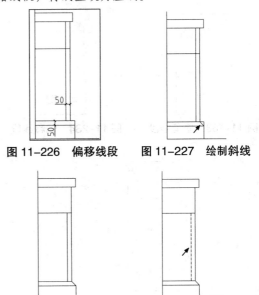

图 11-226 偏移线段　图 11-227 绘制斜线

图 11-228 修剪线段　图 11-229 修改线型

273

04 调用 OFFSET/O 命令，按如图 11-230 所示尺寸偏移出壁炉台面轮廓。

05 调用 ARC/A 命令，捕捉并单击偏移线段的相交点，绘制弧形，如图 11-231 所示。

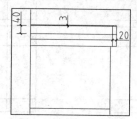

图 11-230　偏移线段

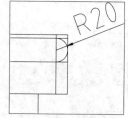

图 11-231　绘制弧形　　图 11-232　绘制弧形

06 调用 ARC/A 命令，绘制台面下方弧形，半径为 40mm，如图 11-232 所示。调用 TRIM/TR 命令修剪多余线段，如图 11-233 所示。

07 调用 OFFSET/O 命令向右偏移墙体线，得到内贴于壁炉的石材轮廓，如图 11-234 所示。

08 调用 TRIM/TR 命令，修剪多余线段，结果如图 11-235 所示。

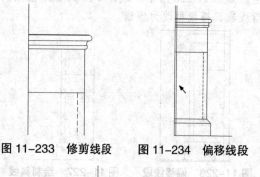

图 11-233　修剪线段　　图 11-234　偏移线段

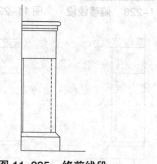

图 11-235　修剪线段

09 调用 LINE/L 或 SPLINE/SP 命令，绘制石材纹理图案，如图 11-236 所示。

10 调用 RECTANG/REC 命令，绘制墙体，如图 11-237 所示。使用前面介绍的方法填充墙体表示剖面。

11 调用 HATCH/H 命令填充贴火烧面文化石区域，结果如图 11-238 所示。

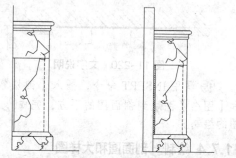

图 11-236　绘制纹理　　　图 11-237　绘制墙体

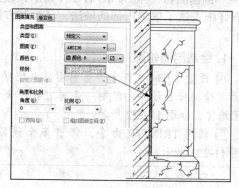

图 11-238　填充结果

3. 标注尺寸和说明文字

01 调用 DIM 命令进行尺寸标注，如图 11-239 所示。

02 调用 MLEADER/MLD 命令标注文字说明，结果如图 11-240 所示。

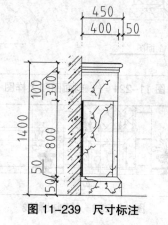

图 11-239　尺寸标注

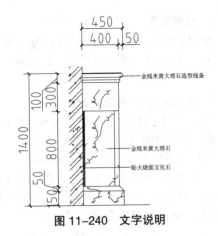

图 11-240　文字说明

4. 绘制大样图

在⌒02剖面图中，为了更加详细地表达出壁炉台面的做法，需要绘制大样图，如图 11-241 所示。

01 调用 CIRCLE/C 命令，绘制圆框住需要放大的区域，并将圆的线型改为虚线，如图 11-242 所示。

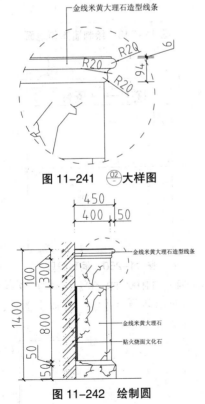

图 11-241　⌒02**大样图**

图 11-242　**绘制圆**

02 调用 COPY/CO 命令，复制出圆及其内部图形，并调用 TRIM/TR 命令修剪圆外多余线段，结果如图 11-243 所示。

03 调用 SCALE 命令，将大样图放大两倍，并调用 SPLINE 命令，绘制样条曲线连接剖面图与大样图，如图 11-244 所示。

图 11-243　**复制并修剪图形**

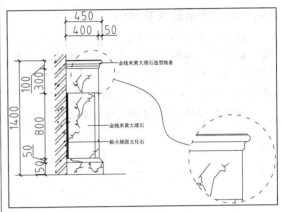

图 11-244　**放大图形并绘制样条曲线**

04 标注尺寸。调用 DIM 命令对大样图进行尺寸标注，由于图形进行了放大标注出来的尺寸将与实际尺寸不符，调用 DDEDIT/ED 命令，对尺寸进行修改，结果如图 11-245 所示。

05 绘制材料说明。调用 MLEADER/MLD 命令添加文字说明，完成后的效果如图 11-246 所示。

06 调用 INSERT 命令，插入【剖切索引】和【图名】图块到剖面图的下方，完成⌒02剖面图和大样图的绘制。

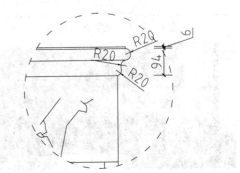

图 11-245　**尺寸标注**

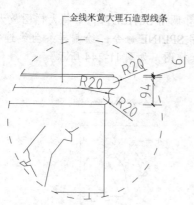

金线米黄大理石造型线条

图 11-246 文字说明

11.7.5 绘制厨房 A 立面图

厨房立面图主要就是表达厨柜及家用电器、储物空间的布局和安排方式，厨房 A 立面如图 11-247 所示，该立面详细表达了厨柜的立面尺寸、位置、材料和墙面的做法等。

如图 11-248 所示为欧式厨房参考图。

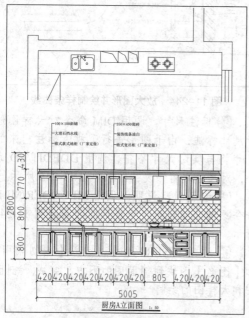

图 11-247 厨房 A 立面图

图 11-248 欧式厨房参考图

1. 复制图形

调用 COPY/CO 命令，复制别墅平面布置图上厨房 A 立面图的平面部分，并对图形进行旋转。

2. 绘制 A 立面基本轮廓

01 设置【LM_ 立面】图层为当前图层。

02 调用 LINE/L 命令，绘制 A 立面左、右侧墙体和地面轮廓线，如图 11-249 所示。

03 根据顶棚图厨房的标高，调用 OFFSET/O 命令，向上偏移地面轮廓线，偏移高度为 2800mm，如图 11-250 所示。

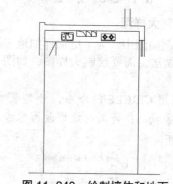

图 11-249 绘制墙体和地面

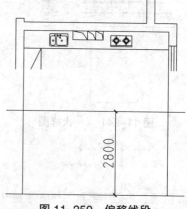

图 11-250 偏移线段

04 调用 TRIM/TR 命令，修剪多余线段，并将立面轮廓转换至【QT_ 墙体】图层，如图 11-251 所示。

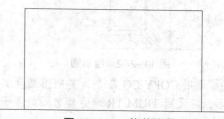

图 11-251 修剪线段

图 11-252　偏移线段

3. 绘制立面结构

01 根据厨房底柜与矮柜尺寸，调用 OFFSET/O 命令，向上偏移地面轮廓，如图 11-252 所示。

02 调用 TRIM/TR 命令，修剪线段，效果如图 11-253 所示。

03 调用 OFFSET/O 命令，根据图 11-254 所示尺寸偏移线段。

图 11-253　修剪线段

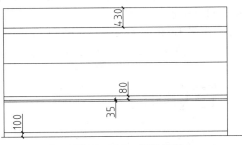

图 11-254　偏移线段

04 调用 OFFSET/O 命令，根据图 11-255 所示尺寸偏移线段。

05 调用 TRIM/TR 命令，修剪出轮廓线，如图 11-256 所示。

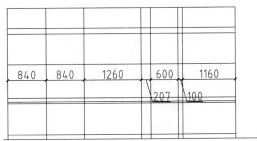

图 11-255　偏移线段

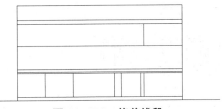

图 11-256　修剪线段

06 绘制柜门，调用 RECTANG/REC 命令，以底柜左下角为起点绘制 420×665 的矩形，如图 11-257 所示。

07 调用 OFFSET/O 命令，向内偏移矩形得到橱柜门造型，如图 11-258 所示。

08 调用 LINE/L、ARC/A 等相关命令绘制橱柜门的转角造型，如图 11-259 所示。

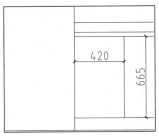

图 11-257　绘制矩形

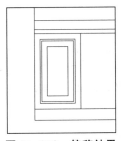 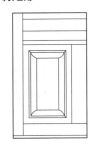

图 11-258　偏移结果　　图 11-259　绘制转角造型

09 选择门的图形，调用 MIRROR/MI 命令，以门的右下角为镜像起点，水平镜像出另一扇门，结果如图 11-260 所示。

10 调用 COPY/CO 命令，将门图形复制到其他的相应门位，结果如图 11-261 所示。

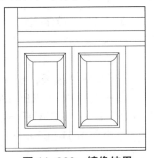

图 11-260　镜像结果

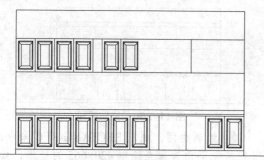

图 11-261　复制结果

11 绘制吊柜右上方的柜子。调用 OFFSET/O 命令，向左偏移右侧墙体，调用 TRIM/TR 命令修剪多余线段，结果如图 11-262 所示。

12 调用 COPY/CO 命令，复制吊柜门到如图 11-263 所示位置。

13 此处的吊柜门宽为 300mm，调用 STRETCH/SC 命令，将门向左缩小 120mm，结果如图 11-264 所示。

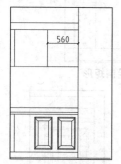

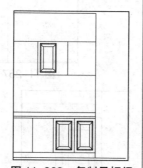

图 11-262　偏移线段　　　图 11-263　复制吊柜门

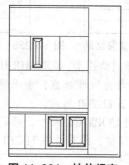

图 11-264　拉伸门宽

14 调用 MIRROR/MI 命令，将缩小后的门镜像复制到另一侧，结果如图 11-265 所示。

15 绘制灶台右侧的抽屉，绘制方法和柜门的绘制方法一样。使用 RECTANG/REC、OFFSET/O、LINE/L 和 ARC/A 等命令，抽屉的高为 220mm，结果如图 11-266 所示。

16 调用 COPY/CO 命令，将抽屉图形复制

到其他位置，结果如图 11-267 所示。

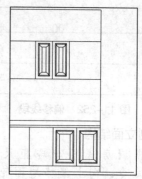

图 11-265　镜像图形

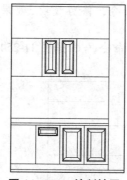　　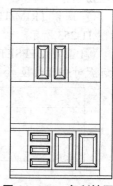

图 11-266　绘制抽屉　　　图 11-267　复制抽屉

17 使用前面介绍的方法绘制其他柜门，结果如图 11-268 所示。

18 调用 LINE/L 命令和 OFFSET/O 命令，在吊柜上方绘制线段，如图 11-269 所示。

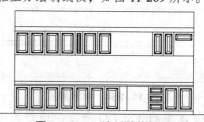

图 11-268　绘制其他柜门

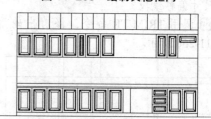

图 11-269　绘制线段

4. 绘制墙面砖

01 调用 OFFSET/O 命令绘制墙面砖。分别向上、向下偏移底柜上轮廓、吊柜下轮廓

100mm，如图 11-270 所示。

02 使用 OFFSET/O 命令，连续向右偏移左侧墙体线，偏移距离为 300mm，再调用 TRIM/TR 修剪掉多余线段，得到 100mm 高腰线，结果如图 11-271 所示。

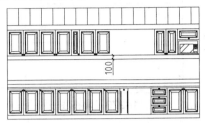

图 11-270　偏移线段

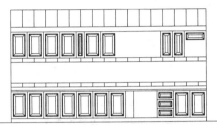

图 11-271　偏移结果

03 调用 HATCH/H 命令，在厨房墙面填充【用户定义】图案，效果如图 11-272 所示。

5. 插入图形

从图库中调入厨房 A 立面所需要的图形，包括洗菜台、灶台、抽油烟机、微波炉等图形，结果如图 11-273 所示。

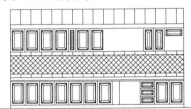

图 11-272　填充墙面图案

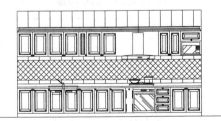

图 11-273　插入图块

6. 标注尺寸和说明文字

01 调用 DIM 命令标注尺寸，如图 11-274 所示。

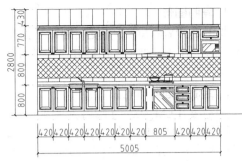

图 11-274　标注尺寸

02 调用 MLEADER/MLD 命令进行文字说明，结果如图 11-275 所示。

7. 插入图名

调用 INSERT 命令，插入【图名】图块，设置名称为"厨房 A 立面图"。厨房 A 立面图绘制完成。

11.7.6　绘制二层主卧 A 立面图

二层主卧 A 立面图如图 11-276 所示。

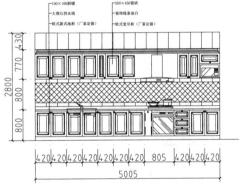

图 11-275　文字说明

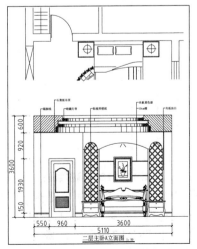

图 11-276　二层主卧 A 立面图

1. 复制图形

调用 COPY/CO 命令，复制别墅平面布置图上二层主卧 A 立面的平面部分，并对图形进行旋转。

2. 绘制立面基本轮廓

01 设置【LM_立面】图层为当前图层。

02 调用 LINE/L 命令，绘制 A 立面的墙体投影线和地面轮廓，如图 11-277 所示。

03 调用 OFFSET/O 命令，向上偏移地面轮廓线，偏移距离为 3600mm，得到顶面轮廓线，如图 11-278 所示。

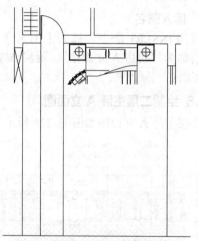

图 11-277　绘制墙体和地面

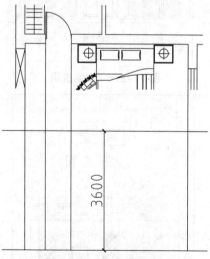

图 11-278　偏移线段

04 使用偏移命令，向上偏移地面轮廓线 2000mm，得到门洞高，如图 11-279 所示。

05 调用 TRIM/TR 命令，修剪多余线段，结果如图 11-280 所示。

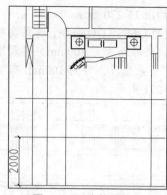

图 11-279　偏移线段

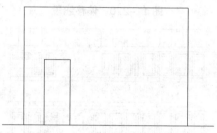

图 11-280　修剪多余线段

3. 绘制 A 立面造型墙

01 根据造型尺寸，调用 OFFSET/O 命令，向内侧偏移墙体线，得到墙面造型轮廓线，如图 11-281 所示。

02 调用 OFFSET/O 命令，根据吊顶标高，偏移顶面轮廓线，如图 11-282 所示。

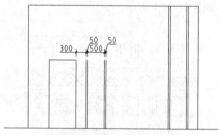

图 11-281　偏移线段

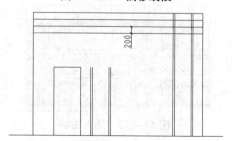

图 11-282　偏移顶面轮廓线

03 调用 TRIM/TR 和 EXTEND/EX 等相关命令，修剪线段，效果如图 11-283 所示。

04 调用 OFFSET/O 命令，向下偏移顶面轮廓线，并调用 TRIM/TR 修剪多余线段，结果如图 11-284 所示。

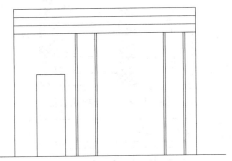

图 11-283　修剪线段

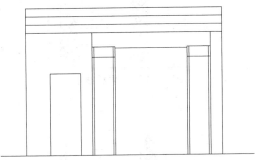

图 11-284　绘制辅助线

05 调用 ARC/A 命令，绘制造型弧线，结果如图 11-285 所示。

06 删除弧线上方的水平线，并调用 TRIM/TR 命令，修剪多余线段，结果如图 11-286 所示。

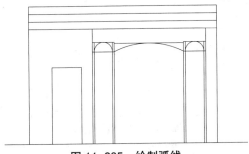

图 11-285　绘制弧线

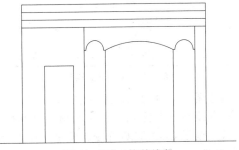

图 11-286　修剪线段

07 调用 OFFSET/O 命令，偏移线段，得到如图 11-287 所示的效果。

08 调用 HATCH/H 命令，输入 T【设置】选项，填充造型两端的造型图案，填充参数效果如图 11-288 所示。

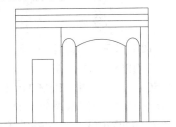

图 11-287　偏移线段

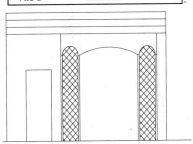

图 11-288　填充参数和效果

09 选择填充图案，调用 EXPLODE/X 命令分解图案，并调用 OFFSET/O 命令，分别向左下方、右下方偏移 20mm，如图 11-289 所示。

10 调用 EXTEND/EX 和 TRIM/TR 命令，修剪造型图案，结果如图 11-290 所示。

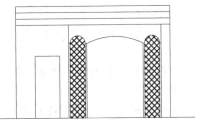

图 11-289　偏移线段

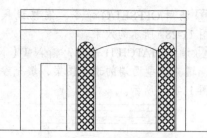

图 11-290　修剪造型图案

⓫ 调用 OFFSET/O 命令，依次向上偏移地面轮廓 500、10，调用 TRIM/TR 修剪线段，得到中间造型 10 宽凹槽，结果如图 11-291 所示。

⓬ 调用 COPY/CO 命令，将偏移的线段向上复制，得到其他凹槽，结果如图 11-292 所示。

⓭ 调用 OFFSET/O 命令，向外偏移门洞轮廓线，偏移距离为 80mm，并用 TRIM/TR 命令对偏移的线段圆角处理（圆角半径为 0），得到门套线轮廓如图 11-293 所示。

⓮ 绘制踢脚线。调用 OFFSET/O 命令，向上偏移地面轮廓，并调用 TRIM/TR 命令修剪出踢脚线，结果如图 11-294 所示。

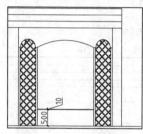

图 11-291　偏移线段

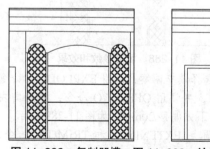

图 11-292　复制凹槽　图 11-293　绘制门套线

4. 绘制吊顶剖面

⓵ 调用 OFFSET/O 命令，偏移墙体线，如图 11-295 所示。

⓶ 调用 TRIM/TR 命令，修剪出吊顶轮廓，如图 11-296 所示。

⓷ 绘制灯槽。调用 OFFSET/O 命令，分别偏移出二级、三级吊顶的灯槽，如图 11-297

所示。

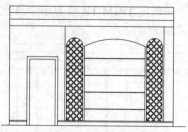

图 11-294　绘制踢脚线

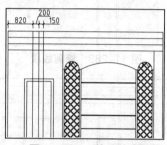

图 11-295　偏移线段

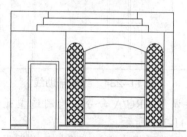

图 11-296　修剪吊顶轮廓

⓸ 调用 TRIM/TR 命令修剪出灯槽，如图 11-298 所示。

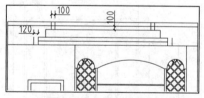

图 11-297　偏移线段

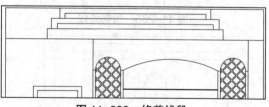

图 11-298　修剪线段

⓹ 调用 OFFSET/O 命令和 TRIM/TR 等相关命令，绘制出夹板轮廓，结果如图 11-299 所示。

⓺ 调用 COPY/CO 命令，复制出弧形部分的阴影线，如图 11-300 所示。

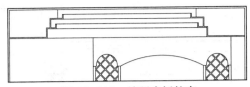

图 11-299　绘制夹板轮廓

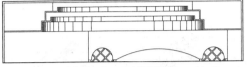

图 11-300　辅助线段

07 调用 HATCH/H 命令，填充吊顶剖面图案，填充结果如图 11-301 所示。

5. 插入图块

从图库中调入相关图块，包括门、筒灯、床、装饰画、灯具等图形，结果如图 11-302 所示。

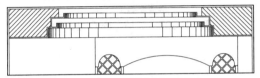

图 11-301　填充吊顶剖面

图 11-302　插入图块

6. 标注尺寸和材料说明

01 调用 DIM 命令标注立面尺寸，如图 11-303 所示。

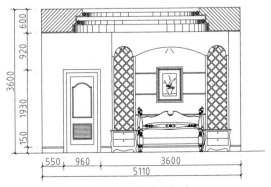

图 11-303　尺寸标注

02 调用 MLEADER/MLD 命令进行文字标注，效果如图 11-304 所示。

7. 插入图名

调用 INSERT/I 命令，插入【图名】图块，设置名称为"二层主卧 A 立面图"。二层主卧 A 立面图绘制完成。

11.7.7　绘制其他立面图

使用上述方法绘制其他立面图，如图 11-305、图 11-306 和图 11-307 所示。

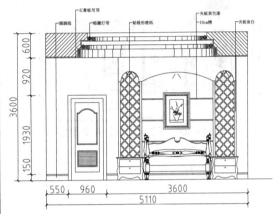

图 11-304　文字标注

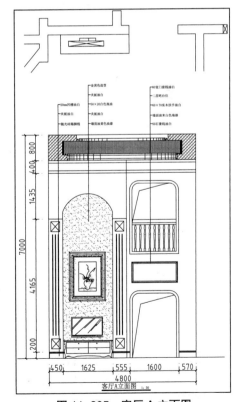

图 11-305　客厅 A 立面图

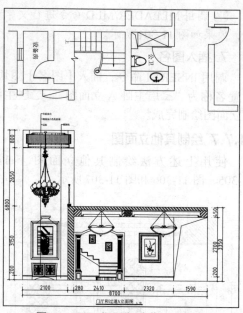

图 11-306　门厅和过道 A 立面图

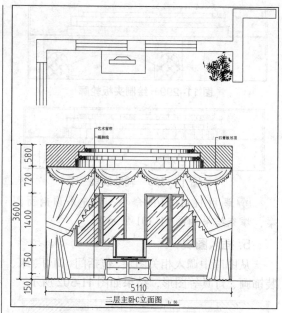

图 11-307　二层主卧 C 立面图

第12章

绘制电气图与冷热水管走向图

本章导读

　　电气图用来反映室内装修的配电情况，也包括配电箱规格、型号、配置以及照明、插座开关等线路的敷设方式和安装说明等。

　　本章以某中式风格四居室为例，讲解电气系统图和冷热水管走向图的绘制方法。

本章重点

- ◇ 电气设计基础
- ◇ 绘制图例表
- ◇ 绘制插座平面图
- ◇ 绘制照明平面图
- ◇ 绘制冷热水管走向图

12.1 电气设计基础

室内电气设计牵涉到很多相关的电工知识，为了使没有电工基础的读者也能够理解本章的内容，这里首先简单介绍一些相关的电气基础知识。

12.1.1 强电和弱电系统

现代家庭的电气设计包括强电系统和弱电系统两大部分。强电系统指的是空调、电视、冰箱、照明等家用电器的用电系统。

弱电系统指的是有线电视、电话线、家庭影院的音响输出线路、电脑局域网等线路系统，弱电系统根据不同的用途需要采用不同的连接介质，例如电脑局域网布置一般使用五类双绞线，有线电视线路则使用同轴电缆。

12.1.2 常用电气名词解析

1. 户配电箱

现代住宅的进线处一般装有配电箱。户配电箱内一般装有总开关和若干分支回路的断路器/漏电保护器，有时也装熔断器和计算机防雷击电涌防护器。户配电箱通常自住宅楼总配电箱或中间配电箱以单相220V电压供电。

2. 分支回路

分支回路是指从配电箱引出的若干供电给用电设备或插座的末端线路。足够的回路数量对于现代家居生活是必不可少的。一旦某一线路发生短路或其他问题时，不会影响其他回路的正常工作。根据使用面积，照明回路可选择两路或三路，电源插座三至四路，厨房和卫生间各走一条路线，空调回路两至三路，一个空调回路最多带两部空调。

3. 漏电保护器

漏电保护器俗称漏电开关，是用于在电路或电器绝缘受损发生对地短路时防人身触电和电气火灾的保护电器，一般安装于每户配电箱的插座回路上和全楼总配电箱的电源进线上，后者专用于防电气火灾。

4. 电线截面与载流量

在家庭装潢中，因为铝线极易氧化，因此常用的电线为BV线（铜芯聚乙烯绝缘电线）。电线的截面指的是电线内铜芯的截面。住宅内常用的电线截面有1.5mm²、2.5mm²、4mm²等。

导线截面越大，它所能通过的电流也越大。

载流量指的是电线在常温下持续工作并能保证一定使用寿命（如30年）的工作电流大小。电线载流量的大小与其截面积的大小有关，即导线截面越大，它所能通过的电流也越大。如果线路电流超过载流量，使用寿命就相应缩短，如不及时换线，就可能引起电气事故。

12.1.3 电线与套管

强电电气设备虽然均为220V供电，但仍需根据电器的用途和功率大小，确定室内供电回路，采用何种电线类型，例如，柜式空调等大型家用电气供电需设置线径大于2.5mm²的动力电线，插座回路应采用截面积不小于2.5mm²的单股绝缘铜线，照明回路应采用截面不小于1.5mm²的单股绝缘铜线。考虑到将来厨房及卫生间电器种类和数量的激增，厨房和卫生间的回路建议也使用截面积4mm²电线。

此外，为了安全起见，塑料护套线或其他绝缘导线不得直接埋设在水泥或石灰粉刷层内，必须穿管（套管）埋设。套管的大小根据电线的粗细进行选择。

12.2 绘制图例表

图例表用来说明各种图例图形的名称、规格以及安装形式等，在绘制电气图之前需要绘制图例表。图例表由图例图形、图例名称及安装说明等几个部分组成，如图12-1所示为本章绘制的图例表。

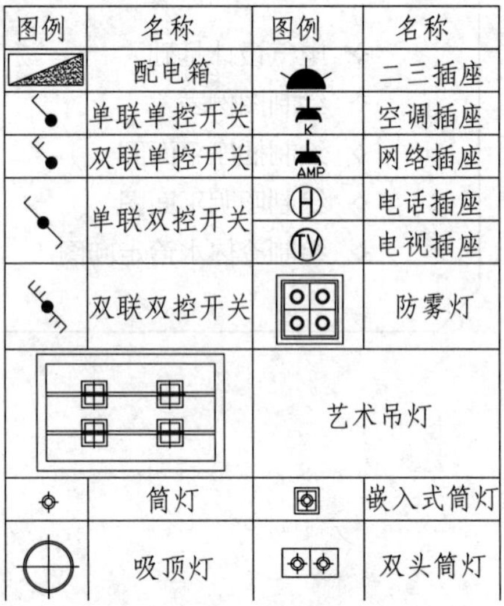

图例	名称	图例	名称
	配电箱		二三插座
	单联单控开关		空调插座
	双联单控开关		网络插座
	单联双控开关	Ⓗ	电话插座
		Ⓣ	电视插座
	双联双控开关		防雾灯
			艺术吊灯
	筒灯		嵌入式筒灯
	吸顶灯		双头筒灯

图 12-1　图例表

电气图例按照其类别可分为开关类图例、灯具类图例、插座类图例和其他类图例，下面按照图例类型分别介绍绘制方法。

12.2.1 绘制开关类图例

开关类图例画法基本相同，先画出其中的一个，通过复制和修改即可完成其他图例的绘制。下面以绘制"双联开关"图例图形为例，介绍开关类图例图形的画法，其尺寸如图12-2所示。

01 设置【DQ_电气】图层为当前图层。

02 调用 LINE/L 命令，绘制如图 12-3 所示线段。

03 调用 OFFSET/O 命令，偏移线段，如图 12-4 所示。

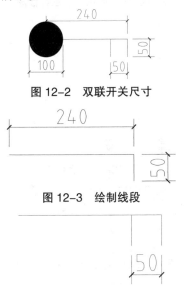

图 12-2 双联开关尺寸

图 12-3 绘制线段

图 12-4 偏移线段

04 调用 DONUT/DO 命令，绘制填充圆环，设置圆环的内径为 0，外径为 100mm，效果如图 12-5 所示。

05 调用 ROTATE/RO 命令，旋转绘制的图形，效果如图 12-6 所示，【双联】开关绘制完成。

06 调用 COPY/CO 令，复制"双联开关"，再使用 TRIM 命令修改得到单联开关，如图 12-7 所示。

图 12-5 绘制填充圆环

图 12-6 旋转图形　　图 12-7 单联开关

12.2.2 绘制灯具类图例

灯具类图例包括防雾灯、艺术吊灯、筒灯、嵌入式筒灯、双头筒灯和吸顶灯等，在绘制顶棚图时，直接调用了图库中的图例，为了提高大家的绘图技能，这里以艺术吊灯为例，介绍灯具图例的绘制方法。如图 12-8 所示为艺术吊灯尺寸。

01 调用 RECTANG/REC 命令，绘制尺寸为 1135mm×680mm 的矩形，如图 12-9 所示。

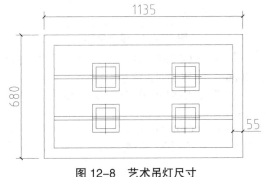

图 12-8 艺术吊灯尺寸

图 12-9 绘制矩形

02 调用 OFFSET/O 命令，将矩形向内偏移 55mm，如图 12-10 所示。

03 调用 LINE/L 命令和 OFFSET/O 命令，绘制线段，如图 12-11 所示。

04 调用 RECTANG/REC 命令，绘制边长为 155mm 的矩形，并移动到相应的位置，如图 12-12 所示。

图 12-10　偏移矩形

图 12-11　绘制线段

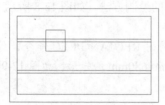

图 12-12　绘制矩形

05 调用 OFFSET/O 命令，将矩形向内偏移 20mm，如图 12-13 所示。

06 调用 LINE/L 命令，绘制线段，如图 12-14 所示。

07 调用 COPY/CO 命令，对图形进行复制，效果如图 12-15 所示，完成艺术吊灯图例的绘制。

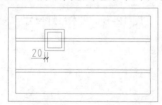

图 12-13　偏移矩形

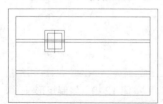

图 12-14　绘制线段

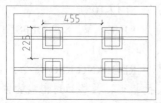

图 12-15　复制图形

12.2.3　绘制插座类图例

下面以"单相二、三孔插座"图例为例，介绍插座类图例的画法，其尺寸如图 12-16 所示。

01 调用 CIRCLE/C 命令，绘制半径为 175mm 的圆，如图 12-17 所示。并通过圆心绘制一条线段。

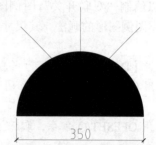

图 12-16　单相二、三孔插座

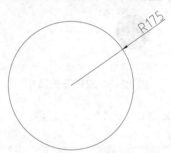

图 12-17　绘制圆

02 调用 TRIM/TR 命令，修剪圆的下半部分，得到一个半圆，如图 12-18 所示。

03 调用 LINE/L 命令，在半圆上方绘制线段，如图 12-19 所示。

04 调用 HATCH/H 命令，在圆内填充【SOLID】图案，效果如图 12-20 所示，"单相二、三孔插座"图例绘制完成。

图 12-18　修剪圆

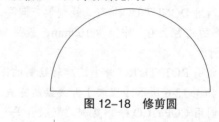

图 12-19　绘制线段　　　图 12-20　填充效果

12.3 绘制插座平面图

在电气图中，插座平面图主要反映了插座的安装位置、数量和连线情况。插座平面图在平面布置图基础上进行绘制，主要由插座、连线和配电箱等部分组成，下面介绍它的绘制方法。

12.3.1 绘制插座和配电箱

01 打开配套资源的"第9章\中式风格四居室平面布置图.dwg"文件，如图12-21所示。

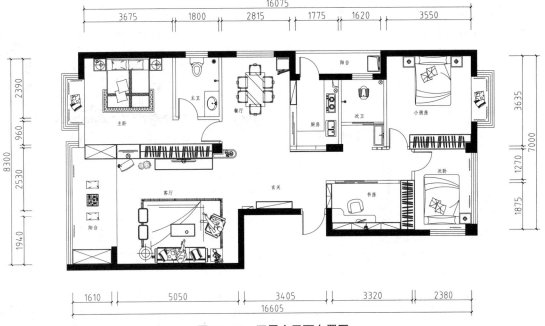

图 12-21 四居室平面布置图

02 复制图例表中的插座、配电箱等图例到平面布置图中的相应位置，如图12-22所示。

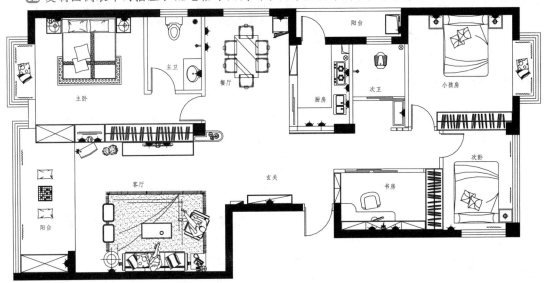

图 12-22 复制插座和配电箱

> **提示**
>
> 家具图形在电气图中主要起参照作用，如在摆放床头灯的位置就应该考虑设置一个插座，此外还可以根据家具的布局合理安排插座、开关的位置。

12.3.2 绘制连线

连线用来表示插座、配电箱之间的电线，反映了插座、配电箱之间的连接关系。连线可使用 ARC/A 命令、LINE/L 命令和 PLINE/PL 等命令绘制。

01 调用 LINE/L 命令，从配电箱引出一条线连接到客厅电话插座位置，如图 12-23 所示。

02 调用 LINE/L 命令，连接插座，结果如图 12-24 所示。

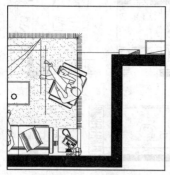

图 12-23　引出连线

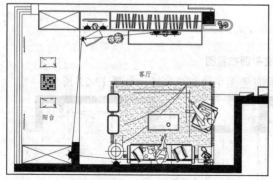

图 12-24　连接插座

03 调用 MTEXT/MT 命令，在连线上输入回路编号，如图 12-25 所示。

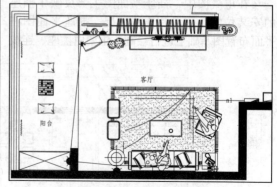

图 12-25　输入回路编号

04 此时回路编号与连线重叠。调用 TRIM/TR 命令，将与编号重叠的连线部分修剪，效果如图 12-26 所示。

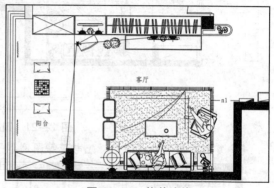

图 12-26　修剪连线

05 使用同样的方法，完成其他插座连线的绘制，效果如图 12-27 所示，完成插座平面图的绘制。

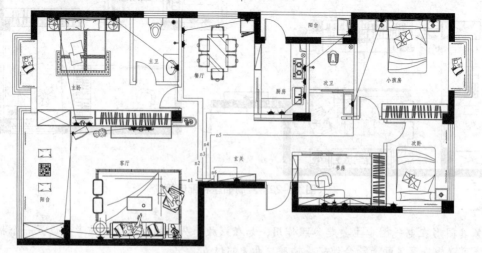

图 12-27　绘制其他插座连线

12.3.3 绘制其他插座平面图

如图 12-28 和图 12-29 所示为第 5 章和第 6 章两居室与三居室的插座平面图,请读者参考上述方法完成绘制。

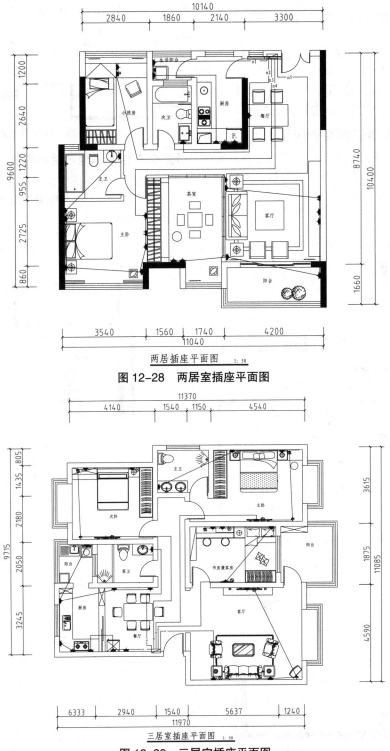

图 12-28　两居室插座平面图

图 12-29　三居室插座平面图

12.4 绘制照明平面图

照明平面图反映了灯具、开关的安装位置、数量和线路的走向，是电气施工不可缺少的图样，同时也是将来电气线路检修和改造的主要依据。

照明平面图在顶棚图的基础上绘制，主要由灯具、开关以及它们之间的连线组成，绘制方法与插座平面图基本相同，下面以四居室顶棚图为例，介绍照明平面图的绘制方法。

12.4.1 绘制四居室照明平面图

01 打开配套资源中的"第9章\四居室顶棚图.dwg"文件，删除不需要的顶棚图形，只保留灯具，如图 12-30 所示。

02 从图例表中复制开关图形到打开的图形中，如图 12-31 所示。

图 12-30　打开图形

图 12-31　复制开关图形

03 调用 ARC/A 命令，绘制连线，如图 12-32 所示。

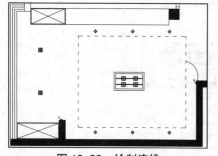

图 12-32　绘制连线

04 绘制其他连线，效果如图 12-33 所示，完成照明平面图的绘制。

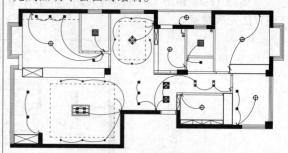

图 12-33　绘制其他连线

12.4.2 绘制其他照明平面图

如图 12-34 和图 12-35 所示为第 5 章和第 6 章两居室与三居室的照明平面图，请读者参考上述方法完成绘制。

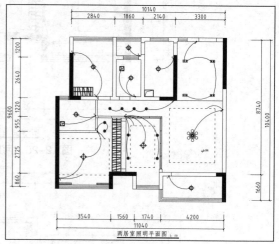

图 12-34　两居室照明平面图

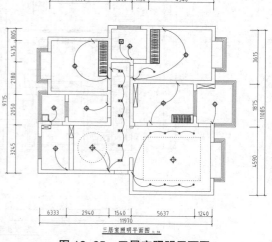

图 12-35　三居室照明平面图

12.5 绘制冷热水管走向图

冷热水管走向图反映了住宅水管的分布走向，指导水电工施工，冷、热水管走向图需要绘制的内容主要为冷、热水管和出水口。

12.5.1 绘制图例表

冷热水管走向图需要绘制冷、热水管及出水口图例，如图 12-36 所示，由于图形比较简单，请读者运用前面所学知识自行完成，这里不再详细讲解。

图标	名称
────○	冷水管及水口
-----◌	热水管及水口

图 12-36　冷热水管走向图图例表

12.5.2 绘制冷热水管走向图

冷热水管走向图主要绘制冷、热水管和出水口，其中冷、热水管分别使用实线、虚线表示，下面以三居室为例，介绍具体绘制方法。

1. 绘制出水口

01 创建一个新图层【SG_水管】，并设置为当前图层。

02 根据平面布置图中的洗脸盆、洗菜盆、洗衣机和淋浴花洒及其他出水口的位置，绘制出水口图形（用圆形表示），如图 12-37 所示。其中虚线表示接热水管，实线表示接冷水管。

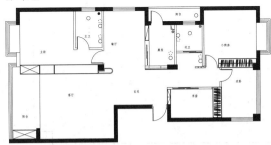

图 12-37　绘制出水口

此处为了方便观察，隐藏了【JJ_家具】图层。

2. 绘制水管

01 调用 PLINE/PL 命令和 MTEXT/MT 命令，绘制热水器，如图 12-38 所示。

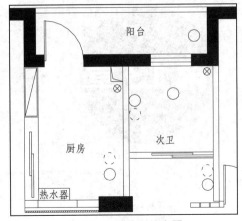

图 12-38　绘制热水器

02 调用 LINE/L 命令，绘制线段，表示冷水管，如图 12-39 所示。

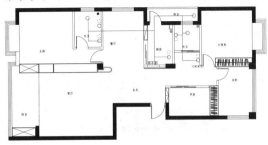

图 12-39　绘制冷水管

03 调用 LINE/L 命令，将热水管连接至各热水出水口，热水管用虚线表示，如图 12-40所示，四居室冷热水管走向图的绘制完成。

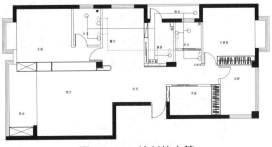

图 12-40　绘制热水管

第13章

施工图打印方法与技巧

本章导读

　　对于室内装潢设计施工而言，打印输出的图纸将成为施工人员施工的主要依据。

　　室内设计施工图一般采用 A3 纸进行打印，也可根据需要选用其他大小的纸张。在打印时，需要确定纸张大小、输出比例以及打印线宽、颜色等相关内容。对于图形的打印线宽、颜色等属性，均可通过打印样式进行控制。

　　在最终打印输出之前，需要对图形进行认真检查、核对，在确定正确无误之后方可进行打印。

本章重点

◇ 模型空间打印
◇ 图纸空间打印

13.1 模型空间打印

打印有模型空间打印和图纸空间打印两种方式。模型空间打印指的是在模型窗口进行相关设置并进行打印；图纸空间打印是指在布局窗口中进行相关设置并进行打印。

当打开或新建 AutoCAD 文档时，系统默认显示的是模型窗口。但如果当前工作区已经以布局窗口显示，可以单击状态栏"模型"标签 (AutoCAD "二维草图与注释"工作空间)，或绘图窗口左下角"模型"标签 ("AutoCAD 经典"工作空间)，从布局窗口切换到模型窗口。

本节以四居室平面布置图为例，介绍模型空间的打印方法。

13.1.1 调用图签

01 打开本书第 9 章绘制的"平面布置图.dwg"文件。

02 施工图在打印输出时，需要为其加上图签。图签在创建样板时就已经绘制好，并创建为图块，这里直接调用即可。调用 INSERT/I 命令，插入"A3 图签"图块到当前图形，如图 13-1 所示。

03 由于样板中的图签是按 1:1 的比例绘制

的，即图签图幅大小为 420mm×297mm（A3 图纸），而平面布置图的绘图比例同样是 1:1，其图形尺寸约为 17000mm×9000mm。为了使图形能够打印在图签之内，需要将图签放大，或者将图形缩小，缩放比例为 1 : 75（与该图的尺寸标注比例相同）。为了保持图形的实际尺寸不变，这里将图签放大，放大比例为 75 倍。

04 调用 SCALE/SC 命令将图签放大 75 倍。

05 图签放大之后，便可将图形置于图签之内。调用 MOVE/M 命令，移动图签至平面布置图上方，如图 13-2 所示。

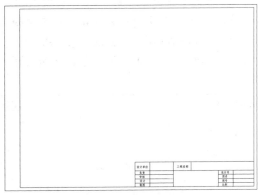

图 13-1 插入的图签

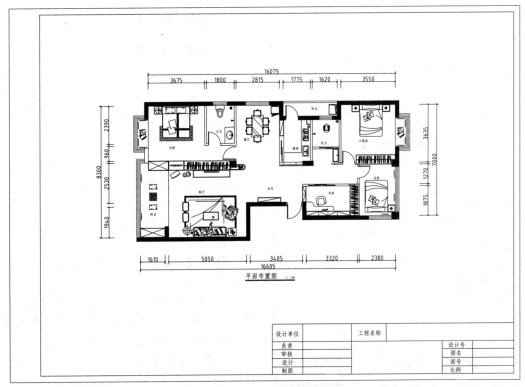

图 13-2 加入图签后的效果

13.1.2 页面设置

页面设置是出图准备过程中的最后一个步骤。页面设置是包括打印设备、纸张、打印区域、打印样式、打印方向等影响最终打印外观和格式的所有设置的集合。页面设置可以命名保存，可以将同一个命名页面设置应用到多个布局图中，下面介绍页面设置的创建和设置方法。

01 在命令窗口中输入 PAGESETUP 并按 Enter 键，打开【页面设置管理器】对话框，如图 13-3 所示。

02 单击【新建】按钮，打开如图 13-4 所示【新建页面设置】对话框，在对话框中输入新页面设置名【A3 图纸页面设置】，单击【确定】按钮，即创建了新的页面设置"A3 图纸页面设置"。

图 13-3 【页面设置管理器】对话框

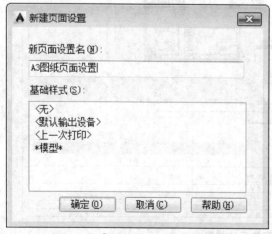

图 13-4 【新建页面设置】对话框

03 系统弹出【页面设置】对话框，如图 13-5 所示。在【页面设置】对话框【打印机/绘图仪】选项组中选择用于打印当前图纸的打印机。在【图纸尺寸】选项组中选择 A3 图纸。

04 在【打印样式表】列表中选择样板中已设置好的打印样式【A3 纸打印样式表】，如图 13-6 所示。在随后弹出的【问题】对话框中单击【是】按钮，将指定的打印样式指定给所有布局。

图 13-5 【页面设置】对话框

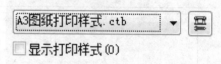

图 13-6 选择打印样式

05 勾选【打印选项】选项组【按样式打印】复选框，如图 13-5 所示，使打印样式生效，否则图形将按其自身的特性进行打印。

06 勾选【打印比例】选项组【布满图纸】复选框，图形将根据图纸尺寸缩放打印图形，使打印图形布满图纸。

07 在【图形方向】栏设置图形打印方向为横向。

08 设置完成后单击【预览】按钮，检查打印效果。

09 单击【确定】按钮返回【页面设置管理器】对话框，在页面设置列表中可以看到刚才新建的页面设置【A3 图纸页面设置】，选择该页面设置，单击【置为当前】按钮，如图 13-7 所示。

10 单击【关闭】按钮关闭对话框。

13.1.3 打印

01 按快捷键 Ctrl+P, 打开【打印】对话框, 如图 13-8 所示。

02 在【页面设置】选项组【名称】列表中选择前面创建的【A3 图纸页面设置】, 如图 13-8 所示。

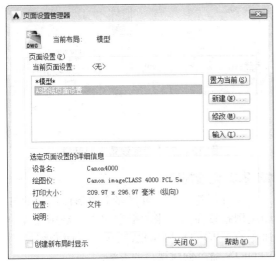

图 13-7　指定当前页面设置

图 13-8　【打印】对话框

03 在【打印区域】选项组【打印范围】列表中选择【窗口】选项, 如图 13-9 所示。单击【窗口】按钮,【页面设置】对话框暂时隐藏, 在绘图窗口分别拾取图签图幅的两个对角点确定一个矩形范围, 该范围即为打印范围。

04 完成设置后, 确认打印机与计算机已正确连接, 单击【确定】按钮开始打印。打印进

度显示在打开的【打印作业进度】对话框中, 如图 13-10 所示。

图 13-9　设置打印范围

图 13-10　【打印作业进度】对话框

13.2 图纸空间打印

模型空间打印方式只适用于单比例图形打印, 当需要在一张图纸中打印输出不同比例的图形时, 可使用图纸空间打印方式。本节以立面图为例, 介绍图纸空间的视口布局和打印方法。

13.2.1 进入布局空间

按 Ctrl+O 键, 打开本书第 10 章绘制的"混合风格复式室内设计.dwg"文件, 删除其他图形只留下一层平面布置图和客厅 D 立面图。

要在图纸空间打印图形, 必须在布局中对图形进行设置。在"草图与注释"工作空间下, 单击绘图窗口左下角的"布局 1"或"布局 2"选项卡即可进入图纸空间。在任意"布局"选项卡上单击鼠标右键, 从弹出的快捷菜单中选择"新建布局"命令, 可以创建新的布局。

单击图形窗口左下角的"布局 1"选项卡进入图纸空间。当第一次进入布局时, 系统会自动创建一个视口, 该视口一般不符合要求, 可以将其删除, 删除后的效果如图 13-11 所示。

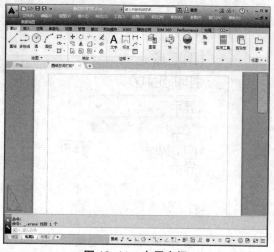

图 13-11　布局空间

13.2.2 页面设置

在图纸空间打印，需要重新进行页面设置。

01 在【布局 1】选项卡上单击鼠标右键，从弹出的快捷菜单中选择【页面设置管理器】命令，如图 13-12 所示。在弹出的"页面设置管理器"对话框中单击【新建】按钮创建【A3图纸页面设置 - 图纸空间】新页面设置。

02 进入【页面设置】对话框后，在【打印范围】列表中选择【布局】，在【比例】列表中选择【1∶1】，其他参数设置如图 13-13 所示。

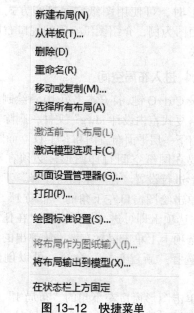

图 13-12　快捷菜单

03 设置完成后单击【确定】按钮关闭【页面设置】对话框，在【页面设置管理器】对话框中选择新建的【A3 图纸页面设置 - 图纸空间】页面设置，单击【置为当前】按钮，将该页面设置应用到当前布局。

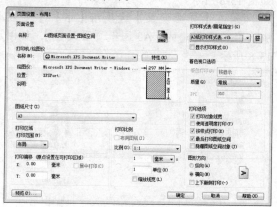

图 13-13　【页面设置】对话框

13.2.3 创建视口

通过创建视口，可将多个图形以不同的打印比例布置在同一张图纸空间中。创建视口的命令有 VPORTS 和 SOLVIEW，下面介绍使用 VPORTS 命令创建视口的方法。

01 创建一个新图层【VPORTS】，并设置为当前图层。

02 创建第一个视口。调用 VPORTS 命令打开【视口】对话框，如图 13-14 所示。

03 在【标准视口】框中选择【单个】，单击【确定】按钮，在布局内拖动鼠标创建一个视口，如图 13-15 所示，该视口用于显示"一层平面布置图"。

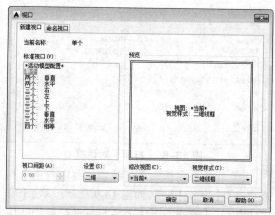

图 13-14　【视口】对话框

04 在创建的视口中双击鼠标，进入模型空间，或在命令窗口中输入 MSPACE/MS 并按 Enter 键。处于模型空间的视口边框以粗线显示。

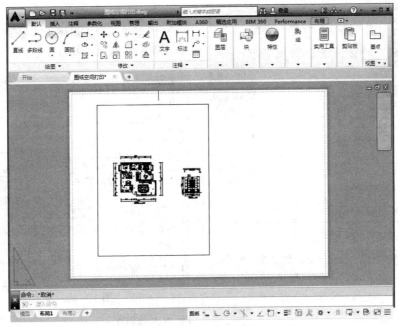

图 13-15　创建视口

05 在状态栏右下角设置当前注释比例为 1：100，如图 13-16 所示。调用 PAN 命令平移视图,使【一层平面布置图】在视口中显示出来。

注意，视口的比例应根据图纸的尺寸适当设置，在这里设置为 1：100 以适合 A3 图纸，如果是其它尺寸图纸，则应做相应调整。

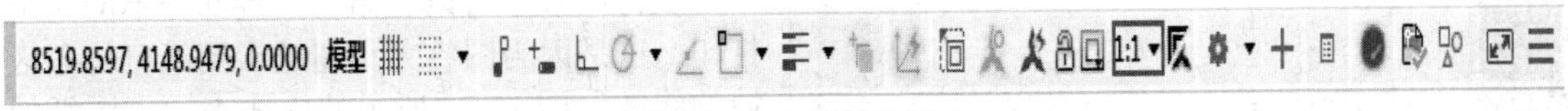

8519.8597, 4148.9479, 0.0000 模型 ⊞ ▦ ▾ ╎ ┴ ╘ ◯ ▾ ∠ ▢ ▾ ☰ ▾ ▔ ╰ ⤢ ⟲ ᠍ ⋊ 人 🔒 ▣ 1:1 ▾ ▨ ❖ ▾ ╋ ▦ ◉ ⬢ 🔁 ⟷ ☰

图 13-16　设置比例

视口比例应与该视口内的图形（即在该视口内打印的图形）的尺寸标注比例相同，这样在同一张图纸内就不会有不同大小的文字或尺寸标注出现（针对不同视口）。

AutoCAD 从 2008 版开始新增了一个自动匹配的功能，即视口中的"可注释性"对象（如文字、尺寸标注等）可随视口比例的变化而变化。

假如图形尺寸标注比例为 1：50，当视口比例设置为 1：30 时，尺寸标注比例也自动调整为 1：30。要实现这个功能，只需要单击状态栏右下角的 按钮使其亮显即可，如图 13-17 所示。启用该功能后，就可以随意设置视口比例，而无须手动修改图形标注比例（前提是图形标注为"可注释性"）。

∠ ▢ ▾ ☰ ▾ ▔ ╰ ⤢ ⟲ ᠍ ⋊ 人 🔒 ▣ 1:1 ▾ ▨ ❖ ▾ ╋ ▦ ◉ ⬢ 🔁 ⟷ ☰

图 13-17　开启添加比例功能

06 在视口外双击鼠标，或在命令窗口中输入 PSPACE/PS 并按 Enter 键，返回图纸空间。

07 选择视口，使用夹点法适当调整视口大小，使视口内只显示【一层平面布置图】，结果如图 13-18 所示。

08 创建第二个视口。选择第一个视口，调用 COPY/CO 命令复制出第二个视口，该视口用于显示【客厅 D 立面图】，输出比例为 1：

50，调用 PAN/P 命令平移视口（需要双击视口或使用 MSPACE/MS 命令进入模型空间),使"客厅 D 立面图"在视口中显示出来，并适当调整视口大小，结果如图 13-19 所示。

> 提示
>
> 在图纸空间中，可使用 MOVE/M 命令调整视口的位置。

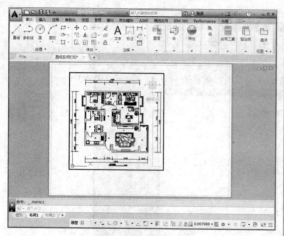

图 13-18　调整视口

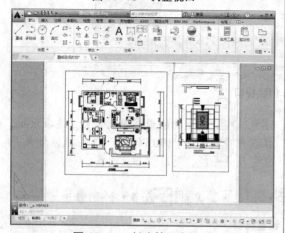

图 13-19　创建第二个视口

视口创建完成。【客厅 D 立面】将以 1∶50 的比例进行打印。

> **注意**
>
> 设置好视口比例之后，在模型空间内不宜使用 ZOOM/Z 命令或鼠标中键改变视口显示比例。

13.2.4 加入图签

在图纸空间中，同样可以为图形加上图签，方法很简单，调用 INSERT 命令插入图签图块即可，操作步骤如下：

01 调用 PSPACE/PS 命令进入图纸空间。

02 调用 INSERT/I 命令，在打开的【插入】对话框中选择图块【A3 图签】，单击【确定】按钮关闭【插入】对话框，在图形窗口中拾取一点确定图签位置，插入图签后的效果如图 13-20 所示。

> **提示**
>
> 图签是以 A3 图纸大小绘制的，它与当前布局的图纸大小相符。

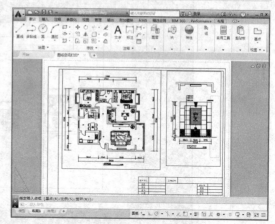

图 13-20　加入图签

13.2.5 打印

创建好视口并加入图签后，接下来就可以开始打印了。在打印之前，执行【文件】|【打印预览】命令预览当前的打印效果，如图 13-21 所示。

从打印效果可以看出，图签部分不能完全打印，这是因为图签大小超越了图纸可打印区域的缘故。图 13-20 所示的虚线表示了图纸的可打印区域。

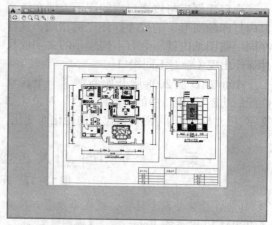

图 13-21　打印预览效果

解决办法是通过【绘图仪配置编辑器】对话框中的【修改标准图纸尺寸（可打印区域）】选项重新设置图纸的可打印区域，下面介绍其操作方法：

01 单击【绘图仪管理器】按钮，打开

【Plotters】文件夹，如图13-22所示。

02 在对话框中双击当前使用的打印机名称（即在【页面设置】对话框【打印选项】选项卡中选择的打印机），打开【绘图仪配置编辑器】对话框，如图13-23所示。选择【设备和文档设置】选项卡，在上方的树型结构目录中选择【修改标准图纸尺寸（可打印区域）】选项。

图 13-22 【Plotters】文件夹

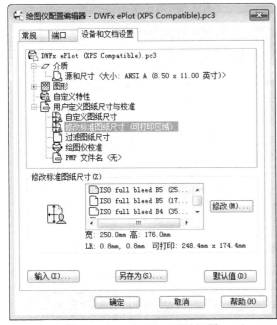

图 13-23 绘图仪配置编辑器

03 在【修改标准图纸尺寸】栏中选择当前使用的图纸类型（即在【页面设置】对话框中的【图纸尺寸】列表中选择的图纸类型），如图13-24所示光标所在位置（不同打印机有不同的显示）。

04 单击【修改】按钮弹出【自定义图纸尺寸】

对话框，如图13-25所示，将上、下、左、右页边距分别设置为2mm、2mm、10mm、2mm（使可打印范围略大于图框即可），单击两次【下一步】按钮，再单击【完成】按钮，返回【绘图仪配置编辑器】对话框，单击【确定】按钮关闭对话框。

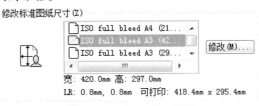

图 13-24 选择图纸类型

图 13-25 【自定义图纸尺寸】对话框

05 修改图纸可打印区域之后，此时布局如图13-26所示（虚线内表示可打印区域）。

06 调用 LAYER/LA 命令打开【图层特性管理器】对话框，将图层【VPORTS】设置为不可打印，如图13-27所示，这样视口边框将不会打印。

07 此时再次预览打印效果，如图13-28所示，图签已能正确打印。

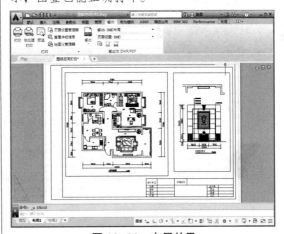

图 13-26 布局效果

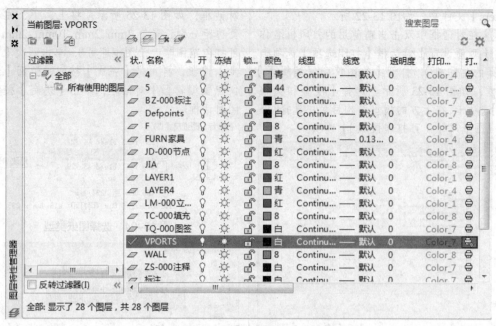

图 13-27　设置【VPORTS】图层属性

08 如果满意当前的预览效果，按 Ctrl+P 键即可开始正式打印输出。

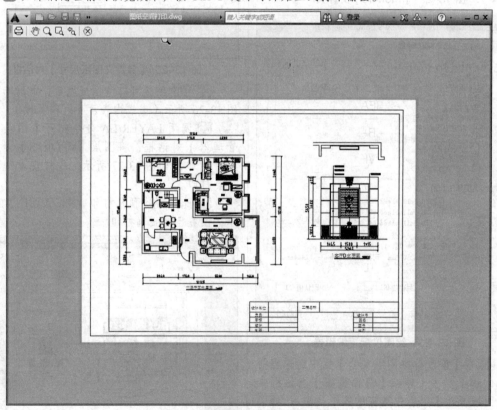

图 13-28　修改页边距后的打印预览效果

附 录

附录 1　AutoCAD 2018 常用命令快捷键

快捷键	执行命令	命令说明
A	ARC	圆弧
ADC	ADCENTER	AutoCAD 设计中心
AA	AREA	区域
AR	ARRAY	阵列
AV	DSVIEWER	鸟瞰视图
AL	ALIGN	对齐对象
AP	APPLOAD	加载或卸载应用程序
ATE	ATTEDIT	改变块的属性信息
ATT	ATTDEF	创建属性定义
ATTE	ATTEDIT	编辑块的属性
B	BLOCK	创建块
BH	BHATCH	绘制填充图案
BC	BCLOSE	关闭块编辑器
BE	BEDIT	块编辑器
BO	BOUNDARY	创建封闭边界

快捷键	执行命令	命令说明
BR	BREAK	打断
BS	BSAVE	保存块编辑
C	CIRCLE	圆
CH	PROPERTIES	修改对象特征
CHA	CHAMFER	倒角
CHK	CHECKSTANDARD	检查图形 CAD 关联标准
CLI	COMMANDLINE	调入命令行
CO 或 CP	COPY	复制
COL	COLOR	对话框的颜色设置
D	DIMSTYLE	标注样式设置
DAL	DIMALIGNED	对齐标注
DAN	DIMANGULAR	角度标注
DBA	DIMBASELINE	基线式标注
DBC	DBCONNECT	提供至外部数据库的接口
DCE	DIMCENTER	圆心标记
DCO	DIMCONTINUE	连续式标注
DDA	DIMDISASSOCIATE	解除关联的标注
DDI	DIMDIAMETER	直径标注
DED	DIMEDIT	编辑标注
DI	DIST	求两点之间的距离
DIV	DIVIDE	定数等分
DLI	DIMLINEAR	线性标注
DM	DIM	智能标注
DO	DOUNT	圆环
DOR	DIMORDINATE	坐标式标注
DOV	DIMOVERRIDE	更新标注变量
DR	DRAWORDER	显示顺序
DV	DVIEW	使用相机和目标定义平行投影
DRA	DIMRADIUS	半径标注

快捷键	执行命令	命令说明
DRE	DIMREASSOCIATE	更新关联的标注
DS、SE	DSETTINGS	草图设置
DT	TEXT	单行文字
E	ERASE	删除对象
ED	DDEDIT	编辑单行文字
EL	ELLIPSE	椭圆
EX	EXTEND	延伸
EXP	EXPORT	输出数据
EXIT	QUIT	退出程序
F	FILLET	圆角
FI	FILTER	过滤器
G	GROUP	对象编组
GD	GRADIENT	渐变色
GR	DDGRIPS	夹点控制设置
H	HATCH	图案填充
HE	HATCHEDIT	编修图案填充
HI	HIDE	生成三位模型时不显示隐藏线
I	INSERT	插入块
IMP	IMPORT	将不同格式的文件输入到当前图形中
IN	INTERSECT	采用两个或多个实体或面域的交集创建复合实体或面域并删除交集以外的部分
INF	INTERFERE	采用两个或三个实体的公共部分创建三维复合实体
IO	INSERTOBJ	插入链接或嵌入对象
IAD	IMAGEADJUST	图像调整
IAT	IMAGEATTACH	光栅图像
ICL	IMAGECLIP	图像裁剪
IM	IMAGE	图像管理器
J	JOIN	合并
L	LINE	绘制直线
LA	LAYER	图层特性管理器

快捷键	执行命令	命令说明
LE	LEADER	快速引线
LEN	LENGTHEN	调整长度
LI	LIST	查询对象数据
LO	LAYOUT	布局设置
LS、LI	LIST	查询对象数据
LT	LINETYPE	线型管理器
LTS	LTSCALE	线型比例设置
LW	LWEIGHT	线宽设置
M	MOVE	移动对象
MA	MATCHPROP	线型匹配
ME	MEASURE	定距等分
MI	MIRROR	镜像对象
ML	MLINE	绘制多线
MO	PROPERTIES	对象特性修改
MS	MSPACE	切换至模型空间
MT	MTEXT	多行文字
MV	MVIEW	浮动视口
O	OFFSET	偏移复制
OP	OPTIONS	选项
OS	OSNAP	对象捕捉设置
P	PAN	实时平移
PA	PASTESPEC	选择性粘贴
PE	PEDIT	编辑多段线
PL	PLINE	绘制多段线
PLOT	PRINT	将图形输入到打印设备或文件
PO	POINT	绘制点
POL	POLYGON	绘制正多边形
PR	OPTIONS	对象特征
PRE	PREVIEW	输出预览

快捷键	执行命令	命令说明
PRINT	PLOT	打印
PRCLOSE	PROPERTIESCLOSE	关闭"特性"选项板
PARAM	BPARAMETRT	编辑块的参数类型
PS	PSPACE	图纸空间
PU	PURGE	清理无用的空间
QC	QUICKCALC	快速计算器
R	REDRAW	重画
RA	REDRAWALL	所有视口重画
RE	REGEN	重生成
REA	REGENALL	所有视口重生成
REC	RECTANGLE	绘制矩形
REG	REGION	2D 面域
REN	RENAME	重命名
RO	ROTATE	旋转
S	STRETCH	拉伸
SC	SCALE	比例缩放
SE	DSETTINGS	草图设置
SET	SETVAR	设置变量值
SN	SNAP	捕捉控制
SO	SOLID	填充三角形或四边形
SP	SPELL	拼写
SPE	SPLINEDIT	编辑样条曲线
SPL	SPLINE	样条曲线
SSM	SHEETSET	打开图纸集管理器
ST	STYLE	文字样式
STA	STANDARDS	规划 CAD 标准
SU	SUBTRACT	差集运算
T	MTEXT	多行文字输入
TA	TABLET	数字化仪

快捷键	执行命令	命令说明
TB	TABLE	插入表格
TH	THICKNESS	设置当前三维实体的厚度
TI、TM	TILEMODE	图纸空间和模型空间的设置切换
TO	TOOLBAR	工具栏设置
TOL	TOLERANCE	形位公差
TR	TRIM	修剪
TP	TOOLPALETTES	打开工具选项板
TS	TABLESTYLE	表格样式
U	UNDO	撤销命令
UC	UCSMAN	UCS 管理器
UN	UNITS	单位设置
UNI	UNION	并集运算
V	VIEW	视图
VP	DDVPOINT	预设视点
W	WBLOCK	写块
WE	WEDGE	创建楔体
X	EXPLODE	分解
XA	XATTACH	附着外部参照
XB	XBIND	绑定外部参照
XC	XCLIP	剪裁外部参照
XL	XLINE	构造线
XP	XPLODE	将复合对象分解为其组件对象
XR	XREF	外部参照管理器
Z	ZOOM	缩放视口
3A	3DARRAY	创建三维阵列
3F	3DFACE	在三维空间中创建三侧面或四侧面的曲面
3DO	3DORBIT	在三维空间中动态查看对象
3P	3DPOLY	在三维空间中使用"连续"线型创建由直线段构成的多段线

附录 2　客厅设计要点及常用尺度

Ⅰ　客厅的处理要点

　　1. 客厅是人们日间的主要活动场所，平面布置应按会客、娱乐、学习等功能进行区域划分。
　　2. 功能区的划分与通道应避免干扰。

Ⅱ　客厅常用人体尺度

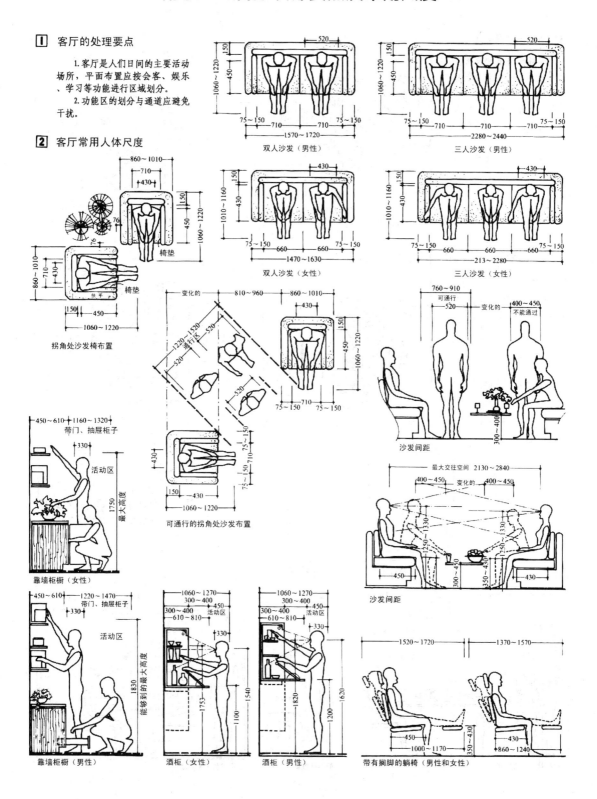

双人沙发（男性）

三人沙发（男性）

双人沙发（女性）

三人沙发（女性）

拐角处沙发椅布置

沙发间距

可通行的拐角处沙发布置

沙发间距

靠墙柜橱（女性）

靠墙柜橱（男性）

酒柜（女性）

酒柜（男性）

带有搁脚的躺椅（男性和女性）

附录 3　餐厅设计要点及常用尺度

1 餐厅的处理要点

　　1.餐厅可单独设置，也可设在起居室靠近厨房的一隅。

　　2.就餐区域尺寸应考虑人的来往，服务等活动。

　　3.正式的餐厅内应设有备餐台、小车及餐具贮藏柜等设备。

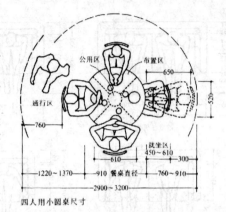

四人用小圆桌尺寸

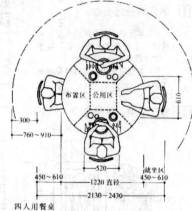

四人用餐桌

2 餐厅的功能分析

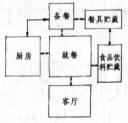

3 餐厅常用人体尺寸

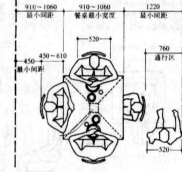

四人用小方桌

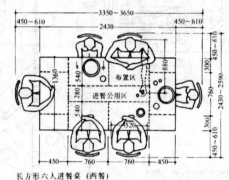

长方形六人进餐桌（西餐）

最佳进餐布置尺寸

三人进餐桌布置

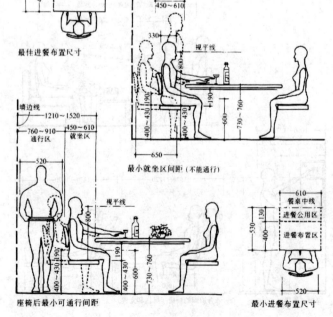

最小就坐区间距（不能通行）

座椅后最小可通行间距

最小进餐布置尺寸

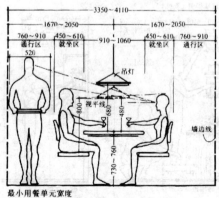

最小用餐单元宽度

附录4　厨房设计要点及常用尺度

1 厨房处理要点

1.厨房设备及家具的布置应按照烹调操作顺序来布置。以方便操作，避免走动过多。

2.平面布置除考虑人体和家具尺寸外，还应考虑家具的活动。

2 厨房功能分析

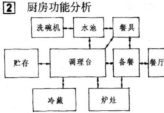

3 厨房常用人体尺寸

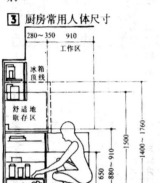

冰箱布置立面

冰箱布置立面

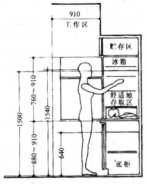

炉灶布置立面

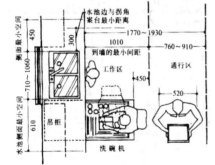

水池布置尺寸

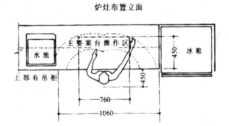

调制备餐布置

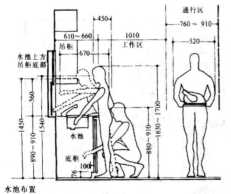

水池布置

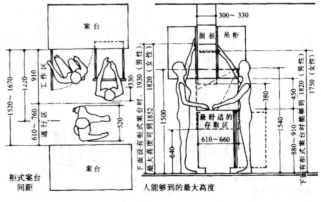

柜式案台间距

人能够到的最大高度

附录5　卫生间设计要点及常用尺度

1 卫生间处理要点

　　1.卫生间中洗浴部分应与厕所部分分开。如不能分开，也应在布置上有明显的划分。并尽可能设置隔屏、帘等。

　　2.浴缸及便池附近应设置尺度适宜的扶手，以方便老弱病人的使用。

　　3.如空间允许，洗脸梳妆部分应单独设置。

2 卫生间功能分析

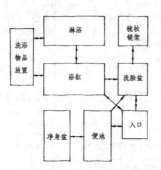

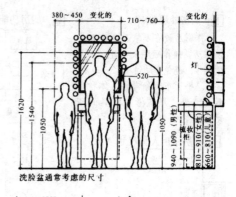

洗脸盆通常考虑的尺寸

3 卫生间人体尺寸

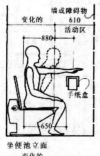

坐便池立面

坐便池平面

淋浴间立面

单人浴盆平面

男性的洗脸盆尺寸

女性和儿童的洗盆尺寸

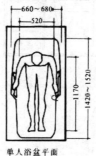
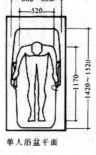

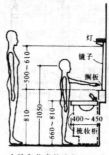

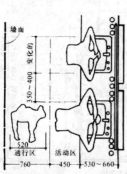

洗盆平面及间距

淋浴、浴盆立面

浴盆剖面

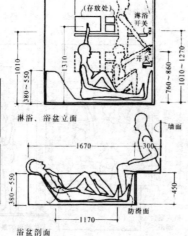

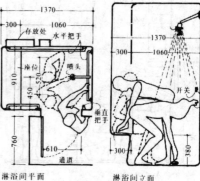

淋浴间平面

淋浴间立面

附录 6　卧室设计要点及常用尺度

1 卧室的处理要点

　　卧室的功能布局应有睡眠、贮藏、梳妆及阅读等部分。平面布局应以床为中心。睡眠区的位置应相对比较安静。

2 卧室常用人体尺度

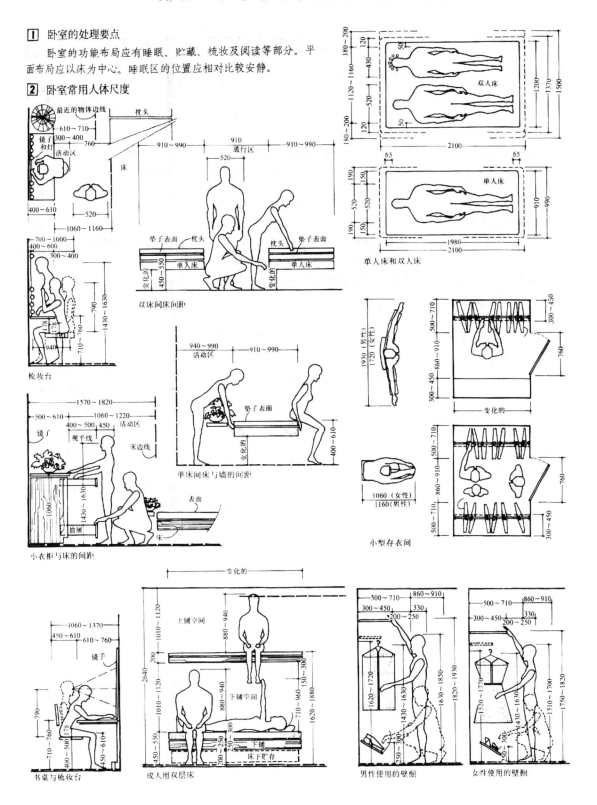

附录 7 厨房家具的布置要点及常用尺度

4 厨房家具的布置

1.厨房中的家具主要有三大部分：带冰箱的操作台、带水池的洗涤台及带炉灶的烹调台。

2.主要的布局形式见右图。

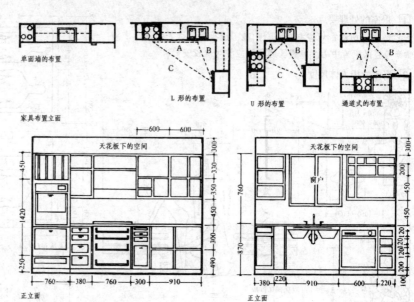

单面墙的布置

家具布置立面

L 形的布置

U 形的布置

通道式的布置

5 厨房操作台的长度

厨房设备及相配的操作台	住宅内的卧室数量				
	0	1	2	3	4
工作区域	最小正面尺度(mm)				
清洗池	450	600	600	810	810
两边的操作台	380	450	530	600	760
炉 灶	530	530	600	760	760
一边的操作台	380	450	530	600	
冰 箱	760	760			
一边的操作台	380	380	380	380	450
调理操作台	530	760			

注：三个主要工作区域之间的总距离：

A+B+C（见右图）

最大距离=6.71m，最小=3.66m

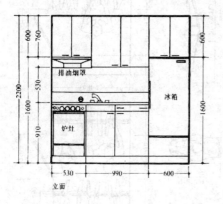

立面

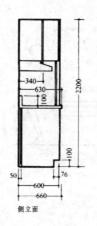

侧立面

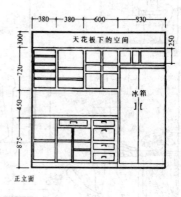

正立面

附录 8　常用家具尺寸

附录 9　休闲娱乐设备尺寸

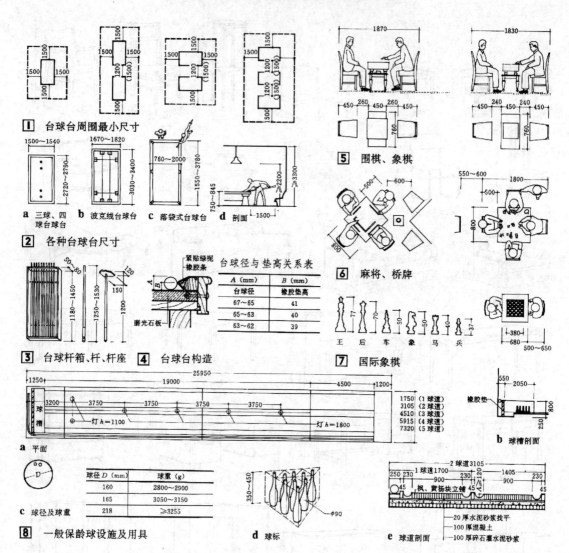

① 台球台周围最小尺寸

② 各种台球台尺寸

a 三球、四球台球台　b 波克线台球台　c 落袋式台球台　d 剖面

台球径与垫高关系表

A (mm)	B (mm)
台球径	橡胶垫高
67～65	41
65～63	40
53～62	39

③ 台球杆箱、杆、杆座　④ 台球台构造

⑤ 围棋、象棋

⑥ 麻将、桥牌

⑦ 国际象棋

王　后　车　象　马　兵

a 平面

球径 D (mm)	球重 (g)
160	2800～2900
165	3050～3150
218	≥3255

c 球径及球重

⑧ 一般保龄球设施及用具

d 球标

b 球槽剖面

1750 (1 球道)
3105 (2 球道)
4510 (3 球道)
5915 (4 球道)
7320 (5 球道)

e 球道剖面

20 厚水泥砂浆找平
100 厚混凝土
100 厚碎石灌水泥砂浆